国家卫生和计划生育委员会"十二五"规划教材

全国高等医药教材建设研究会"十二五"规划教材

全国高等学校教材

供卫生检验与检疫专业用

化妆品检验与安全性评价

主　　编　李　娟

副 主 编　李发胜　何秋星　张宏伟

编　　委　（以姓氏笔画为序）

王茂清	哈尔滨医科大学	何秋星	广东药学院
邓仲良	南华大学	宋艳艳	山东大学
卢利军	吉林出入境检验检疫局	张宏伟	中国疾病预防控制中心环境所
齐燕飞	吉林大学	张晓玲	南京医科大学
李　珊	河北医科大学	陈　丹	武汉科技大学
李　娟	吉林大学	陈昭斌	四川大学
李发胜	大连医科大学	贾玉巧	包头医学院
肖　萍	上海市疾病预防控制中心		

学术秘书　齐燕飞　吉林大学

U0208019

人民卫生出版社

图书在版编目（CIP）数据

化妆品检验与安全性评价 / 李娟主编 . —北京：人民卫生出版社，2015

ISBN 978-7-117-20222-0

Ⅰ . ①化… Ⅱ . ①李… Ⅲ . ①化妆品 – 检验 – 高等学校 – 教材 ②化妆品 – 安全评价 – 高等学校 – 教材

Ⅳ . ① TQ658

中国版本图书馆 CIP 数据核字（2015）第 015477 号

人卫社官网　**www.pmph.com**		出版物查询，在线购书
人卫医学网　**www.ipmph.com**		医学考试辅导，医学数据库服务，医学教育资源，大众健康资讯

化妆品检验与安全性评价

主　　编：李　娟

出版发行：人民卫生出版社（中继线 010-59780011）

地　　址：北京市朝阳区潘家园南里 19 号

邮　　编：100021

E - mail：pmph @ pmph.com

购书热线：010-59787592　010-59787584　010-65264830

印　　刷：北京盛通数码印刷有限公司

经　　销：新华书店

开　　本：787×1092　1/16　　印张：13　　插页：1

字　　数：324 千字

版　　次：2015 年 2 月第 1 版　2024 年 1 月第 1 版第 6 次印刷

标准书号：ISBN 978-7-117-20222-0/R·20223

定　　价：26.00 元

打击盗版举报电话：**010-59787491**　**E-mail：WQ @ pmph.com**

（凡属印装质量问题请与本社市场营销中心联系退换）

全国高等学校卫生检验与检疫专业第2轮规划教材出版说明

为了进一步促进卫生检验与检疫专业的人才培养和学科建设,以适应我国公共卫生建设和公共卫生人才培养的需要,全国高等医药教材建设研究会于2013年开始启动卫生检验与检疫专业教材的第2版编写工作。

2012年,教育部新专业目录规定卫生检验与检疫专业独立设置,标志着该专业的发展进入了一个崭新阶段。第2版卫生检验与检疫专业教材由国内近20所开办该专业的医药卫生院校的一线专家参加编写。本套教材在以卫生检验与检疫专业(四年制,理学学位)本科生为读者的基础上,立足于本专业的培养目标和需求,把握教材内容的广度与深度,既考虑到知识的传承和衔接,又根据实际情况在上一版的基础上加入最新进展,增加新的科目,体现了"三基、五性、三特定"的教材编写基本原则,符合国家"十二五"规划对于卫生检验与检疫人才的要求,不仅注重理论知识的学习,更注重培养学生的独立思考能力、创新能力和实践能力,有助于学生认识并解决学习和工作中的实际问题。

该套教材共18种,其中修订12种(更名3种:卫生检疫学、临床检验学基础、实验室安全与管理),新增6种(仪器分析、仪器分析实验、卫生检验检疫实验教程:卫生理化检验分册/卫生微生物检验分册、化妆品检验与安全性评价、分析化学学习指导与习题集),全套教材于2015年春季出版。

全国高等学校卫生检验与检疫专业第2轮规划教材目录

1. 分析化学（第2版）	主 编	毋福海
	副主编	赵云斌
	副主编	周 彤
	副主编	李华斌
2. 分析化学实验（第2版）	主 编	张加玲
	副主编	邵丽华
	副主编	高 红
	副主编	曾红燕
3. 仪器分析	主 编	李 磊
	主 编	高希宝
	副主编	许 茜
	副主编	杨冰仪
	副主编	贺志安
4. 仪器分析实验	主 编	黄佩力
	副主编	张海燕
	副主编	茅 力
5. 食品理化检验（第2版）	主 编	黎源倩
	主 编	叶蔚云
	副主编	吴少雄
	副主编	石红梅
	副主编	代兴碧
6. 水质理化检验（第2版）	主 编	康维钧
	主 编	张翼翔
	副主编	潘洪志
	副主编	陈云生
7. 空气理化检验（第2版）	主 编	吕昌银
	副主编	李 珊
	副主编	刘 萍
	副主编	王素华
8. 病毒学检验（第2版）	主 编	裴晓方
	主 编	于学杰
	副主编	陆家海
	副主编	陈 廷
	副主编	曲章义
9. 细菌学检验（第2版）	主 编	唐 非
	主 编	黄升海
	副主编	宋艳艳
	副主编	罗 红

10. 免疫学检验（第2版）	主 编	徐顺清
	主 编	刘衡川
	副主编	司传平
	副主编	刘 辉
	副主编	徐军发
11. 临床检验基础（第2版）	主 编	赵建宏
	主 编	贾天军
	副主编	江新泉
	副主编	胥文春
	副主编	曹颖平
12. 实验室安全与管理（第2版）	主 编	和彦苓
	副主编	许 欣
	副主编	刘晓莉
	副主编	李士军
13. 生物材料检验（第2版）	主 编	孙成均
	副主编	张 凯
	副主编	黄丽玫
	副主编	闫慧芳
14. 卫生检疫学（第2版）	主 编	吕 斌
	主 编	张际文
	副主编	石长华
	副主编	殷建忠
15. 卫生检验检疫实验教程：卫生理化检验分册	主 编	高 蓉
	副主编	徐向东
	副主编	邹晓莉
16. 卫生检验检疫实验教程：卫生微生物检验分册	主 编	张玉妥
	副主编	汪 川
	副主编	程东庆
	副主编	陈丽丽
17. 化妆品检验与安全性评价	主 编	李 娟
	主 编	李发胜
	副主编	何秋星
	副主编	张宏伟
18. 分析化学学习指导与习题集	主 编	赵云斌
	副主编	白 研

前　言

随着我国国民经济的持续发展,广大人民群众的生活和消费水平不断提高,我国化妆品市场空前繁荣,加强化妆品质量和安全监控,保障消费者的人身安全十分重要。为了适应社会对卫生检验人才的需求,2013 年 8 月全国高等学校卫生检验专业规划教材编写论证会确定在卫生检验专业系列规划教材中增编《化妆品检验与安全性评价》一书。2013 年 12 月在广州召开卫生检验专业规划教材主编人会议,明确卫生检验专业系列教材编写的指导思想和编写原则。2014 年 4 月在大连召开教材编写会,讨论并确定教材编写大纲,并落实编写任务。2014 年 8 月《化妆品检验与安全性评价》教材定稿会在长春召开,全体编者仔细审阅书稿,并提出宝贵意见。

本书以我国化妆品检验标准和化妆品卫生规范为基础,参考近年来国内外先进的检测及评价方法,全书共分 6 部分重点介绍:①化妆品样品采集及处理;②化妆品稳定性及一般理化检验;③化妆品卫生化学检验;④化妆品微生物检验;⑤化妆品安全性评价;⑥化妆品标签、标识及包装计量检验。

根据国家卫生和计划生育委员会教材评审委员会精神,本版教材编委由高校卫生检验专业教师、疾控中心和检验检疫系统专业技术人员组成,在教材编写上体现高校和用人单位密切结合,确保教材的理论性和实用性。

本教材适用于卫生检验专业本科学生用书,可作为本专业研究生及指导教师的参考书,也可作为卫生检验检疫人员和化妆品生产相关行业的参考书。感谢龚守良教授对稿件的认真审核。向所有支持帮助本教材编写及出版工作的领导、同行及所有编者致谢。限于编者的知识和能力水平,编写过程难免出现错误和不妥,恳请读者批评指正。

李　娟
2015 年 1 月

目　录

第一章　绪论··· 1
　　一、化妆品的发展及趋势 ··· 1
　　二、化妆品的分类 ··· 2
　　三、化妆品的基本组成和特性 ··· 2
　　四、化妆品检验与安全性评价的任务和作用 ·· 3

第二章　化妆品检验标准与检验质量控制··· 5
　第一节　化妆品检验标准与主要检验内容 ·· 5
　　一、概述 ·· 5
　　二、化妆品的质量标准 ·· 5
　　三、化妆品的卫生标准 ·· 6
　　四、化妆品检验的主要内容 ·· 7
　第二节　化妆品检验质量控制 ··· 8
　　一、实验室内部质量控制 ··· 8
　　二、实验室间质量控制 ··· 11

第三章　化妆品样品的采集、保存和处理 ··· 14
　第一节　化妆品样品的采集和保存 ·· 14
　　一、化妆品样品的采集 ·· 14
　　二、化妆品检验样品的取样 ··· 15
　　三、化妆品样品的保存 ·· 16
　第二节　化妆品样品的前处理 ··· 17
　　一、测定无机成分化妆品前处理 ··· 17
　　二、测定有机成分化妆品前处理 ··· 21
　　三、检验微生物化妆品前处理 ·· 25
　　四、化妆品前处理方法应用示例 ··· 26

第四章　化妆品感官检验与一般理化检验··· 30
　第一节　化妆品感官检验 ··· 30
　　一、概述 ·· 30
　　二、化妆品感官检验常用方法 ·· 31
　　三、化妆品感官检验常见的质量问题 ·· 32
　第二节　化妆品一般理化检验 ··· 33
　　一、pH 值的测定 ··· 33

二、浊度的测定 ······ 34

三、相对密度的测定 ······ 34

四、稳定性的测定 ······ 35

五、其他理化检验指标的测定 ······ 35

第三节 化妆品感官检验及一般理化检验示例 ······ 35

一、皮肤用化妆品类 ······ 36

二、毛发用化妆品类 ······ 39

三、指甲化妆品类 ······ 44

四、唇、眼和口腔用化妆品类 ······ 44

第五章 化妆品稳定性检验 ······ 47

第一节 化妆品稳定性的影响因素 ······ 47

一、化妆品原料对产品稳定性的影响 ······ 47

二、化妆品生产工艺与配方组成对产品稳定性的影响 ······ 52

三、存储环境及包材对化妆品稳定性的影响 ······ 53

第二节 化妆品稳定性相关质量要求 ······ 53

一、皮肤用化妆品类 ······ 53

二、毛发用化妆品类 ······ 56

三、唇、眼和口腔用化妆品类 ······ 58

四、指(趾)甲用化妆品类 ······ 59

第三节 化妆品稳定性检验方法 ······ 59

一、国家标准及行业标准试验方法 ······ 59

二、企业稳定性常用试验方法 ······ 60

第六章 化妆品卫生化学检验 ······ 62

第一节 概述 ······ 62

一、化妆品的卫生标准 ······ 62

二、卫生化学许可检验项目 ······ 64

三、化妆品卫生化学检验 ······ 64

第二节 化妆品中重金属的检验 ······ 67

一、汞 ······ 67

二、砷 ······ 68

三、铅 ······ 68

四、镉 ······ 69

第三节 化妆品中防晒剂的检验 ······ 70

一、紫外线辐射及其对人类皮肤的损害 ······ 70

二、防晒剂及其分类 ······ 71

三、防晒剂的检验 ······ 72

第四节 化妆品中防腐剂的检验 ······ 77

一、化妆品中使用防腐剂的种类 ······ 77

二、化妆品所用防腐剂的检验方法 ······ 82
三、化妆品中使用防腐剂检验方法示例 ······ 84
第五节 美白祛斑成分的检验 ······ 87
一、熊果苷的检验 ······ 88
二、维生素C磷酸酯镁的检验 ······ 89
三、曲酸的检验 ······ 90
四、苯酚和氢醌的检验 ······ 90
五、化妆品中美白祛斑成分检测示例 ······ 92
第六节 发用化妆品禁用及限用物质检验 ······ 93
一、染发剂中氧化型染料的检验 ······ 94
二、巯基乙酸的检验 ······ 98
三、氮芥的检验 ······ 99
四、斑蝥素的检验 ······ 100
第七节 化妆品香精中香料成分的检测 ······ 101
一、概述 ······ 101
二、香料香精的检测 ······ 104
第八节 化妆品中其他禁限用物质的检验 ······ 107
一、糖皮质激素检测 ······ 107
二、性激素检测 ······ 108
三、抗生素及其他抗菌物质 ······ 109
四、二噁烷检测 ······ 111
五、α-羟基酸检测 ······ 112
六、化妆品中甲醇等有毒挥发性有机溶剂检测 ······ 113

第七章 化妆品微生物检验 ······ 116
第一节 化妆品微生物概述 ······ 116
一、化妆品中常见污染微生物及其对健康的危害 ······ 116
二、微生物对化妆品物理化学性质的影响 ······ 117
三、化妆品中微生物生长与繁殖的影响因素 ······ 117
四、化妆品微生物污染 ······ 118
五、化妆品微生物学检验 ······ 120
第二节 化妆品微生物指标及检测方法 ······ 122
一、菌落总数的测定 ······ 123
二、粪大肠菌群 ······ 124
三、铜绿假单胞菌 ······ 125
四、金黄色葡萄球菌 ······ 127
五、霉菌和酵母菌数测定 ······ 130
六、霉菌和酵母菌的鉴定 ······ 131
七、其他常见微生物的检验 ······ 132
八、化妆品原料的微生物检验 ······ 133

　　九、包装容器的检验 ……………………………………………………… 133
　　十、生产环境空气微生物检测 …………………………………………… 134
　　十一、生产设备及物体表面的微生物检测 ……………………………… 134
　　十二、生产人员的微生物检验 …………………………………………… 135

第八章　化妆品安全性评价 ……………………………………………………… 137
　第一节　化妆品原料及其产品的安全性要求 ……………………………… 137
　　一、化妆品原料管理 ……………………………………………………… 137
　　二、化妆品原料及其产品的安全评价 …………………………………… 139
　第二节　化妆品常规毒理学检验方法 ……………………………………… 141
　　一、毒理学的基本概念 …………………………………………………… 141
　　二、化妆品刺激性和毒性的影响因素 …………………………………… 142
　　三、化妆品的安全性评价检验项目 ……………………………………… 142
　　四、化妆品常规毒理学检验方法 ………………………………………… 143
　第三节　人体安全性评价方法 ……………………………………………… 152
　　一、人体皮肤斑贴试验 …………………………………………………… 152
　　二、人体试用试验安全性评价 …………………………………………… 155
　　三、防晒化妆品防晒效果人体试验 ……………………………………… 156
　第四节　化妆品替代毒理学评价简介 ……………………………………… 162
　　一、3R 理论的概念和形成 ……………………………………………… 162
　　二、动物试验替代方法选择的途径 ……………………………………… 162
　　三、化妆品中常用动物替代方法 ………………………………………… 163

第九章　标签标识检验 …………………………………………………………… 167
　第一节　化妆品标签标识管理 ……………………………………………… 167
　第二节　化妆品标签必须标注的内容 ……………………………………… 169
　第三节　各国化妆品标签标识管理差异及其一体化进程 ………………… 172
　　一、各国化妆品标签标识管理的主要差异 ……………………………… 172
　　二、化妆品标签标识管理的全球一体化 ………………………………… 174

第十章　化妆品包装计量检验及包装安全性 …………………………………… 176
　第一节　化妆品包装的要求 ………………………………………………… 176
　　一、化妆品包装材料分类 ………………………………………………… 176
　　二、化妆品包装要求 ……………………………………………………… 177
　　三、化妆品包装检验 ……………………………………………………… 178
　第二节　化妆品包装计量检验 ……………………………………………… 178
　　一、术语和定义 …………………………………………………………… 178
　　二、要求 …………………………………………………………………… 178
　　三、样本抽取 ……………………………………………………………… 179
　　四、计量检验 ……………………………………………………………… 179

　　五、结果评定与报告 ……………………………………………… 181
　第三节　化妆品包装的安全性检验 …………………………………… 182
　　一、化妆品和化妆品包装的安全性 ………………………………… 182
　　二、食品接触材料和包装的安全性 ………………………………… 183

附录 ………………………………………………………………………… 185
　附录一　化妆品国家标准 ……………………………………………… 185
　附录二　化妆品卫生规范 ……………………………………………… 190

参考文献 …………………………………………………………………… 191

中英文名词对照索引 ……………………………………………………… 192

第一章 绪 论

一、化妆品的发展及趋势

化妆品（cosmetics）一般是指以涂擦、喷洒或者其他类似的方法，散布于人体表面任何部位（皮肤、毛发、指甲和口唇齿等），以达到清洁、保养、美化、修饰和改变外观，或者修正人体气味，保持良好状态为目的的产品。人类对化妆品的使用从远古就已经开始，在我国早在公元前 1000 多年商朝末期，就有美容"燕支"用以饰面的记载，此后各个朝代都有许多关于美容和化妆的文字记载和民间传说。化妆品的早期制备从自产自用，逐渐形成小作坊。我国最早的日用化工厂始建于 1830 年，但受工业落后和社会经济发展等多因素的影响，化妆品工业发展比较缓慢。建国以后，尤其是改革开放以来，我国的化妆品工业得到快速发展。化妆品的制备主要经历了 4 个阶段：①天然化妆品：直接选用天然的动植物或矿物原料用于对皮肤、毛发、指甲及口唇等美化和保养，如用动植物油涂在皮肤上用于护肤，用铅粉或米粉用于美白，用花汁做香料等；②化学化妆品：在天然成分中添加其他成分，通过化学工艺制备的化妆品，如护肤霜、护唇膏和洗发用品等；③功能化妆品：在化学化妆品的基础上，添加动植物活性成分，制备具有一定功能的化妆品，如具有美白、防晒、保湿、抗皱和损发修复等多种功能的化妆品；④仿生化妆品：利用先进科学技术制造与人体自身结构相仿并具有高亲和力的生物精华素以补充、修复和调整细胞因子，达到对皮肤损伤修复、抗衰老及美容等多种功效。

在现代社会，化妆品作为生活中不可缺少的日用品，与人们的生活密切相关。随着人们物质生活水平的不断提高，对美的需求日益精细化，促使化妆品向功能化和多样化的方向发展。化妆品的发展趋势主要表现在以下几方面。

1. 针对性不断加强 随着使用化妆品人群和使用目的的不同，化妆品的分类及使用范围更加的细化。针对不同年龄的人群，分为儿童用化妆品、青年用化妆品和老年用化妆品等；针对不同性别，分为男性用化妆品和女性用化妆品；针对使用时间的不同，分为早霜和晚霜等；针对不同类型的皮肤，分为干性、中性和油性化妆品；针对使用目的的不同，分为清洁化妆品、基础类化妆品和美容化妆品。

2. 功能性逐渐增强 现代化妆品除具备简单的清洁、护肤和美容等传统功效外，还需要具备一定的特殊功效，如抗衰老、美白和育发等。在确保化妆品安全性的前提下，添加各种功效成分，以期达到促进皮肤新陈代谢、提供皮肤所需营养和延缓皮肤衰老等目的。

3. 天然性逐渐增加 由于很多纯天然动、植物在具有营养和治疗作用同时，选择作用温和、对皮肤刺激性小及副作用少，甚至无副作用的化妆品。因此，促使现代化妆品的制备从以化学合成原料为主转化为以天然的无毒且具有营养和治疗作用的植物以及含有中草药配方的化妆品原料为主。

1

4. 科技化程度不断提高 利用现代生物学理论从分子水平揭示皮肤和毛发的老化、色度形成机制以及营养成分对皮肤和毛发的影响。利用现代生物技术和纳米技术等先进的科学技术，促进抗衰老、美白以及具有治疗（修复）功效的成分吸收，使化妆品真正达到美容和延缓衰老的作用。

5. 安全性不断加强 化妆品与人们生活密切相关，化妆品的安全性愈来愈受到广泛重视。化妆品发展向纯天然、无毒性、仿生化、功能化和安全性的化妆品发展。

化妆品学科是一门跨化学、物理学、医学和美学等多学科的交叉学科，其发展是多门学科相辅相成的，只有综合利用多学科的知识和技术，才能解决现代化妆品中存在的各种问题，更好地让化妆品服务于人类。

二、化妆品的分类

化妆品的种类繁多，功能、形态和外观各异，目前国际上尚没有统一的分类方法。我国化妆品常见的分类方法主要有以下 3 种。

1. 按国标分类 按照国家 GB/T 18670-2002《化妆品分类》，化妆品可分为：①清洁类化妆，即以清洁卫生或消除不良气味为主要目的的化妆品，如用于皮肤部位的洗面奶、卸妆水和浴液等，用于毛发部位的洗发液和剃须膏等，用于指（趾）甲部位指甲液，用于口唇部位的唇部卸妆液等；②护理类化妆品，即以护理保养为主的化妆品，如用于皮肤部位的护肤霜和护肤乳液，用于毛发部位的护发素和焗油膏，用于指（趾）甲部位的护甲水和指甲硬化剂，用于口唇部位的润唇膏等；③美容修饰类化妆品，以美容修饰和增加人体魅力为主的化妆品，如用于皮肤部位的粉饼和眼影等，用于毛发部位的染发剂和烫发剂等，用于指（趾）甲部位的指甲油等，用于口唇部位的唇膏和唇彩等。

2. 按使用部位不同分类 化妆品可分为：①皮肤用化妆品，包括洁肤用品和护肤用品，如洗面奶、沐浴露、护肤霜和面膜等；②发用化妆品，包括洗发用品和护发用品，整发用品有洗发膏、护发素和发蜡等；③甲用化妆品，用于指（趾）甲的产品，如指甲油和洗甲水等；④口腔用化妆品，用于口腔的产品，包括牙膏和漱口水等。

3. 按使用目的不同分类 化妆品按使用目的不同常分为一般用途类化妆品和特殊用途类化妆品两大类：

（1）一般用途化妆品：通常又包括 4 类：①护肤类化妆品，包括洁肤用品和护肤用品，如洗面奶、沐浴露、护肤霜和面膜等；②发用化妆品，包括洗发用品、护发用品、整发用品，如洗发膏、护发素和发蜡等；③美容类化妆品，包括脸部、眼部、唇部和指甲用化妆品，如粉饼、眼影、唇膏和指甲油等；④芳香类化妆品，如香水和花露水等。

（2）特殊用途化妆品：通常包括：①育发类，如育发乳和育发水等；②染发类，如染发膏和彩色焗油膏等；③烫发类，如烫发水和冷凝乳等；④脱毛类，如四肢脱毛露和腋下脱毛露等；⑤防晒类，如防晒霜和防晒凝胶等；⑥除臭类，如香体露等；⑦祛斑类，如祛斑霜和祛斑洗面奶等；⑧健美类，如健美膏霜和瘦腿霜等；⑨丰乳类，如丰乳膏霜等。

三、化妆品的基本组成和特性

化妆品是由多种原料经过合理调配加工而成的复配混合物。化妆品原料种类繁多，性能各异，按化妆品的原料性能和用途可将化妆品的原料组成分为基质原料和辅助原料 2 类。

1. 基质原料 是化妆品的主体原料，在化妆品中占有较大比例，是化妆品中起主要功能作用的物质。基质原料主要包括:①油性原料,包括天然油质和合成油质两大类,主要指油脂、蜡类、烃类、脂肪酸、脂肪醇和酯类等,是化妆品的主要原料,油质选择不同,化妆品使用性及作用不同;②粉质原料,包括无机、有机和其他粉质原料,如滑石粉、钛白粉、硬质酸锌、聚乙烯粉和微结晶纤维素等,主要用于粉末状化妆品中,起到遮盖、滑爽、吸收和延展等作用;③胶质原料,主要指天然和合成的两类水溶性高分子化合物,包括淀粉、动物明胶、聚乙烯醇和聚乙烯吡咯烷酮等,胶质原料可作为胶合剂使粉质原料黏合成型,也可作为乳化剂和增稠剂而发挥作用;④表面活性剂,按其在水溶液中离解程度分为离子型表面活性剂和非离子型表面活性剂,离子型表面活性剂主要分为 3 类,即阳离子表面活性剂如十八烷基三甲基氯化铵、阴离子表面活性剂如乙氧基烷基硫酸钠和两型离子表面活性剂如十二烷基二甲基甜菜碱等。表面活性剂是化妆品中普遍使用的原料,具有去污、分散和增稠等多种功效。

2. 辅助原料　在化妆品中也起重要作用。辅助原料包括:①溶剂,主要包括水、醇类、酮类、酯类、醚类和芳香族溶剂等,如乙醇、丙酮和甲苯等,溶剂原料是化妆品配方中不可缺少的一类主要成分;②香料和香精,香精是由几种至几十种单体香料调配而成的混合体,香料分为天然香料和合成香料,天然香料又分植物香料和动物香料如香叶油、玫瑰浸膏和麝香等,合成香料又包括单纯香料和混合香料,香料和香精可以增加化妆品香味,提高产品品位;③色素,包括有机合成色素、无机染料和天然色素,如色淀、氧化锌、胭脂红和叶绿素等;④防腐剂和抗氧化剂,常用抗氧化剂包括二丁基羟基甲苯和叔丁基羟基苯甲醚等,常用的防腐剂包括对羟基苯甲酸酯、咪唑烷基脲等,防腐剂和抗氧化剂主要抑制化妆品中微生物生长以及原料氧化;⑤酸性和碱性原料,酸性原料常用柠檬酸、乳酸和硼砂等,碱性原料常用氢氧化钠、氢氧化钾和硼砂等;⑥其他原料,包括保湿剂、防晒剂、脱毛剂、烫发制品、增白剂、生发原料、除臭剂、抗粉刺剂和营养添加剂等。

化妆品原料来源广泛、组成复杂,不同的化妆品所需原料、使用方法和使用目的各不相同,但他们均应具备安全性、相对稳定性、良好的使用性和一定的功效性这些基本特性。安全性是指化妆品对皮肤无刺激性、无过敏性和无经口毒性;稳定性是指化妆品在保质期内无变性、无微生物污染;使用性是指化妆品不仅在色彩、香味和包装上吸引消费者,并有使用的舒适感;有效性是指化妆品具有防晒、祛斑、美白、改善皮肤粗糙、染发烫发和精神愉悦等作用。

四、化妆品检验与安全性评价的任务和作用

化妆品与人们日常生活密切相关,加强化妆品质量检验与安全性评价,是确保化妆品安全使用的关键。化妆品检验与安全性评价的主要任务和作用是利用化妆品检验技术及检测和评价方法,对化妆品理化性状、稳定性、微生物污染状况、各种禁用和限用物质及其含量、化妆品毒性和人体安全性进行检测与评价,确保化妆品的质量与安全,为预防不安全的化妆品造成的危害,保障人群健康,提供科学依据。

本书包括以下主要内容:①化妆品样品采集和处理;②化妆品稳定性检验;③化妆品卫生化学检验;④化妆品中微生物检验;⑤化妆品安全性评价;⑥化妆品标签标识及包装计量检验。

化妆品检验与安全性评价与卫生检验专业其他课程相比具有其自身的特点,主要表现在:①涵盖内容比较广泛,包括化妆品稳定性检验、卫生化学检验、微生物检验、安全性评价以及标签和包装计量检验等多学科内容;②样品种类繁多、组成复杂,检测工作基体干扰差

异很大;③检测评价对象广,包括无机成分、有机成分、微生物、生物大分子、小分子以及细胞等;④被检测组分含量差异较大,从常量到微量;⑤检测方法和评价手段涉及多学科交叉。因此,化妆品检验与安全性评价应以国家化妆品卫生标准和卫生法规为依据,利用先进的仪器设备和科学的评价方法,检测和评价化妆品的质量和安全性。

（李娟）

第二章　化妆品检验标准与检验质量控制

化妆品在日常生活中长期使用,其质量优劣直接关系到消费者的身心健康,故其安全性至关重要。为确保化妆品的卫生质量和使用安全,加强对化妆品的监督管理,国家及化妆品相关主管部门先后制定了化妆品基础标准、方法标准、卫生标准和产品标准等。这些法规和标准的发布与实施对化妆品行业的发展起到了积极的推动作用,也标志着我国的化妆品工业逐渐走向标准化、法制化和国际化。本章就化妆品的检验标准及检验质量控制进行扼要介绍。

第一节　化妆品检验标准与主要检验内容

一、概述

化妆品在生产、运输、贮存和使用过程中均可能受到污染;因此,需要在各个阶段对其进行检验,以确保其质量及使用安全。尽管各国法律法规不尽相同,但对化妆品的检测都包括从原料到成品,从生产到销售的各个环节。如美国由食品药品管理局(FDA)管理化妆品的生产、销售和市场监督全过程,相关的法律法规有联邦食品药品和化妆品法(FDCA)和联邦公平包装和标签法(FPLA)等。欧盟由欧盟委员会企业总司化妆品和医学部门负责,相关的法律法规有理事会指令76/768/EEC,欧盟委员会指令95/17/EC,化妆品成分检测方法指令80/1335//EEC、82/434/EEC和83/514/EEC等。日本由厚生劳动省药物和医学安全局负责对医药部外品及化妆品的企业进行许可、产品审查、企业监督和管理,相关的法律法规有药事法(HPAL)、化妆品标准、化妆品标签公平竞争规约和化妆品标签公平竞争规约实施规则等。

中国化妆品管理机构由国家卫生计生委、国家食品药品监督管理局、国家质量监督检验检疫总局和国家工商行政管理总局等机构组成。为加强对化妆品的质量控制,中国政府先后发布了一系列相关的法律法规,如《化妆品卫生标准》(GB7916-1987)、《化妆品卫生规范》(2007年版,以下不标注年代)、《化妆品检验规则》(QT/T1684-2006)、《化妆品生产企业卫生规范》(2007年版)和《消费者使用说明化妆品通用标签》(GB 5296.3-2008)等。

二、化妆品的质量标准

化妆品的质量标准主要由国家质检总局国家标准化管理委员会下设的"全国香料香精化妆品标准化技术委员会"负责组织制定,包括以下几个方面。

1. 化妆品原料的标准　包括原料外观描述、鉴定试验、物理和化学实验、贮存条件以及安全方面的各项要求。控制原料规格对于保证产品质量极为重要。

2. 化妆品配方的组成标准 在化妆品的组成中,应根据化妆品的剂型、功能和性质来确定化妆品的组成原则,根据原则实施化妆品组成的方案和标准。

3. 化妆品生产工艺的操作规程标准 化妆品在生产过程中,要求按生产工艺操作规程生产,并做详细记录,以确保每批次产品的质量稳定。应遵守操作安全要求,特别是在有危险的原料存在和有发生溢出的可能时,更应严格遵守安全注意事项并及时采取相应的措施。

4. 化妆品的产品标准 产品标准是对产品的结构、规格、质量和检测方法所做的技术规定,是检验产品质量的主要指标,包括感官、理化和卫生等指标。

5. 产品包装材料的标准 对于包装材料要规范到组件的规格,甚至应指定所有被批准使用的材料的类型和品级。

三、化妆品的卫生标准

我国最早的化妆品卫生标准是 1987 年原国家标准局发布的《化妆品卫生标准》(GB7916-1987)。2007 年,原卫生部制定了《化妆品卫生规范》,该规范于 2009 年 7 月 1 日正式实施。2010 年,国家成立食品药品监督管理局化妆品标准专家委员会,负责化妆品卫生标准和技术规范的审定工作。

《化妆品卫生规范》规定了化妆品原料及其终产品的卫生要求,适用于在中华人民共和国境内销售的化妆品,化妆品卫生规范主要包括以下内容。

(一)化妆品的一般要求

1. 化妆品不得对施用部位产生明显刺激和损伤作用。

2. 化妆品必须使用安全,且无感染性。

(二)对原料的要求

《化妆品卫生规范》第一部分总则中规定了 1286 种(类)禁用物质、73 种(类)限用物质、56 种限用防腐剂、28 种限用防晒剂、156 种限用着色剂和 93 种暂时允许使用染发剂的清单目录。

1.《化妆品卫生规范》表 2 中所列物质为化妆品的禁用组分。

2.《化妆品卫生规范》表 3 中所列限用物质,必须符合表中所作规定,包括使用范围、最大允许使用浓度、其他限制和要求以及标签上必须标印的使用条件和注意事项。

3. 化妆品中所用限用防腐剂必须是《化妆品卫生规范》表 4 中所列物质,并必须符合表中的规定,包括最大允许使用浓度、使用范围和限制条件以及标签上必须标印的使用条件和注意事项。

4. 化妆品中所用防晒剂必须是《化妆品卫生规范》表 5 中所列物质,并必须符合表中的规定,包括最大允许使用浓度以及标签上必须标印的使用条件和注意事项。

5. 化妆品中所用着色剂必须是《化妆品卫生规范》表 6 中所列物质,并必须符合表中的规定,包括允许使用范围、其他限制和要求等事项。

6. 化妆品中所用染发剂必须是《化妆品卫生规范》表 7 中所列物质,并必须符合表中的规定,包括最大允许使用浓度、其他限制和要求以及标签上必须标印的使用条件和注意事项。

(三)对终产品的要求

化妆品使用的原料必须符合上述原料要求。化妆品必须使用安全,不得对施用部位产生明显的刺激和损伤作用,且无感染性。

1. 化妆品的微生物学质量应符合下述规定 眼部、口唇和口腔黏膜等部位用化妆品以及婴儿和儿童用化妆品细菌总数不得大于 500CFU/ml 或 500CFU/g。其他化妆品细菌总数不得大于 1000CFU/ml 或 1000CFU/g。每克或每毫升产品中不得检出粪大肠菌群、铜绿假单胞菌和金黄色葡萄球菌。

2. 化妆品中所含有毒物质不得超过《化妆品卫生规范》附表 1 中规定的限量。

(四)对包装材料的要求

化妆品的直接接触容器材料必须无毒,不得含有或释放可能对使用者造成伤害的有毒物质。

(五)对标签的要求

应用中文注明产品名称、生产企业、产地和包装上要注明批号。对含有药物化妆品或可能引起不良反应的化妆品,尚需注明使用方法和注意事项。

四、化妆品检验的主要内容

(一)感官检验

感官检验是依靠检验人员的感觉器官对化妆品的质量特征作出评价或判断的方法。通过人的器官(如眼、耳、鼻、口和手等)或借助简单的工具,利用语言、文字或数据进行记录,以检查化妆品的外观、色泽、香气、膏体结构、清晰度、粉体、透明度、块型和均匀度等各项指标来定性判断其质量。

(二)一般理化检验

一般理化检验主要检测化妆品的物理常数和化学指标,如 pH 值、浊度、相对密度、泡沫、色泽稳定性及流变学性质等,是检验化妆品质量的常规检测项目。

(三)稳定性检验

化妆品的稳定性检验是一项重要的质量检测项目。现行的国家标准和行业标准中稳定性检验通常包括耐热试验、耐寒试验、离心试验、色泽稳定性试验、浊度试验和泄漏试验等。

(四)卫生化学检验

《化妆品卫生规范》第一部分总则中规定了 1286 种(类)禁用物质、73 种(类)限用物质、56 种限用防腐剂、28 种限用防晒剂、156 种限用着色剂和 93 种暂时允许使用染发剂的清单目录。化妆品中需限量的有害物质铅、砷、汞和甲醇 4 种化学物,目前已列为常规监测。化妆品卫生化学检验具体检测指标和检测方法见本书第六章"化妆品卫生化学检验"部分。

(五)微生物检验

化妆品在生产、储存及使用的过程中难免会受到微生物污染。由于微生物的作用可导致化妆品变质、腐败,使其不仅在色泽和气味等方面发生变化,引起质量下降,更可因致病微生物的污染对人体健康造成一定的危害。

当人体抵抗力下降时,某些条件致病菌或非病原菌也会引起感染。由此可见,微生物污染不仅影响产品的质量,更会影响到产品的使用安全。因此,加强化妆品微生物的检验与研究是很有必要的。我国规定了细菌总数、粪大肠菌群、铜绿假单胞菌、金黄色葡萄球菌、真菌和酵母菌等指标菌和特种菌作为化妆品中的微生物常规检测项目。具体检测指标和检测方法参见本书第七章"化妆品微生物检验"。

（六）特殊用途化妆品人体安全性和功效性评价

按照我国化妆品相关规定,将一些具有特殊用途的化妆品与其他化妆品区别开来,称其为特殊用途化妆品(cosmetics for special purpose)。目前,特殊化妆品包括育发、染发、烫发、脱毛、美乳、健美、除臭、祛斑和防晒等9大类。为正确评价这些化妆品的功能,国家建立了相应的安全性和功效性评定方法,健全了客观的评价体系。

对化妆品的成品,除极少数采用动物替代试验外,其余项目均要在健康志愿者身上进行。《化妆品卫生规范》中,规定了进行化妆品人体试验的基本原则和相关试验的适用范围:①选择适当的受试人群,并具有一定例数;②化妆品人体检验之前应先完成必要的毒理学检验,并出具书面证明,毒理学试验不合格的样品不再进行人体检验;③人体皮肤斑贴试验适用于检验防晒类、祛斑类和除臭类化妆品;④人体试用试验安全性评价适用于检验健美类、美乳类、育发类和脱毛类化妆品;⑤防晒化妆品防晒效果检验适用于防晒指数(sun protection factor,SPF 值)测定、SPF 值防水性能测定以及长波紫外线防护指数(protection factor of UVA,PFA 值)的测定。只有遵循上述原则,进行严格的试验,才能科学有效地评价化妆品的安全性和功效性。

第二节　化妆品检验质量控制

化妆品检验涉及的样品种类繁多、成分复杂,有些被测组分含量甚微,这都给准确分析带来了困难。有时还需要进行消解或萃取等预处理,在增加样品分析步骤的同时,也增加了产生误差的机会。此外,实验过程的分析方法、仪器、试剂以及分析人员的技术水平等因素都会对结果产生影响。

为保证分析结果准确可靠,把误差控制在一定水平,必须对整个分析过程采取一系列的质量控制和管理措施。质量控制是为了使分析结果具有一定代表性、可靠性和可比性而采用的一种科学管理方法,可分为现场质量控制和实验室质量控制。实验室质量控制又包括实验室内质量控制和实验室间质量控制。现场质量控制是获得高质量分析结果的基础和条件,实验室内质量控制是保证实验室出具可靠分析数据的关键,也是保证实验室间质量控制顺利进行的基础。本节主要介绍实验室质量控制。

一、实验室内部质量控制

实验室内部质量控制(intralaboratorial quality control)指通过实验室检测人员在检测过程中进行的自我质量控制、管理部门对测试过程的质量监控以及对已完成的质量活动进行质量检查等过程,及时发现随机误差或偶然误差并采取相应的纠正措施,以确保实验室检测结果的准确。其目的在于将分析工作者的实验误差控制在容许的范围内,以保证检测结果的精密度和准确度能达到规定的要求。

实验室内质量控制应是对样品验收、制备、检测、结果审查和出具结果报告全过程中的各个影响质量的因素进行系统、全过程控制。任何一个实验室,即使有严格的管理和良好的实验条件,也会不可避免地出现误差。这就要求分析人员了解产生误差的原因及其大小,从而采取有效的措施将其控制在允许范围内。通常使用标准溶液、合适的标准物质(样品)或质控样品,按照一定的质控程序进行分析,即可控制实验误差和及时发现异常现象,针对问题找到原因,并做出相应的校正和改进。

(一)质量控制的基本条件

实验室质量控制必须建立在完善的实验室基础工作之上,进行质量控制的实验室应具备以下条件:①各级检验人员需经过专业培训,具有一定专业理论知识,精通所用分析方法或仪器的测定原理,操作正确、熟练;②具有科学、完善的实验室管理制度和标准操作规程,有经验丰富的专业管理人员;③有适宜的环境条件和仪器设备,并且对仪器、设备及器皿进行定期检定和日常维护;④使用标准物质和纯度符合要求的化学试剂(包括实验用水)。

(二)方法的选择与评价

1. 方法选择　确定分析项目后,首先要选择正确的分析方法。方法是分析测定的核心,不同的分析方法有各自的特点和适用范围。方法选择不当,可能会导致全部分析工作徒劳无益。

选择方法时,应优选国家标准分析方法,尚无国家标准的项目,可选用行业统一分析方法或行业规范。若采用经过验证的国际标准化组织(International Standard Organization, ISO)、美国 EPA 或日本 JIS 方法体系等其他等效分析方法,其检出限、准确度和精密度均应达到质控要求。采用经过验证的新方法,其检出限、准确度和精密度不得低于常规分析方法。在实际工作中,还要考虑样品的来源、浓度、分析目的要求及实验室条件等具体因素。

2. 方法评价　确定分析方法后,检验人员应进行反复多次的实验操作,以正确掌握分析方法的原理、过程和条件,并进行一系列的基本实验,包括测定空白值、计算检出限、绘制标准曲线、评价精密度和准确度、测定干扰因素及绘制质量控制图。

(1)空白值的测定:空白实验就是用纯水代替样品,其他分析过程同样品完全一致,并测定出结果。一般,空白实验应每天平行测定双份,连续测定 5~6 批,计算结果的标准偏差,并由此计算其检出限。若检出限高于方法给出的规定值,则要找出原因,加以纠正。然后,重新测定,直至完全合格。空白值的大小及重复性,直接影响该方法的检出限和精密度,在一定程度上反映了实验室的基本状况和分析人员的技术水平。如纯水的质量、试剂的纯度、试液配制的质量、玻璃器皿的洁净度、仪器的灵敏度及稳定性、仪器的使用、实验室内的环境污染状况以及分析人员的操作水平和经验等,都可由空白值反映出来。

(2)检出限的计算:检出限是指对某一特定的分析方法,在给定的置信水平内,可以从试样中定性检出待测物质的最小浓度或量。所用分析方法不同,检出限的计算方法也不相同。国际理论和应用化学联合会(International Union of Pure and Applied Chemistry,IUPAC)对检出限的规定如下:

1)对于各种光学分析法,可测量的最小分析信号 x_L 为:

$$x_L = \overline{x}_b + ks_b \qquad (2\text{-}1)$$

式中,$\overline{x}_b$:空白多次测量的平均值,s_b:空白多次测量的标准偏差,k:根据一定置信水平确定的系数。

与 $x_L - \overline{x}_b$(即 ks_b)相应的浓度或量即为检出限 L:

$$L = \frac{x_L - \overline{x}_b}{S} = \frac{ks_b}{S} \qquad (2\text{-}2)$$

式中,S 为方法的灵敏度,即校准曲线的斜率,IUPAC 推荐光学分析法中 $k=3$。由于低浓度水平测量的误差可能不是正态分布,且空白测定的次数有限,因此与 k=3 相应的置信水平大约为 90%。此外,还有 k 取 4、4.6、5 及 6 的建议。

2）气相色谱分析法的检出限,是指检测器恰能产生与噪声相区别的响应信号时所需进入色谱柱的物质的最小量。一般认为,恰能分辨的响应信号的最小量应是噪声的 2 倍。

3）离子选择电极法,是以校准曲线直线部分的延长线与通过空白电位且平行于浓度轴的直线相交时,其交点所对应的浓度值为检出限。

（3）校准曲线的绘制:校准曲线（calibration curve）也称校正曲线,是被测物质浓度或量与测定仪器响应信号值之间的定量关系曲线,包括工作曲线和标准曲线。两者的区别在于对标准溶液的处理步骤不同。绘制工作曲线时,要将标准溶液系列按照与样品完全相同的步骤进行操作,如进行前处理等。而绘制标准曲线时,则省略这些步骤。

绘制标准曲线时需在测量范围内配制一系列已知浓度的标准溶液,然后分别测定其响应值 R,多数情况下用最小二乘法求出含量与响应值之间的线性回归方程:y=a+bx,常用 r 表示线性相关系数,通常情况下 r>0.995;a 为直线的截距,b 为直线的斜率。

绘制和使用校准曲线时需要注意以下几点:①校准曲线至少有 5 个浓度点,一般 5~10 个点,各浓度点应均匀地分布在该方法的线性范围内;②纵坐标与横坐标上所取的分度应相适应,并尽量使曲线的斜率接近 1,以使在两个轴上的读数误差相接近;③每次测定样品时应同步绘制标准曲线,因斜率会随实验条件的改变、环境状况的变化、仪器的稳定性及试剂的重新配制等而改变。若同步绘制标准曲线确有困难时,应在测定样品的同时取中间两个浓度标准溶液和空白溶液各两份进行核校,二者的相对误差应小于 5%~10%,否则应重新绘制标准曲线;④标准曲线的相关系数应力求 r≥0.995,回归方程 y=a+bx 中,截距 a 的位数保留应与 y 的小数位数一致或多保留一位,斜率 b 的位数保留则是与 x 的有效数字位数相一致或多一位;⑤不经实验确定不能将标准曲线的直线部分随意向两端延伸;⑥标准曲线应标明标题、必要的测定条件和日期。

（4）方法精密度的评价:精密度是指在受控条件下,用某一分析方法多次平行分析均匀样品所得测定值的一致程度。精密度是描述测定数据的离散程度,反映分析方法或测量系统随机误差的大小,常用标准偏差和相对标准偏差来表示。

检验方法的精密度时,通常以空白溶液、标准溶液（浓度可选在校准曲线上限值的 0.1 和 0.9 倍）、实测样品和加标样品等几种溶液进行,每种溶液均作平行双样,每天测定一次,测定 6 天,以使测定结果随时间变化有重复性。对所得数据进行统计处理,计算批内、批间标准偏差和总标准偏差,各类偏差值应不超过分析方法的规定值,并对所得实验结果进行评价:①由空白平行实验批内标准偏差估计分析方法的检出限;②比较各标准溶液的批内变异和批间变异,检验变异差异的显著性,以判断分析方法的精密度;③比较实测样与标准溶液测定结果的标准偏差,判断样品中是否存在有影响测定精密度的干扰因素;④比较实测样品的加标回收率,判断实测样品中是否存在改变分析准确度的组分。

（5）方法准确度的评价:准确度是指测定值（平均值或单次测量值）与真值之间的相符程度,是反映该分析方法或测定系统存在的系统误差和随机误差的综合指标,决定测定结果的可靠性。

通常用以下 3 种方法检验或评价方法的准确度:

1）用标准物质作对照实验:将标准物质与试样在完全相同的条件下进行平行测定,将测定结果与给出的保证值比较,若其绝对误差或相对误差符合方法规定要求,说明方法和测定过程无系统误差。

在选择标准物质时,应注意与被测试样的化学组成、物理形态及浓度水平尽可能接近。另外,还应注意标准物质的最小取样量、有效期限和保存条件。

2）加标回收实验:如果对试样组成不完全清楚,或没有适合的标准物质时,实验室常用加标回收实验的方法进行准确度检验:取同一试样完全相同的两份子样,向其中一份中加入一定量被测组分的标准物质溶液,在完全相同的条件下同时进行测定,根据测定结果计算回收率:

$$回收率（\%）= \frac{加标试样测定值－试样测定值}{加标量} \times 100 \qquad (2-3)$$

加标回收率与试样的浓度及加入量有关,所以一般取高、中和低 3 种浓度的标准溶液加到试样溶液中,每个浓度重复测定 5~6 次,取测定结果的平均值。

在进行加标回收率测定时应注意:加入标准物质的形态应尽量与试样中待测物的形态一致,否则其可靠性受限;加入标准的量应与待测物浓度水平相近为宜,不得超过试样含量的 3 倍,一般是 0.5~2.0 倍,且不能超过线性范围测定上限的 90%;加标物的浓度宜较高,体积应较小,一般不超过原始试样体积的 1%。

3）用不同方法进行对照实验:通常认为,不同原理的分析方法具有相同的不确定性的可能极小。当对同一样品用不同原理的分析方法测定并获得一致的测定结果时,则可认为该方法具有良好的准确度。

（6）干扰试验:通过干扰试验,检验实际样品中可能存在的共存物是否对测定有干扰,了解共存物的最大允许浓度。干扰可能导致正或负的系统误差,干扰作用大小与待测物浓度和共存物浓度大小有关。应选择两个（或多个）待测物浓度值和不同浓度水平的共存物溶液进行干扰试验测定。

通过以上实验,确认分析方法的精密度、准确度合格后,即可运用于常规样品的检验工作。

二、实验室间质量控制

随着分析工作重要性的日益凸显,对分析结果的质量也提出了更高的要求。不仅各实验室提供的测试结果要有足够的精密度和准确度,而且协同工作实验室之间的测试结果也要有一致性和可比性。

实验室间质量控制（interlaboratorial quality control）是指由上一级主管部门对其所属各实验室及其分析人员的分析质量定期或不定期进行的考核过程。实验室间质量控制常用于实验室性能评价和分析人员的技术评定,还用于仲裁实验和协作实验等方面。协作实验是为特定目的,如分析方法标准化、标准物质的协作定值、完成某项质量调查或科研任务等,按照预定程序组织一定数量的实验室而进行的合作研究。

（一）实验室间质量控制的基本程序

1. 建立工作机构　为保证实验室间质量控制顺利进行,通常由上级主管部门的实验室或专门组织的专家技术组负责方案设计、组织协调和贯彻执行。

2. 制订计划方案　根据实验室间质量控制的目的和要求,制订出切实可行的工作计划,包括实施范围、考核测定项目、分析方法、考核方式、标准、数据报表和结果评定等。

考核项目一般以常规项目为主。为减少各实验室系统误差,使所得数据有可比性,应使用统一规定的分析方法,通常首选国家或部门规定的标准分析方法。

3. 标准溶液校准及样品的分发与保存　给各参加实验室发放标准物质(包括标准溶液等)、质控样及统一的考核样。各实验室应首先用标准溶液对本实验室的基准溶液进行对比分析,用 t 检验法检验是否有显著性差异,以发现和消除系统误差。

用于实验室间质量控制的考核样品,其浓度水平应与常规监测的样品浓度水平相当或相近。考核样品的性能应均匀、稳定,浓度符合要求。还要注意标准样品及考核样品要在规定的条件下保存。

4. 考核样品的测试　按选定的方法及规定的期限对考核样品进行测试,按设计好的考核样品测定结果报告表上报测定结果。一般,要求报出平行 3 份空白实验值和平行两份考核样品测定值。

5. 结果评价　由主管机构对上报的测试结果进行统计处理并做出质量评价,最后将结果返回各实验室,以检查是否存在系统误差,并查找原因,加以纠正。

评价考核结果常用的方法有相对误差法和均值置信范围法等。

(1) 相对误差法:将考核样品(即标准样品)的保证值视为真值,将各参加实验室的测定结果分别对其求出相对误差。按所选用方法的允许差评价测定结果的质量。相对误差越接近零,准确度越高。由于允许差不仅与所用分析方法有关,也受待测物浓度水平的影响,因此选定合理的允许差范围是至关重要的。

(2) 均值置信范围法:将考核样品的保证值(中心值及不确定度)中的不确定度适当展宽后,用以评价各实验室的测定结果。展宽的幅度应根据所测项目的实际情况做出相应决定。如待测物的稳定情况、浓度水平和所用方法的繁简难易等。通常,用统一分析方法室内标准偏差的 2 倍或 3 倍值为评价范围。

(二) 实验室误差测定

尤登试验又称双样图法,是验证实验室间分析质量的另一种方法。将组分相同但浓度相差不大的两个样品 A 和 B 分发给各实验室,由各实验室的同一人在相同的时间、地点和用相同的方法对样品进行单次测定,并在规定的时间内上报测定结果。

将各实验室上报的结果在坐标纸上以样品 A 的浓度为横轴,样品 B 的浓度为纵轴绘图。将样品 A 和 B 的真值(或均值)标在图上作为中心点,通过中心点绘一条垂线为 A 值线,绘一条水平线为 B 值线。再通过中心点绘一条与横轴相交成 45° 的直线,将每个实验室的一对值点在图上。用全部结果计算总体精密度,并用同心圆判断各实验室结果的质量。测定结果落在中心点附近时,表示结果的准确度高,距离远时表示表示准确度低。如果有很多点构成了沿 45° 线的椭圆形,则说明系统误差起主要作用。

小　结

本章对我国现行发布与实施的化妆品质量标准、卫生标准、化妆品检验所包含的检测项目以及化妆品检验质量控制所涉及的实验室内部质量控制的基本条件、方法选择、评价及实验室间质量控制的基本程序、误差测定等方面做了简要的介绍。以期为后续章节的学习奠定基础。

思考题

1. 分析方法准确度检验与评价的方法有哪几种?
2. 绘制和使用标准曲线应该注意的问题有哪些?

（张晓玲）

第三章 化妆品样品的采集、保存和处理

化妆品检验的步骤一般分为样品的采集、样品前处理、检验方法的选择和测定、检测数据的处理和检验结果的报告。样品正确地采集、保存和前处理，是得出正确检测结果的前提，因此十分重要。本章主要介绍化妆品样品的采集、保存以及前处理。

第一节 化妆品样品的采集和保存

化妆品样品的采集和保存（collection and preservation of cosmetic sample）是化妆品检验成败的关键步骤之一。如果采样不合理，采集的化妆品样品不具有代表性，或者化妆品样品保存不当，使待测组分损失或污染；即使检测结果准确，也没有意义。因为这种检测不仅不能说明问题，甚至还会误导结论，引起严重的后果。

一、化妆品样品的采集

（一）化妆品样品的特点

化妆品样品一般具有如下特点：

1. 复配混合物 化妆品的生产和制备工艺基本上是利用物质的物理性质，即原料的混合、分散及物态（固体、液体和气体）变化等，绝大多数采用复配技术。因此，化妆品是由各种原料合理调配加工制成的复配混合物。

2. 种类繁多 化妆品原料种类众多，化妆品种类更是繁多，性能各异。如《国际化妆品原料字典和手册》第13修订版（2010年）收录了17 500种原料名，65 000种商品名和化学名。

3. 形态多样 化妆品是由多种化学物质组成，形态多种多样，可分为固体、半流体、液体和气溶胶等。

4. 不均匀胶体 化妆品大多为由两相或多相组成的不均匀胶体分散体系。如按分散剂的不同分为气溶胶、液溶胶和固溶胶；按分散质的不同分为粒子胶体和分子胶体。

5. 流变性 流变性是胶体的一个重要性质，其中最简单的是黏性和弹性。由于化妆品大多是胶体分散体系，流变性是这类化妆品的一个重要特性。如消费者在使用乳液和膏霜类化妆品时，其流变性对于化妆品的物理形态具有关键的作用。因此，化妆品样品的采样、保存和前处理均要考虑到这些特点。

（二）化妆品样品的采样原则

化妆品样品的采集原则可概括为：代表性、典型性和真实性。

1. 样品的代表性原则 样品的代表性（sample representative）是指采集的样品能充分反映被检测总体的性质。

（1）随机采样：采样（sampling）是指按一定方案从总体中抽取部分个体的过程。抽取的

这部分个体的集合体,称为样本。随机采样是指按照随机化原则从总体中抽取一定数量的个体进行调查,期望通过样品的信息推断总体的情况。此处,随机化(randomization)是指总体中的每一个个体有相同的概率被抽到。如要调查某一批化妆品中含砷量的平均水平,这一批化妆品共有 10 000 个小包装,那么这 10 000 个小包装的化妆品就是一个总体,如果从中随机抽取 10 个小包装进行测定,则应保证这 10 000 个小包装的化妆品中的每一个都有相同的概率被抽中,而抽出的这 10 个小包装的化妆品就称为样品。随机化的方法有抽签、抛硬币和掷骰子,也可用比较规范的方法,如利用随机数字表或随机排列表。随机采样的方法有很多,常用的有单纯随机采样、系统采样、分层采样、整群采样、阶段采样以及时序采样等,可根据要求进行。

(2)样品含量足够:样品含量,又称样品大小,即样品包含的观察单位数。在保证研究结论具有一定可靠性的前提下,需要在设计阶段估计所需的最少观察单位数。若化妆品样品含量过少,所得结果不够稳定,结论则缺乏充分的依据,若化妆品样品含量过多,则会增加实际工作的困难,甚至造成浪费,因此,样品大小的估计十分重要。样品含量估计方法,常用的有计算法和查表法,可参见《医学统计学》和《卫生统计学》等有关资料。

2. 样品的典型性原则 对有些化妆品样品的采集,应根据检验目的,采集能充分说明此目的的典型化妆品样品。例如对某种引起人体皮肤不良反应的化妆品样品的采集,就必须通过卫生学调查,应采集到可疑化妆品或同批号的化妆品等典型样品用于检验。

3. 样品的真实性原则 即采集的化妆品样品必须保持化妆品的原始性状。化妆品样品的理化性质没有变化、待测组分没有损失或污染,只有这样,其检测结果才可能反映出化妆品原有的真实状况。

(三)化妆品样品的采样要求

对于不同的化妆品和不同的检验目的,化妆品样品的采样方法和要求不同,下面介绍一些基本的要求。

1. 应按随机采样原则进行采样,保证样品的代表性。

2. 提供的样品应严格保持原有的包装状态,容器不得破损。

3. 采集商店里的散装零售化妆品时,应对采样过程有专门说明。

4. 每个批号不得少于 6 个最小包装单位。

5. 所采集的样品必须贴上标签,标签内容必须有化妆品名称、生产厂家、批号或生产日期、采样时间及地点、采样人员、审核人员等。

具体的采样方法和要求根据检验目的的不同,按照《化妆品卫生规范》《化妆品的检验规则》《化工产品采样总则》和《计数抽样检验程序 第 1 部分:按接收质量限(AQL)检索的逐批检验抽样计划》等的要求进行。

二、化妆品检验样品的取样

对采集后送到检测实验室的化妆品样品,要从中取出一部分进行前处理,然后进行检测。针对不同的检测项目和不同的化妆品,化妆品检验样品的取样方法不同。

(一)卫生化学检验用化妆品的取样

1. 基本要求 化妆品产品的取样过程应尽可能考虑到样品的代表性和均匀性,以便分析结果能正确反映化妆品的质量。实验室接到样品后应进行登记,并检查封口的完整性,至少应对其中 3 个最小包装单位开封检验。在取分析样品前,应目测样品的性能和特征,并使样品彻底混匀。打开包装后,应尽可能快地取出所要测定部分进行分析。如果样品必须保存,容器应该在充惰性气体的条件下密闭保存。如果样品是以特殊方式出售,而不能根据以上方法取样或尚无现成取样方法可供参考,则可制定一个合理的取样方法,按实际取样步骤记录,并附于原始记录之中。

2. 不同化妆品检验样品的取样方法

(1)液体样品:主要是指油溶液、醇溶液、水溶液组成的化妆水和润肤液等。打开前应剧烈振摇容器,取出待分析样品后封闭容器。

(2)半流体样品:主要是指霜、蜜和凝胶类产品。细颈容器内的样品取样时,应弃去至少 1cm 最初移出样品,挤出所需样品量,立刻封闭容器。广口容器内的样品取样时,应刮弃表面层,取出所需样品后立刻封闭容器。

(3)固体样品:主要是指粉蜜、粉饼和口红等。其中,粉蜜类样品在打开前应猛烈地振摇,移取测试部分。粉饼和口红类样品应刮弃表面层后取样。

(4)有压力的气溶胶产品:主要指喷发胶、摩丝等。剧烈地振摇气溶胶罐,气溶胶通过一个专用接头,转移至一个 50~100ml 带有阀门的小口玻璃瓶中。分 4 种情况:匀相溶液气溶胶,可供直接分析;含两个液相的气溶胶,两相需分别分析,一般下层为不含助推剂的水溶液;含有粉剂悬浮状气溶胶,除去粉剂后可分析液相;产生泡沫的气溶胶,准确称取 5~10g 的 2-甲氧基乙醇去泡剂于转移瓶中,转移瓶应先用推进气气体置换瓶中的空气。

(5)其他剂型样品可根据取样原则采用适当的方法进行取样。

(二)微生物检验用化妆品的取样

1. 所采集的样品,应具有代表性,一般视每批化妆品数量大小,随机抽取相应数量的包装单位。检验时,应分别从两个包装单位以上的样品中共取 10g 或 10ml。包装量小于 20g 的样品,可适当增加样品包装数量。

2. 供检验样品,应严格保持原有的包装状态。容器不应有破裂,在检验前不得打开,防止样品被污染。

3. 接到样品后,应立即登记,编写检验序号,并按检验要求尽快检验。如不能及时检验,样品应放在室温阴凉干燥处,不要冷藏或冷冻。

4. 若只有一个样品而同时需做多种分析,如细菌学、毒理学和化学检验等,则宜先取出部分样品做细菌检验,再将剩余样品做其他分析。

5. 在检验过程中,从打开包装到全部检验操作结束,均需防止微生物的再污染和扩散,所用器皿及材料均应事先灭菌,全部操作应在无菌室内进行,或在相应条件下,按无菌操作规定进行。

6. 如检出粪大肠菌群或其他致病菌,自报告发出之日起,该菌种及被检样品应保存 1 个月。

三、化妆品样品的保存

化妆品样品采集后,必须予以恰当的保存,才能确保后续检验测定能反映样品的真实情况。保存需要注意的事项如下:

1. 化妆品样品必须按该产品的使用说明书储存。

2. 除特别规定外,一般样品应在 10~25℃避光保存。

3. 从样品中抽出部分样品进行保存,其数量不能少于供 2 次检验所需样品的量。保存的样品应标明编号和日期。保存的环境能确保样品无污染、渗漏或变质。样品保存期根据要求而定,一般不少于 6 个月。

4. 分析前才打开样品原包装。

5. 应留有未开封的化妆品样品保存待查,出具报告后 2 个月才能处理。出具检测结果报告后的检验剩余样品和超过保质期的存样,由实验室质量管理部门组织处理,应符合环保要求。

第二节 化妆品样品的前处理

化妆品样品前处理(pretreatment of cosmetics sample)是指化妆品样品在测定前,通过消除其干扰成分,浓缩其待测组分,使制备的样品能满足检测方法要求的操作过程。化妆品样品的基体复杂,含有大量的成分,测定前样品通常需要进行溶解、增溶、分解、分离、提取、浸提、萃取、纯化和(或)预浓缩等前处理。化妆品前处理比较复杂,下面就测定化妆品中无机成分、有机成分和微生物等 3 个方面样品的前处理予以简述。

一、测定无机成分化妆品前处理

化妆品样品中无机成分种类较多,样品前处理的方法也较多,前处理方法的选择是基于不同的样品、不同的被测无机成分以及不同的检测方法。通常,测定无机成分的化妆品样品的前处理采用无机化处理的方法。无机化处理一般是指在高温或高温加上强氧化的条件下,将样品中的有机物氧化分解成气体而挥发掉,待测成分则转化为离子状态而保留下来用于测定的样品前处理方法。根据操作条件不同,可分为干法和湿法,前者有干灰化法,后者有湿式处理法。下面予以介绍。

(一)干灰化法

干灰化法(dry ashing)是指在 500~600℃温度下焚化化妆品样品,样品中的水和挥发物蒸发掉,有机物被空气中的氧直接氧化分解生成 CO_2 和 N_2 的氧化物而挥发掉,大部分的矿物质转变成氧化物、硫酸盐、磷酸盐、氯化物和硅酸盐等无机成分残渣而保留下来的前处理方法。该法特点是操作简便,试剂用量少,有机物破坏彻底,空白值较低,适合批量样品的前处理,可提高检出率,节约时间,适用多种痕量元素的分析。

干灰化法包括高温炉干灰化法、氧等离子体低温灰化法、氧弹法和氧瓶法等。简述如下。

1. 高温炉干灰化法

(1)原理:将装有样品的器皿放在高温炉内,在 450~850℃的高温条件下,利用空气中的氧将样品中的有机物炭化和氧化,有机物的 C-C 键断裂,生成 CO_2,挥发性组分挥发掉,非挥发性组分转变为单体、氧化物或耐高温的盐类。

(2)特点:由于处理的温度高,容易造成挥发损失和滞留损失。

(3)步骤与注意事项:分为干燥、炭化、灰化以及溶解残渣等步骤。其注意事项如下:

1)干燥:样品首先必须彻底干燥,防止高温下产生爆溅,导致样品丢失或玷污。

2)炭化:样品在放进高温炉前,预先用小火,用电炉或红外线灯将其炭化,以防止样品在炉内燃烧。

3)灰化:灰化阶段,无机组分有的还原为单体,有的氧化为氧化物,有的转为高沸点盐,有的生成了挥发性物质而挥发损失,也有的与器皿本身反应而造成滞留损失。

挥发损失:气化损失因元素的性质、在样品中存在形式、样品的基体成分及灰化温度的不同而不同。如汞是最易气化损失的组分;又如 Zn、Pb 与氯化铵共热能生成挥发性的氯化物;再如 Cd 在灰化中被炭化的有机物还原成元素 Cd,而易挥发损失。气化损失因灰化温度升高而加重。减少挥发损失的方法:降低灰化温度。在尽可能低的温度下灰化样品,如采用低温灰化技术。

滞留损失:Corsuch 研究指出,石英器皿滞留元素可能有两种机制,一种是元素与石英形成键能很强的化学键,所形成的硅酸盐不易被酸溶解;另一种是元素渗入了石英器皿硅的晶格中。减少滞留损失的方法:加入助灰化剂。加入到样品中可加速有机物分解,或促进待测组分回收的化合物,称为"灰化助剂"或"助灰化剂"(ashing auxiliary)。常用的有 HNO_3 和 $Mg(NO_3)_2$、$Al(NO_3)_3$、$Ca(NO_3)_2$ 等硝酸盐,以及 H_3PO_4、H_3BO_3、H_2SO_4、K_2SO_4、MgO 和 $MgAc_2$ 等。灰化助剂分为 4 类:第一类是帮助氧化的氧化剂,如 HNO_3 等;第二类为稀释剂,如惰性化合物 MgO 等;第三类既是辅助氧化剂,又是稀释剂,如 $Mg(NO_3)_2$ 和 $Al(NO_3)_3$ 等轻金属硝酸盐;第四类为能改变待测化合物的形式以减少挥发或滞留的灰化助剂,如 H_2SO_4、K_2SO_4 和 H_3BO_3 等。

上述干燥、炭化和灰化的过程,可以通过程序升温高温炉来实现。

4)溶解残渣:一般,多用稀 HCl 和 HNO_3,或先用 HCl(1+1)使待测组分转化成氯化物,再用稀 HNO_3 溶解。

2. 氧等离子体低温灰化法

(1)原理:氧等离子体低温灰化法是指在低温条件下,利用加到低压氧气中电场的作用,使自由电子加速成为高能级的电子,并与氧分子碰撞,使其电离形成含有极高活性的氧等离子体,氧化分解有机物的灰化方法。氧等离子体中的原子态氧,吸引有机物中的氢或插入其 C-C 键,样品表面的烷基和羰基与分子态或原子态的氧马上结合,生成过氧化物自由基。样品表面逐渐被过氧化物覆盖,同时慢慢分解,生成各种氧化物,产生反应热。反应热切断表面分子,成为易挥发的低分子碳化合物,释放到气相中。在气相中,这些化合物很容易被氧化成 CO_2。该法温度一般在 100~300℃ 之间。氧原子在等离子体中的浓度一般少于20%,加入少量氮气或氢气可以增加氧原子的产率。

(2)特点:该法克服了高温炉灰化法存在的元素损失的缺点。

(3)注意事项:该法的作用是从样品的表面进行的,氧化厚度只能达到 2~3mm。因此,必须尽量地粉碎样品,并用底部面积大的试样舟,将样品薄薄地铺在上面,增加表面积,加速氧化过程。若增加对样品的搅拌,将加速氧化的速度和深度。某些含有蛋白质的化妆品在大约 150℃ 以上开始脱水,会产生爆溅,导致无机成分回收率降低。为防止温度超过 150℃,每种灰化装置使用的高频功率的最大值,因样品的性质和测定成分的不同而不同。也可用灰化蔗糖进行预试验,在 140~150℃ 的温度下,蔗糖开始分解,变成褐色,调节功率使蔗糖无色燃烧即可控制温度。此外,样品放置的位置、样品灰分的含量等也影响灰化速度。为了使 Se、Ag、Hg 和 I 等易挥发的元素在氧等离子体低温灰化过程中,既能加快灰化速度,又能定量回收,已经研究出了一种冷等离子体灰化器;在灰化时,冷阱可捕获这些易挥发的元素,备有搅拌装置可以加速灰化速度。

3. 氧弹法

(1)原理:氧弹法是指将氧气压入氧弹,使有机物迅速燃烧灰化,再用酸、溶剂或熔剂处理,使待测元素全部转入溶剂中的灰化方法。

(2)特点:具有氧化速度快,不存在丢失易挥发元素等优点,尤其适合于测定 Se、Hg 和 I

等样品的前处理。

（3）注意事项：样品量不可大于规定量，否则会燃烧不完全，甚至爆炸。一般，容积为300ml 的氧弹，可灰化 1g 以下的样品。多数元素的回收率在 90% 左右。

4. 氧瓶法

（1）原理：氧瓶法是氧瓶燃烧法的简称，是指将样品放在充氧的玻璃瓶内燃烧，然后再用溶剂吸收待测元素而进行测定的简单快速方法。点火方式可用人工点火、电点火或红外灯照射点火等，燃烧完毕后，可振荡烧瓶的内容物，使气态燃烧产物完全被吸收。

（2）特点：用于超痕量分析。有人研制出将密闭容器中的燃烧改为用液氮阻留燃烧残气。这样操作更安全，样品量可加大到 0.5g。用少量酸液回流溶解燃烧残渣，这样溶液中的样品浓度则大于一般预处理方法，因此，增加了检出灵敏度。灰化处理时间短，一个周期大概 45 分钟。

（3）注意事项：因为瓶内氧气压力为大气压，氧量有限，只适合于少量有机物中容易氧化的元素，如 Hg 和 I 等测定样品的干灰化处理。样品称取量一般在 100mg 以下。

（二）湿式处理法

在加热条件下，利用氧化性强酸和氧化剂，氧化分解样品中的有机物，使待测无机成分释放出来，或利用浸提液从样品中将待测成分浸提出来的前处理方法。由于消化等处理是在液体中进行，故称为湿式处理。其特点是处理时间短，减少了挥发损失。

湿式处理法包括湿灰化法（wet ashing）、加压湿消解法（pressure digestion）和浸提法（lixiviation）等。

1. 湿灰化法

（1）原理：湿灰化法是指利用氧化性强酸或氧化性强酸和氧化剂，对有机物进行氧化 - 水解而将其分解的方法。该法是一个连续氧化 - 水解的过程。先在碳原子上引入含氧的取代基，促进有机物的水解，使有机物降解为碎片和含碳挥发性分子。湿灰化法有时又称湿氧化法（wet oxidation）或湿消化法（wet digestion）、湿消解法等。

（2）特点：湿灰化法的优点是分解有机物快速，需要时间短；温度较干灰化法低，减少了挥发损失。其缺点是还存在一些待测元素有挥发损失的问题，如 Se 和 Hg 在样品炭化时，被还原成元素态而易挥发损失；当样品中含有氯时，Ge 和 As 转变成沸点极低的 $GeCl_4$（沸点为83.1℃）和 $AsCl_3$（沸点为 132℃）而挥发损失等。

（3）常用氧化性强酸和氧化剂：常用的氧化性强酸有 H_2SO_4、HNO_3 和 $HClO_4$，氧化剂有H_2O_2。使用单一的氧化性酸不易将样品中的有机物完全分解，且在操作中容易产生危险。因此，常采用 2 种或 2 种以上的酸或氧化剂的混合组分，发挥各自的特点，使有机物快速而平稳的被消解掉。

（4）常用湿灰化法：常用的方法很多，如 HNO_3-H_2SO_4 法、HNO_3-$HClO_4$ 法、HNO_3-$HClO_4$-H_2SO_4 法、HNO_3-H_2O_2 法和 H_2SO_4-H_2O_2 法等。下面简要介绍：

1）HNO_3-H_2SO_4 法：该法中 HNO_3 氧化能力强，沸点却低，样品炭化后容易产生自燃，所以将 HNO_3 和 H_2SO_4 混合使用，既可提高消化液的沸点，又可防止单用 HNO_3 容易产生自燃。如美国 AOAC 用该法消化食品样品以测定 Cu、Mn、As、Sn 和 Cd 等，中国用该法消化化妆品样品用于测定 Hg 和 As 等。但该法消化样品后，消解液中含有的亚硝基硫酸（H·$NOSO_4$）会干扰后续测定，可加入少量的硫酸铵或尿素予以消除，其反应式为：

$$(NH_2)_2CO+2H·NOSO_4 \rightarrow CO_2\uparrow+2N_2\uparrow+2H_2SO_4+H_2O$$

2）HNO₃-HClO₄法：该法应用广，是经典的消解方法，一般情况下，除As、Hg、Cr等少数几种元素外，都能定量回收和测定。消化开始时，HClO₄的氧化作用极弱，因为其浓度被HNO₃中水分稀释，此时，HNO₃先在室温，后在加热的情况下，先行水解和氧化有机物；随着HNO₃的氧化和水的蒸发，消化液停止冒出大量棕色气体和泡沫，此时，HNO₃的作用基本结束，HClO₄的氧化作用开始，由于HNO₃的消解和水分的蒸发，HClO₄的浓度不断增加，氧化还原电位也不断增加，使不易分解的有机物被氧化分解。HNO₃和HClO₄的加入方式和加入比例因人而异。HNO₃:HClO₄的比例为4∶1~2∶1不等。

3）HNO₃-HClO₄-H₂SO₄法：该法是在HNO₃-HClO₄体系中加入少量的H₂SO₄，可提高消化体系的沸点，进一步提高HClO₄的浓度，进而增加消化体系的氧化能力，用于氧化通常情况下不易氧化分解的样品。因有H₂SO₄存在，Pb和Ca的测定可能会受影响，若不用回流装置，As、Sb、Hg和Au等元素也可能挥发损失。

4）HNO₃-H₂O₂法和H₂SO₄-H₂O₂法：两法所用的氧化体系，都是很强的氧化剂，适用于脂肪的分解。消解反应激烈，对易形成挥发性化合物的元素，如Hg、Se、Os和Ru等有损失，在氯化物存在下，Ce和As也会损失。

2. 加压湿消化法

（1）原理：加压湿消化法是指利用压力提高酸的沸点和浸透力，以加速样品消化的方法。

（2）特点：此法优点是省时，设备简单，便于处理大批样品，不爆沸，不需要通风设备等，并可以减少易发挥元素的损失。缺点是有机物未被彻底降解，尤其是具有芳香族结构的组分，不适宜用于后续定量方法是极谱法和色谱法的样品的处理。

（3）常用方法：因使用装置和热源的不同，分为非密闭容器的压热法、密闭容器的封管法、聚四氟乙烯压力罐法和微波消解法。

1）压热法：将样品置于玻璃三角瓶内，加入一定浓度的酸，置于高压锅中，在0.2MPa下浸提分解。此法只能将样品中有机物部分分解，要求样品预先粉碎。

2）封管法：密闭容器内，在压力和热的条件下对样品进行消解的方法。将样品和消解液置于硬质玻璃管中，熔封，置烘箱中加热至120~150℃。

3）聚四氟乙烯压力罐法：利用聚四氟乙烯的化学惰性、易切割性和中等耐热性，做成严密的内衬管，配合外部的不锈钢密封套，组成易开启闭合的耐酸、耐压的压力罐。除有加压湿消解法的优点外，尚有试剂用量少、消化时间短、挥发性元素不易损失和无容器吸附等优点。

4）微波消解法（microwave digestion, MWD）：①原理：微波具有使物质直接快速加热并具有深层加热的作用，在密闭溶样罐中加压的条件下，利用微波电磁辐射，对在密闭容器内样品的分子作用，产生高温和高压，样品与消解液中的分子吸收微波能后，氧化反应速率增加，使样品表面层不断搅动、破裂，不断产生新的表面层与酸作用，从而使样品分解，直至样品消解完毕。②特点：具有消解速度快、氧化剂用量少、不污染环境、样品受污染机会少和被测痕量元素不丢失等优点。③注意事项：微波消解法，必须遵循样品量少、颗粒直径要尽可能小的原则。微波消解法最常用的消解液组分是硝酸。由于化妆品中多含醇类、酯类和甘油，微波消解时使用高氯酸是危险的，应避免使用。氢氟酸是溶解硅基的有效试剂，可使含有二氧化硅、高岭土、滑石粉等的化妆品消化液澄清，但氢氟酸会给石墨炉原子吸收分光光度计带来正干扰，会使等离子仪雾化系统及炬管腐蚀，因此不可选用。

3. 浸提法

（1）原理：浸提法是指利用浸提液能解离某些样品组分与待测元素结合的键，并对待测元素或待测元素的组分有良好的溶解力，从样品中将含有待测元素的部分浸提出来的前处理方法。

（2）特点：是一种比较简单、安全，具有特殊意义的样品预处理方法。

（3）注意事项：仅限于以游离形式存在的，或结合键容易被破坏的元素，或能溶于浸提液的含有待测元素的分子的化妆品样品的前处理。如《化妆品卫生规范》中测定粉类、霜及乳等化妆品中汞和铅，采用浸提法，取得与湿灰化法相同的结果。金属的化学形态分析中，也多采用此法。浸提法因元素种类、样品基体和样品颗粒大小等不同，而所使用的浸提液种类和浓度、浸提时间以及浸提温度等也不同。

二、测定有机成分化妆品前处理

化妆品中 85%（以干物质计）以上的组分为有机成分，因此，有机成分的提取和分析在化妆品中占有非常重要的地位。

测定有机成分的样品前处理的目的是将待测有机组分从基体中分离出来，经过分组、分离和富集，以满足后续定量方法的特异性和灵敏度的需要。这种前处理有 2 个特点：一是化妆品所含物质形态的种类多，如气 - 液气溶胶（头发定型剂）、液体（香水）、液 - 固胶体（膏、霜）和固体（粉饼、唇膏）等；二是被测物质的理化性质如挥发性、溶解度、吸附性和氧化还原性能等有很大的差异。这样，就使得样品前处理变得十分复杂。下面简述测定有机成分的化妆品样品前处理方法。

测定化妆品中有机成分的样品前处理主要包括两步：一是提取：将待测成分与试样的大量基体进行粗分离；二是纯化或部分分离：将待测成分与其他干扰测定的成分进一步的分离或纯化。

（一）提取

化妆品有机成分提取方法主要有 2 种，即溶解抽提法和水蒸气蒸馏法。

1. 溶解抽提法

（1）原理：溶解抽提是利用化妆品各组分理化性质的不同，选用适当溶剂将待测成分溶解，从而和基体组分分离。

（2）溶剂选择：主要根据待测物"相似相溶"原理来选择适宜的溶剂，待测物在各种溶剂中的溶解性能，可查阅化学手册、"Merck Index"等资料。

溶质在溶剂中溶解时，溶剂与溶质间发生特殊的作用，使溶质改变原来的状态形成溶剂，通常把这种作用称为溶剂化作用。溶剂化是一种非常复杂的现象，取决于分子间的许多作用力。有机分子间（包括溶剂分子 - 溶剂分子间、溶质分子 - 溶质分子间和溶剂分子 - 溶质分子间）存在相互作用的力，主要有 3 种：①氢键；②偶极 - 偶极作用力；③色散力。这些分子间的力大小顺序是氢键最大，偶极间作用力次之，色散力最小。作为溶剂的有机物，依其具有的不同作用力，可相应分为：①质子溶剂，如醇、胺、羧酸和水等；②偶极溶剂，如丙酮、乙脂、四氢呋喃和二甲亚砜等；③非极性溶剂，如烷烃类、苯、四氯化碳和二硫化碳等。

使溶质成为溶剂化的离子，主要取决于溶剂的给质子能力（质子溶剂）或给电子的能力（偶极溶剂）。由于质子溶剂和偶极溶剂有给质子和电子的能力，它是极性或可极化化合物的良好溶剂。化妆品中禁用、限用物质大都是极性或可极化化合物,故在溶解抽提步骤中多选用这类溶剂,如用二甲基甲酰胺抽提化妆品中色素,用甲醇或乙醇提取化妆品中防腐剂、激素、佛手内酯等。但当化妆品的剂型是以石蜡为基体时,如口红、除臭棒、发蜡等,由于待测成分被大量非极性有机物如蜡、脂所包裹,质子溶剂和偶极溶剂不是它们的最佳溶剂,此时溶剂可选用 2 种性质不同而能互溶的溶剂进行溶解抽提。例如,用氯仿 + 乙醇处理口红和除臭棒。

（3）温度、振荡和超声选择:为了加速溶解和抽提,在选用适宜的溶剂后,可以适当提高温度或采用振荡或超声提取来增加溶解效率。最后,可用过滤或离心的手段将抽提溶液与样品基体残渣分离。

（4）消除乳化现象:可采用增大溶剂用量,加入电解质,改变酸度,避免激烈振荡等方法来消除乳化现象。

（5）盐析剂选择:在离子缔合物体系中,如果加入某些与被萃取化合物具有相同阴离子的盐析剂,往往可以产生盐析作用,改变被萃取物的分配比,萃取效率大幅提高。盐析剂的作用:产生同离子效应,有利于萃取;产生离子水化作用,有利于萃取;使水的介电常数大为降低,有利于形成离子缔合物。常用的盐析剂有铵盐、锂盐、镁盐、铝盐和铁盐等。通常情况下,离子的价态越高,半径越小,其盐析作用越强。

2. 水蒸气蒸馏 分子量较小且含有不只一个官能团的有机物,可以借助水蒸气蒸馏而与基体分离,还可通过控制样品的酸碱性,与具有不同官能团的化合物分开。如将化妆品样品加入足量的水和适量的盐酸,使溶液为酸性,进行蒸馏。此时,化妆品中的苯甲酸、水杨酸、对羟基苯甲酸、山梨酸、脱氢醋酸和丙酸等含 -COOH 和苯的 OH 官能团的化合物均可馏出。蒸馏残渣如再用氢氧化钠等碱调 pH 到碱性,再进行第二次蒸馏,就可将样品中含 NH_2、C=NH-N 等碱性基团的低沸点的有机碱性化合物馏出。该法是一种简便的分离方法,但其应用受待测组分沸点的限制。

（二）分离和纯化

常使用的分离和纯化方法有液 - 液萃取法、柱层析法、固相萃取法和微量固相萃取法等。

1. 液 - 液萃取法（liquid-liquid extraction）

（1）原理:利用有机物（溶质,以 M 表示）在不相混溶的两个液相（母相 A、萃取相 B）间的转移来实现的。在萃取过程中,A 和 B 两相溶剂都争夺 M。当 M 从母相 A 转入萃取相 B 的速度等于由 B 相转入 A 相的速度时,萃取体系达到平衡。此时,两相中溶质浓度的差别主要取决于溶质在 A 和 B 两相中的分配比 D,其计算按下式进行。

$$D = \frac{B}{A} \tag{3-1}$$

式中:D:分配比;B:萃取相中的溶质浓度;A:母相中的溶质浓度。

（2）萃取剂选择:有机物在两相中的分配比取决于分配前后的能量变化。能量变化是指破坏溶剂分子间相互作用力所损失的能量和溶质、溶剂间发生相互作用所获得的能量之总和。当游离的溶质分子 M 在液 - 液界面上,将倾向于进入能得到较大能量或者损失较小能量的溶剂相中。因此,在进行液 - 液萃取时,选用的萃取溶剂除必须与母相溶剂不相混溶外,还需与待测成分分子有较强吸引力以获得较大结合能量;或者说,有较大溶解度,才会获得有利的分配比。

在定量分析中,更注意萃取率,即萃取相中萃取的量,也即萃取的程度,其含义是萃取相

B 中溶质 M 的含量占体系总含量的百分比,用 Q 表示,计算按下式进行。

$$Q=\frac{\text{萃取相 B 中溶质 M 的含量}}{\text{溶质在两相中的总量}}\times100\% \tag{3-2}$$

在萃取体系中,母相和萃取相中溶质的含量取决于母相和萃取相的相比,即两相的体积比(V_B/V_A)。相比、分配比与萃取率呈正相关,其计算按下式进行。

$$Q=\frac{DV_B}{DV_B+V_A}\times100\% \tag{3-3}$$

为了提高方法的检出限,操作中采用的相比一般很小,通常为 0.1~0.2。当分配比达不到要求时,可采用多次萃取的方法。

(3)pH 值选择:对于弱酸性、弱碱性和两性化合物,还可利用它们的分子状态和离子状态与溶剂亲和力的不同而使分配比改变,从而通过溶液的 pH 来改变萃取率,以达到分离目的。

对兼有酸碱两性的化合物,如以两性物质的中性形式被萃取,若偏离最佳离子浓度的任意一边,都会使分配比下降。

化妆品禁用限用物质中,大量物质具有弱酸或弱碱性,根据不同待测成分的分子结构,选择适宜的萃取溶剂和适宜的 pH,可以进一步分离粗提的组分,以满足后续测定的需要。

(4)消除乳化现象:①取样品时,避免剧烈振荡;②加入乙醇,以减少表面张力使乳化球破裂;③加入盐类,以提高水相的离子强度,增加亲水性成分从乳化状态中析出的能力;④加热或冷藏乳化液,利用溶解度不同,迫使乳化层破裂;⑤过滤或离心乳化液;⑥改变待分离成分化学性质,使其脱乳而分离。

2. 柱层析法(column chromatography)　又分为吸附柱层析法和分配柱层析法。

(1)吸附柱层析法:即液 - 固色谱法。

1)原理:以有吸附性能的固体为固定相,以液体为流动相;利用不同溶质分子在吸附剂(固定相)和洗脱剂(流动相)之间的不同吸附、解吸(溶解)能力而彼此分离。洗脱时,先用与吸附剂亲和力小(极性小)的溶剂,逐渐增加洗脱溶剂的极性,以达到良好的分离效果。

2)吸附剂分类:根据吸附性能可以分为:弱吸附性的吸附剂,如蔗糖、淀粉、滑石粉和纤维素等;中等吸附性的吸附剂,如碳酸钙、磷酸钙、氧化钙、氧化镁、硅酸镁和硅胶等;强吸附性的吸附剂,如氧化铝、活性炭和漂白土等。

3)吸附剂选择:根据分离物质的性质选择适宜的吸附剂。通常,被分离物的极性较大,则宜选用吸附性能较弱的吸附剂;而分离物质极性弱或亲脂性强的,则选用吸附性能强的吸附剂。在化妆品分析中,由于分析的物质一般属于中等或弱极性物质,常用中等吸附性和强吸附性的吸附剂,如硅胶和氧化铝。硅胶($SiO_2\cdot xH_2O$)是中等吸附性的吸附剂,在化妆品分析中应用最多,适用于中等极性物质的分离;但因硅胶本身呈弱酸性,所以不适用于碱性物质的分离。氧化铝(Al_2O_3)是强吸附性吸附剂,对样品中含亲水性基团的组分有较强的吸附作用。氧化铝又分为中性氧化铝和酸性氧化铝,前者适用于分离生物碱、挥发油、萜类、苷类和有机酸等多种有机化合物,后者适用于有机酸类的分离。

4)流动相选择:在吸附柱层析中,选择流动相比选择固定相更重要,因其对溶质的吸附和解吸起着能动作用。在化妆品分析中,经常用的固定相,只有硅胶和氧化铝等 2、3 种。溶剂种类很多,一般来说,溶质、吸附剂和洗脱溶剂三者间的关系为:极性较大的溶质选用吸附性较弱的吸附剂和极性较强的洗脱溶剂,极性较弱的溶质则选用吸附性较强的吸附剂和极性较小的洗脱剂。溶剂分子与溶质分子竞争吸附剂的吸附定域体,与吸附剂之间有强作用力的溶剂就是强溶剂。强溶剂洗脱溶质的能力强。按吸附倾向降低的顺序,溶剂可粗略地分为:酸 > 醇、醛、酮 > 酯 > 不饱和烃 > 饱和烃。分离多组分混合物时,特别是试样中含有性质完全不同,或极性大小差别较大的许多溶质时,单一的溶剂不可能是分离所有组分的适宜流动相,需采用逐步改变洗脱剂的极性或强度的方法,或采用梯度洗脱技术。

(2)分配柱层析法:即液 - 液色谱法。

1)原理:此法是用能吸留固定相液体的惰性物质作为支持剂(载体)以吸留固定相,与不相混溶的液相组成固定相 - 流动相体系。不同溶质在双相间分配比的不同导致迁移速率不同,从而达到分离目的。

2)方法分类:分为正相层析法和反向层析法。前者是以极性溶剂为固定相,非极性溶剂为流动相,适于分离极性较弱的有机化合物,如着色剂、类固醇、芳胺、生物碱、酚类、芳香剂等。后者是以非极性溶剂为固定相,极性溶剂为流动相,适于分离极性较强的有机化合物,如醇类、芳烃、蒽醌类、生物碱、巴比妥酸盐类。

3)支持剂分类:支持剂有 2 类:一类是天然的多孔物质,如硅藻土、多孔硅珠和硅胶;另一类是人工的多孔物质,如多孔二氧化硅。

4)固定相和流动相的选择原则:固定相通过分子间的亲和力,或与载体发生化学键合而被吸留。在化妆品分析中常使用的一般分配层析法中,以水、酸、碱、缓冲液、低碳醇、乙二醇、丙三醇、β、β'- 氧化二丙腈等极性溶剂为固定相,以与固定相不相混溶的石油醚、己烷、环己烷、苯、氯仿等非极性溶剂为流动相。选择固定相 - 流动相体系时,除要考虑两相应互不溶解外,还要考虑待分析组分必须在固定相和流动相中有一定溶解性。因为样品一定要在固定相和流动相中都能溶解,所以两相在某种程度上必定是互溶的,其结果是随着流动相的淋洗,固定相逐渐被流动相从柱上“溶出”而使层析柱失效,可采取流动相用固定相预饱和的方法防止这种“溶出”。

5)固定相和流动相分类:分配柱层析中固定相和流动相所用的溶剂可根据其形成氢键的能力大小而分类。其顺序按形成氢键能力递减为:水、甲酰胺、甲醇、乙酸、乙醇、异丙醇、丙酮、正丙醇、叔丁醇、苯酚、正丁醇、正戊醇、乙醇乙酯、乙醚、乙酸正丁酯、氯仿、苯、环己烷、石油醚、石油、石蜡油,其中叔丁醇以前的溶剂能与水任意比例的混溶,其他溶剂能与水分成两层。近年来,由于键合技术的发展,键合柱已经代替了经典的涂液相固定液的分配柱。常用 SiO$_2$ 基质,经不同化合物键合后,形成不同极性的表面层,从而起到了分配介质作用。常用正相分配柱有:SiO$_2$、Al$_2$O$_3$、CN、二醇和丙胺基等键合硅胶柱。反相分配柱有:C$_{18}$、C$_8$、C$_2$ 和苯基等键合硅胶柱。

3. 固相萃取法(solid phase extraction,SPE) 这种萃取法实质上也是分配柱层析法,是利用颗粒微细的色谱柱填充料作为载体来进行分离,由于色谱填料颗粒微细,使固相萃取法具有柱体和洗脱液体积小、操作速度快、选择性和富集能力强的特点。

(1)原理:这是一类基于液相色谱分离原理的样品前处理技术。分离纯化样品有 2 种方式:一种是将待测成分保留柱上,干扰成分或基质流出柱子;另一种是将待测成分流出柱子,将干扰成分或基质保留柱上。一般包括柱子纯化、老化、进样、杂质洗涤和洗脱 5 个步骤。

(2)特点:其优点是可除去杂质,浓集分析物,进行溶剂转换和柱上衍生。

（3）SPE 柱子分类：可分为以下 6 种：①非极性柱：有 C_{18}、C_8、C_2、苯基等键合硅胶柱及活性炭柱等，用于分离疏水性化合物和烷基链化合物等有机物；②极性柱：有氰基、二醇基、丙胺基等键合硅胶柱及 SiO_2、Al_2O_3 柱，用于分离亲水性化合物和胺、含羟基化合物；③阳离子交换柱：含苯磺酰丙基、羧甲基树脂，用于胺类和嘧啶类化合物；④阴离子交换柱：含二乙胺丙基和三甲基胺丙基树脂柱，用于碳酸酯及磷酸酯类化合物；⑤亲和色谱柱：环氧和乙烯砜等共聚大孔树脂，用于大分子分离；⑥专用柱：如 IC-Ag 柱专用于卤化物，IC-Ba 柱专用于硫酸盐。

（4）应用：如化妆品中游离甲醛分析采用 SPE 柱 Chromabond SA，又如化妆品中防腐剂对羟基苯甲酸酯类分析采用 SPE 柱 C_{18}。

4. 固相微萃取法（solid-phase microextraction，SPME）

（1）原理：根据"相似相溶"原理，利用石英纤维表面的固定液对待测的吸附作用，使待测组分被萃取和浓缩，然后利用气相色谱法中进样器的高温以及高效液相色谱或毛细管电泳的流动相，将萃取的组分从固相涂层上解吸下来，进行分析的一种样品前处理方法。

（2）特点：SPME 方法的优点是简单、快速，并集采样、萃取、浓缩和进样于一体，不使用有机溶剂，在几分钟内可完成全部过程。这种方法大部分与气相色谱法配套使用，也可与高效液相色谱法配套使用。

（3）应用：这是一种无需溶剂和复杂装置的样品预处理技术，将样品富集，与在线进样结合在一起，使分析的灵敏度大大提高（最低浓度可达 100μg/kg 或 μg/L）。已经有一些有机物的 SPME 方法列为美国 EPA 的规范方法。

（三）溶剂转换

为了适应分析方法的要求，往往需要对提取液进行溶剂转换，例如，样品的三氯甲烷提取液在用气相色谱 ECD 分析时，由于三氯甲烷在 ECD 中有极高的响应值，因此必须在分析前将其转换成不含氯溶剂，如己烷。最方便的方法是将提取液吹干，再加所需溶剂。这种方法有时会带来待分析物损失，所以常用共沸物来进行溶剂转换。用固相萃取法也可方便地进行样品溶剂转换。

三、检验微生物化妆品前处理

供微生物检验用化妆品样品的制备，最重要的是需要树立无菌观念，严格掌握无菌操作技术，简述如下。

1. 供检样品的制备

（1）液体样品：①水溶性的液体样品：可量取 10ml 加到 90ml 灭菌生理盐水中，如样品少于 10ml，仍按 10 倍稀释法进行；如为 5ml，则加到 45ml 灭菌生理盐水，混匀后，制成 1∶10 检液；②油性液体样品：取样品 10ml，先加 5ml 灭菌液状石蜡混匀，再加 10ml 灭菌的吐温 80，在 40~44℃水浴中振荡混合 10 分钟，加入灭菌的生理盐水 75ml（在 40~44℃水浴中预温），在 40~44℃水浴中乳化，制成 1∶10 的悬液。

（2）膏、霜和乳剂半固体状样品：①亲水性的样品：称取 10g，加到装有灭菌玻璃珠及 90ml 灭菌生理盐水的三角瓶中，充分振荡混匀，静置 15 分钟。用其上清液作为 1∶10 的检液；②疏水性样品：称取 10g，放到灭菌的研钵中，加 10ml 灭菌液状石蜡，研磨成黏稠状，再加入 10ml 灭菌吐温 80，研磨待溶解后，加 70ml 灭菌生理盐水，在 40~44℃水浴中充分混合，制成

1∶10 检液。

（3）固体样品:称取 10g,加到 90ml 灭菌生理盐水中,充分振荡混匀,使其分散混悬,静置后,取上清液作为 1∶10 的检液。

2. 菌落总数　为便于区别化妆品中的颗粒与菌落,可在每 100ml 卵磷脂吐温 80 营养琼脂中加入 1ml 0.5% 的 TTC 溶液,如有细菌存在,培养后菌落呈红色,而化妆品的颗粒颜色无变化。

3. 粪大肠菌群、铜绿假单胞菌、金黄色葡萄球菌、真菌和酵母菌按前述"1. 供检样品的制备"进行。

四、化妆品前处理方法应用示例

由于化妆品的原料种类非常多,成分极其复杂,化妆品中涉及检验项目也很多,下面就常见供卫生化学检验用样品的前处理方法举例说明,示例均引自《化妆品卫生规范》一书。

（一）汞（mercury）测定用化妆品样品的前处理

测定化妆品中总汞的方法有冷原子吸收法和氢化物原子荧光光度法等。

1. 冷原子吸收法

（1）湿式回流消解法:准确称取混匀试样约 1.00g,置于 250ml 圆底烧瓶中。随同试样做试剂空白。样品如含有乙醇等有机溶剂,先在水浴或电热板上低温挥发(不得干涸)。加入硝酸 30ml、水 5ml、硫酸 5ml 及数粒玻璃珠。置于电炉上,接上球形冷凝管,通冷凝水循环。加热回流消解 2 小时。消解液一般呈微黄色或黄色。从冷凝管上口注入水 10ml,继续加热 10 分钟,放置冷却。用预先用水湿润的滤纸过滤消解液,除去固形物。对于含油脂蜡质多的试样,可预先将消解液冷冻使油脂蜡质凝固。用蒸馏水洗滤纸数次,合并洗涤液于滤液中。加入盐酸羟胺溶液 1.0ml,用水定容至 50ml,备用。注意事项:样品中含有碳酸盐类的粉剂,在加酸时应缓慢加入,以防止二氧化碳气体产生过于猛烈。

（2）湿式催化消解法:准确称取混匀试样约 1.00g,置于 100ml 锥形瓶中。随同试样做试剂空白。样品如含有乙醇等有机溶剂,先在水浴或电热板上低温挥发(不得干涸)。加入五氧化二钒 50mg、硝酸 7ml,置沙浴或电热板上用微火加热至微沸。取下放冷,加硫酸 5.0ml,于锥形瓶口放一小玻璃漏斗,在 135~140℃ 下继续消解并于必要时补加少量硝酸,消解至溶液呈现透明蓝绿色或橘红色。冷却后,加少量水继续加热煮沸约 2 分钟以驱赶二氧化氮。加入盐酸羟胺溶液 1.0ml,用水定容至 50ml,备用。

（3）浸提法(只适用于不含蜡质的化妆品):准确称取混匀试样约 1.00g,置于 50ml 具塞比色管中。随同试样做试剂空白。样品如含有乙醇等有机溶剂,先在水浴或电热板上低温挥发(不得干涸)。加入硝酸 5.0ml、过氧化氢 2ml,混匀。如样品产生大量泡沫,可滴加数滴辛醇。于沸水浴中加热 2 小时,取出,加入盐酸羟胺溶液 1.0ml,放置 15~20 分钟,加入硫酸,用水定容至 25ml 备用。

（4）微波消解法

1）准确称取混匀试样约 0.5~1.0g 于清洗好的聚四氟乙烯溶样杯内。含乙醇等挥发性原料的化妆品,如香水、摩丝、沐浴液、染发剂、精华素、刮胡水和面膜等,先放入温度可调的 100℃ 恒温电加热器或水浴上挥发(不得蒸干)。油脂类和膏粉类等干性物质,如唇膏、睫毛膏、眉笔、胭脂、唇线笔、粉饼、眼影、爽身粉和痱子粉等,取样后先加 0.5~1.0ml 水,润湿摇匀。

2）根据样品消解难易程度,样品或经前处理的样品,先加入硝酸 2.0~3.0ml,静置过夜。然后,再加入过氧化氢 1.0~2.0ml,将溶样杯晃动几次,使样品充分浸没。放入沸水浴或温度可调的恒温电加热设备中 100℃加热 20 分钟取下,冷却。如溶液的体积不到 3ml 则补充水。同时严格按照微波溶样系统操作手册进行操作。

3）把装有样品的溶样杯放进预先准备好的干净的高压密闭溶样罐中,拧上罐盖（注意:不要拧得过紧）。

4）一般化妆品消解时压力 - 时间的程序为,压力挡为 1、2 和 3 时,压力（MPa）分别为 0.5、1.0 和 1.5,则保压累加时间分别为 1.5、3.0 和 5.0 分钟。如果化妆品是油脂类、中草药类和洗涤类,可适当提高防爆系统灵敏度,以增加安全性。

5）根据样品消解难易程度,可在 5~20 分钟内消解完毕,取出冷却,开罐,将消解好的含样品的溶样杯放入沸水浴或温度可调的 100℃电加热器中数分钟,驱除样品中多余的氮氧化物,以免干扰测定。

6）将样品移至 10ml 具塞比色管中,用水洗涤溶样杯数次,合并洗涤液,加入盐酸羟胺溶液 0.5ml,用水定容至 10ml,备用。

7）注意事项:①注意微波运行正常:如果压力设定为 1 挡,从微波加热开始到 1 挡设定压力的时间超过 1 分钟,应立即切断微波,检查溶样罐是否有泄漏或者消解样体积不够。②防止消解罐损坏:消解罐局部表面曾被污染后,或消解罐内尚残余微量水分,在微波作用下,将使消解罐局部发热;或压力不足造成过长加热时间,这些均可使消解罐局部温度超过其耐温的极限而软化甚至熔化。此时,罐内外的压力差就使罐的局部变形（如鼓包）或炸裂。在加压过程中,显示屏数字不但不上升,反而不动或下降,也应立即关掉微波,防止烧坏溶样罐。检查溶样杯密封是否完好,溶样罐中是否忘了垫块,溶样罐盖内的弹性体是否已失效。③微波加热结束后,不要急于打开炉门,应先关掉微波开关再空转 2 分钟,目的是排出炉内的氮氧化物,并使罐内压力下降,待 2 分钟结束后可开启炉门,取出溶样罐,置于通风橱中冷却,待冷却到反光板恢复原形,此时罐内基本没有压力,才可取出溶样杯。

2. 氢化物原子荧光光度法　微波消解法、湿式回流消解法和湿式催化消解法同前述。

浸提法:准确称取混匀试样约 1.00g,置于 50ml 具塞比色管中。随同试样做试剂空白。样品如含有乙醇等有机溶剂,先在水浴或电热板上低温挥发（不得干涸）。加入硝酸 5.0ml、过氧化氢 2.0ml,混匀。如样品产生大量泡沫,可滴加数滴辛醇。于沸水浴中加热 2 小时,取出,加入盐酸羟胺溶液 1.0ml,放置 15~20 分钟,加水定容至 25ml,备用。

（二）甲醇（methanol）测定用化妆品样品的前处理

气相色谱测定法:①直接法（本法只适用于非发胶类和低黏度的化妆品）:直接取样测定或取一定样品用 75%乙醇稀释后测定（必要时过滤）;②蒸馏法（本法适用于各类化妆品）:取样品约 10g 于蒸馏瓶中,加水 50ml,氯化钠 2g,消泡剂 1 滴和无甲醇乙醇 30ml,在沸水浴中蒸馏,收集蒸馏液至不再蒸出,加无甲醇乙醇定容至 50ml,以此作为样品溶液;③气 - 液平衡法（本法不适用于发胶类化妆品）:取样品约 5g 于顶空瓶中,加 75%乙醇 5ml,密封后置于 40℃恒温水浴中平衡 20 分钟。取气液平衡后的液上气体作为待测样品。

（三）性激素（sexual hormones）测定用化妆品样品的前处理

测定化妆品中性激素的方法有高效液相色谱 - 二极管阵列检测器法、高效液相色谱 - 紫

外检测器法 / 荧光检测器法和气相色谱 - 质谱鉴定法等。

1. **高效液相色谱 - 二极管阵列检测器法** ①溶液状样品:准确称取样品 1~2g 于 10ml 具塞比色管中,在水浴上馏除乙醇等挥发性有机溶剂,用甲醇稀释到 10ml,备用;②膏状、乳状样品:准确称取样品 1~2g 于 100ml 锥形瓶中,加入饱和氯化钠溶液 50ml,硫酸 2ml,振荡溶解后转移至 100ml 分液漏斗。以环己烷 30ml 分 3 次萃取,必要时离心分离。合并环己烷并在水浴上馏除。用甲醇溶解残留物,转移到 10ml 具塞比色管中,用甲醇稀释到刻度。混匀后,经 0.45μm 滤膜过滤,滤液备用。

2. **高效液相色谱 - 紫外检测器法 / 荧光检测器法** 同前述高效液相色谱 - 二极管阵列检测器法。

3. **气相色谱 - 质谱鉴定法** 准确称取混匀试样约 1.0g 于试管中,用乙醚 2ml 提取振荡提取 3 次,合并提取液,氮气吹干后,加入乙腈 1ml 超声提取移出,再用乙腈 0.5ml 振荡洗涤,合并乙腈用氮气吹干。残渣加甲醇 0.5ml 超声溶解后加入水 3.5ml,混匀,用 C_{18} 柱进行吸附小柱预先依次用甲醇 3ml、水 5ml、甲醇 + 水(1+7)3ml 依次洗脱活化;然后,用乙腈 + 水(1+4)3ml 洗涤,真空抽干;最后,用乙腈 7ml 洗脱,洗脱液最终收集于衍生化小瓶中,在 35℃氮气下吹干,备用。加七氟丁酸酐(HFBA)40μl,恒温 60℃放置 65 分钟。冷却至室温,进样 1.0μl。

(四)防腐剂(preservatives)**测定用化妆品样品的前处理**

高效液相色谱法:准确称取约 1.0g 样品于具塞比色管中,必要时,水浴去除乙醇等挥发性有机溶剂。加甲醇至 10ml,振摇,超声提取 15 分钟,离心。经 0.45μm 滤膜过滤,滤液作为待测样液。

小　结

本节简要介绍了化妆品样品的特点、采样原则和采样的基本要求,在实验室制备检验样品的取样要求,以及保存化妆品样品需要注意的事项。化妆品样品前处理的定义。测定无机成分化妆品样品前处理方法的原理、特点及注意事项。方法分干法和湿法。前者指干灰化法,主要包括高温炉干灰化法、氧等离子体低温灰化法、氧弹法和氧瓶法等。后者指湿式处理法,主要包括湿灰化法、加压湿消解法和浸提法等。测定有机成分用化妆品样品前处理方法的原理、特点及注意事项,尤其是提取、纯化和分离和溶剂转换涉及的诸多方法。检验微生物用化妆品样品的制备方法,并用示例予以说明。

思考题

1. 化妆品样品的特点有哪些?
2. 化妆品样品的采样原则有哪些?
3. 如何保证化妆品样品的代表性?
4. 什么是随机采样?
5. 化妆品检验样品的取样有哪些要求?
6. 化妆品样品保存需要注意哪些事项?
7. 化妆品样品前处理的定义是什么?
8. 什么是化妆品样品的无机化处理?

9. 简述高温炉干灰化法、氧等离子体低温灰化法、氧弹法和氧瓶法的原理和特点？

10. 简述湿灰化法、加压湿消解法和浸提法的原理和特点？

11. 检验微生物用化妆品样品的制备,最重要的是需要严格掌握什么技术？

（陈昭斌）

第四章　化妆品感官检验与一般理化检验

化妆品感官检验和一般理化检测是反映化妆品质量和性状的常规检测项目。这类检测项目包括依靠检验人员的感觉器官进行的检验和使用简单的仪器进行物理化学参数的检验，具有简单易行的特点，可在短时间内对样品质量是否合格做出初步判断。

第一节　化妆品感官检验

一、概述

感官检验（sensory test）是依靠检验人员的感觉器官对化妆品的各种质量特征作出评价或判断的方法。一般，感官检验是通过人的自身器官（如眼、耳、鼻、口和手等）或借助简便工具，利用语言、文字或数据进行记录，以检查化妆品的外观、色泽、香气、膏体结构、清晰度、粉体、透明度、块型和均匀度等各项指标来定性的判断其质量特性。

感官检验是化妆品生产、质量控制和产品中不可缺少的一种简单检验方法，如果化妆品的感官检验不合格，或者已经发生了明显的变质，则不必再进行有害成分的检验，直接判断为不合格产品。感官检验的目标主要有 3 类：对化妆品进行分类，排序或描述；对 2 个或 2 个以上化妆品进行区分；确证化妆品没有差异。感官检验的优点具有方法简单易行，不需要特殊的仪器设备和化学试剂，判断迅速、成本低廉。但是，感官检验属于主观评价的方法，检验结果容易受到检验者感觉器官的敏锐程度、审美观念、实践经验、判断能力、生理和心理等因素的影响，因而要求检验人员具有较高的素质、较丰富的生产知识和经验、较强的判断能力，否则容易出现不准确的判断。现代的化妆品感官检验是建立在人的感官感觉基础上的，集心理学、生理学和统计学为一体的新型检测方法，并日趋成熟和完善，应用也越来越广泛。化妆品感官检验可以分为客观性感官检验和偏爱性感官检验 2 种类型。

1. 客观性感官检验　以人的感觉器官作为检验测量的工具，分析评定被检测样品的质量特性或鉴别多个样品之间的差异，又称为分析型感官检验。例如，鉴定唇膏的颜色是否符合标准，就要通过检验人员的视觉或借助比色卡来判断颜色。由于客观性感官检验是通过感觉来对化妆品进行评价的，个人感觉之间的差异会给检验带来误差。为了提高检测的重现性和准确性，必须注意评价基准的标准化、实验室条件的规范化和评价员的选定。

（1）评价基准的标准化：在感官检验化妆品质量特性时，对每一测定项目，都必须有明确、具体的评价尺度及基准。对同一类化妆品进行感官分析时，其基准及评价尺度要有连贯性和稳定性。

（2）实验室条件的规范化：在分析性感官检验中，环境会影响分析结果的准确性和可重复性，因此应在专用的检验室中进行（ISO 8589）。如必须有标准的感官实验室，实验室应设置制样区、样品检验区和办公休息区。样品检验区应具有恒定适宜的温度和湿度,通风良好,中性色墙壁,具有可调控的、无影的和均匀的照明设施,还应限制声音等。

（3）评价员的素质:感官检验评价员分为3类:评价员、优选评价员和专家评价员。评价员是尚不完全符合选择标准的准评价员,或者是已经参加过一些感官检验的初级评价员。优选评价员是经过挑选和参加过特定感官检验培训的评价员。专家评价员是指那些经过挑选并参加过多种感官分析方法培训,能够在对所涉及领域内的各种产品作出一致的、可重复的感官评价的优选评价员。ISO8586-1中给出了挑选和培训感官检验评价员的详细步骤和方法。总之,评价员应具有较好的心理及生理素质,并经过适当的训练,感官感觉必须敏锐。感官检验可在评价员感官敏感较高的时间进行。

此外,要综合考虑检验样品的性质,采样时要符合被检产品的采集国国家标准。还要注意检验方法的选择、设计和执行,同时对检验结果进行校对。

2. 偏爱性感官检验　以化妆品作为检验测量的工具,以人的心理倾向作为判断对象的检验,如化妆品外包装美不美和气味如何等。这种检验不需要统一的评价标准,往往因人而异,个体人或群体人的感觉特征和主观判断起着决定性作用。检验的结果受到个人的审美观、生活环境,甚至是年龄、性别等多方面的因素影响。对同一化妆品的评价,不同的人其判断的结果可能有所不同。因此,偏爱型感官检验往往有较强的主观意愿,对化妆品的开发、研制和生产有积极的指导意义。

二、化妆品感官检验常用方法

不同性质的化妆品,其感官检验的指标和检测方法各有不同,选择合适的检验方法很大程度上取决于化妆品产品的性质。同时,还需要考虑产品相关因素、评价员、检验环境、分析精度的预期水平以及结论的统计置信度等。受感官疲劳和适应性的影响,一个感官检验的过程中,根据检验性质和产品类型,只能对有限样品进行评价。感官检验前,要确定统计方案。检测过程中需要设置对照样,针对检验结果需要采取的各项措施应提前确定。在样品检验之间,采用适当的恢复过程。一般,化妆品感官检验的主要指标包括色泽、香气、质感、外观、清晰度、粉体、块型和结构等,其感官评价主要包括以下内容。

1. 视觉检验　视觉检验是判断化妆品质量的一个重要的感官检验方法,通过被检测样品作用于视觉器官所引起的反应而对化妆品进行评价,其主要指标包括产品的外观形态、光泽、色泽、粉体、透明度、块型和均匀度等。例如,爽肤水要求清晰透明,无杂质;乳液化妆品要求均匀、无杂质沉淀或无杂质微有沉淀,无乳粒过粗或油水分层现象;粉状化妆品要求颗粒细小、均匀,爽滑和不结块等。

视觉检验应在自然光或类似自然光下进行,避免光线暗弱或光线直接射入眼镜而造成视觉疲劳。先检验整体外形及外包装,再检查内容物。对于透明包装的瓶装液体化妆品,需将瓶颠倒,检查是否有杂质下沉或絮状物悬浮,再开启后倒入无色玻璃器皿中透过光线观察。

2. 嗅觉检验　通过被检验化妆品对嗅觉器官的反映而进行评价的方法,称为嗅觉检验。嗅觉检验在化妆品的感官检验中起着十分重要的作用。气味是由化妆品中散发的挥发物质(如香料)引起的,一般通过样品或在洁净的手掌上摩擦后用嗅辨的方法来检验。化妆品的挥发物质受温度影响大,可经冷热考验,记录香气及其刺激性的强弱,仔细辨别有无异常气味。如果需要进一步分析,则可从产品中萃取出其中含有的香料成分,再进行评判。检验时,化妆品要由远而近,防止强烈气味的突然刺激。嗅觉器官长时间受气味浓的物质刺激会疲劳,灵敏度会降低。因此,检验时要由淡气味到浓气味的顺序进行,检验一段时间后应休息。此外,对于同一气味的嗅觉敏感度因人而异,即使同一个人的嗅觉灵敏度的变动范围也比较大。人们对某一物质的气味感觉的最低含量称为该气味阈值,由于人的嗅觉敏感度不同,气味阈值也不同,所以对化妆品的感官检验,采用群检为宜。

3. 味觉检验　通过被检验物对味觉器官的反映而进行评价的方法,称为味觉检验。味觉检验时,检验人员不要吸烟或吃刺激性的食物,以免降低味觉的灵敏度。味觉检验通常是在视觉、嗅觉检查基本正常的情况下进行的。例如,牙膏的香味采用尝味方法检验,检验时取少量牙膏放入口中,品味,然后吐出,用温水漱口。但对已有离浆现象和解胶等腐败现象的牙膏样品,不要进行味觉检验。

4. 触觉检验　通过被检验化妆品试样对触觉器官的反映而进行评价的方法,称为触觉检验。触觉检验主要是借助手和皮肤等器官的触觉神经,采用触、摸、捏、揉、搓和按等动作对化妆品的软硬、黏稠、结块、附着力、有无结块和面团等现象做出判断,以鉴别其质量。触觉检验时要注意温度变化会影响化妆品状态的变化,一般要求温度在 15~20℃之间。

三、化妆品感官检验常见的质量问题

化妆品是由多种成分复合而成的多相分散体系,既有水溶性成分,也有脂溶性成分,由于其生产工艺和配方原料不同,不同类型的化妆品在感官检验时常会出现不同的质量问题。

1. 膏霜乳液类化妆品的主要感官检验质量问题　这类化妆品是由不相混溶的两相在乳化剂及乳化机械的作用下形成的分散体系,是热力学不稳定体系。因此,存在的主要感官质量问题主要有以下几种:①失水干缩:膏霜一般为 O/W 型乳化体,包装容器密封不好,经过长时间的放置或者温度高的地区导致膏体失水干缩,这是膏霜常见的变质现象;②油水分离:配方中碱用量不足,水中含有较多电解质,乳化剂品种单一,经过严重冰冻,含有大量石蜡、矿油等都可引起油水分离现象;③起面条:原料配方不当,高温和水冷条件下,乳化体被破坏易产生"起面条"现象;④膏体粗糙:这是生产化妆品时易出现的质量问题;⑤分层:这是严重的乳化体严重破坏的现象,多数是配方制剂使用不当所致;⑥霉变及发胀:这是由于化妆品中含有各种营养性原料,容易导致微生物大量繁殖;⑦变色、变味:化妆品成分不稳定,久放或日光照射后色泽变黄;⑧刺激皮肤:化妆品中含有刺激性较高的香料或含有铅砷汞等重金属对皮肤有害的物质,导致皮肤变态反应;⑨混有细小气泡。

2. 香水和化妆水类化妆品的感官检验质量问题　香水和化妆水类制品主要是以酒精为溶剂的透明液体,这类化妆品的主要质量问题是浑浊、变色、变味、干缩和香精分离等现象,这些变化或者较高浓度的香料会导致皮肤刺激,这些问题可以直接通过感官检验出来。

3. 香粉、唇膏、指甲油、胭脂、眼影和睫毛膏等美容类化妆品的质量问题　根据种类的不同而不同。以粉类化妆品为例,该类化妆品易出现香粉黏附性差,香粉吸收性差,出现面团、结块和色泽不均匀等问题。

4. 发用类化妆品和液洗类的感官质量问题　该类化妆品存在和膏霜乳液类、水类和美容类化妆品相似的质量问题。

5. 牙膏等口腔护理类化妆品的主要感官质量问题　这是膏体的黏度问题,如果膏体很快地干燥,水分很快地渗出,容易与检测时附着的纸条分离,其质量是不合格的。此外,牙膏

是多种无机盐混合含水的胶状悬浮乳化剂,容易出现腐蚀现象、离浆现象和解胶现象。

总之,化妆品产品的感官检验要遵循国家感官检验标准的通用要求和原则,我国的化妆品轻工行业标准和国家标准对不同种类的化妆品的感官指标均有明确规定,可以按照有关规定进行检验。

第二节 化妆品一般理化检验

化妆品的一般理化检验(physicochemical test)是化妆品检验质量的常规检测项目,包括pH 值、浊度、相对密度、黏度、色泽稳定性及流变学性质等。

一、pH 值的测定

pH 值是化妆品的一项重要的性能指标,可以评价和监督化妆品质量的变化和安全性。化妆品的原料品种、来源和配方不同,其 pH 值变化很大。化妆品存放时容易受到微生物的污染,空气氧化及防腐剂的失效,导致有机物腐败和酸败也会造成化妆品 pH 值的改变。化妆品的 pH 值不仅影响化妆品功效的正常发挥,还可造成皮肤炎性反应、毛发损伤。人体皮肤的 pH 值范围一般在 4.5~6.5,正常情况下略呈微酸性。用于皮肤的霜膏乳液类化妆品须有适当的 pH 值,过酸或过碱都会导致皮肤刺激。因此,化妆品的 pH 值范围都有具体限量要求,是化妆品的常规重要检测项目。

目前,我国测定化妆品 pH 值的标准方法是电位法。电位法不受化妆品的颜色、浑浊度、含盐量、胶体物及各种基质成分的影响,其精密度和准确度高,一般可准确到 0.02pH单位。

电位法测定溶液 pH 值,其基本原理就是测量原电池的电池电动势。以玻璃电极为指示电极,饱和甘汞电极为参比电极,同时插入待测的化妆品试液中组成原电池,此电池产生的电位差与被测溶液的 pH 有关,当氢离子浓度发生变化时,玻璃电极和甘汞电极之间的电动势也随着发生变化,它们之间的关系符合能斯特方程式:

$$E=K+0.059pH(25℃) \tag{4-1}$$

式中,K 是常数,E 是电池电动势。在 25℃时,每单位 pH 值相当于 59.1mV 电动势变化值,可在仪器上直接读出 pH 值。一般情况下,可将适量包装容器中的试样放入烧杯中或将小包装试样去盖后,调节至规定温度,用电极直接测定。有些化妆品试样需要用经过煮沸冷却后的去离子水按 1∶9 稀释,加热到 40℃,并不断搅拌至均匀,冷却到规定温度后,插入电极测定。含油量较高的试样,可加热至 70~80℃,冷却后去油块再测定。粉状试样可沉淀过滤后再测定其 pH 值。pH 值的测定结果以两次测量的平均值表示,精确到 0.1。

用电位法测定化妆品 pH 时需注意:①样品中二氧化碳的含量增高可降低样品的 pH值,样品采集后要立即测定;②电极在使用前应在蒸馏水中浸泡 24 小时以上,以稳定其不对称电位,测试结束后,应用蒸馏水洗净,浸泡在水中;③测定时,电极的球泡应全部浸入溶液中,同时要避免搅拌时被碰碎;④校正用的 pH 标准溶液应尽可能与待测样品的 pH 值接近,且温度也应尽量一致,以减少测定误差;⑤因为温度对 pH 值得测定有很大影响,因此要在所规定的温度下进行校准或在温度补偿条件下进行校准;⑥化妆品成分复杂,粉类、油膏类及油包水型乳化体会污染电极,要经过预处理后再测定,具体的预处理方法见第三章。

二、浊度的测定

浊度（cloudiness）是指一些物质（或其水溶液）的混浊状态,造成通过样品的光线被散射或对光透过阻碍的程度,反映物质的水溶解特性,是与该物质的结构密切相关的,是物质的物理指标之一。浊度常列为水剂类化妆品（如香水等）的理化质量指标。香水、古龙水和化妆水类制品由于静止陈化时间不够,部分不溶解的沉淀物尚未析出完全,或由于香精中不溶物（如浸胶和净油）中的含蜡量度过高,都易使产品变混浊,混浊是这些化妆品的主要质量问题之一。

化妆品浊度的测定主要用目测法,也就是观察试样在水浴或其他冷冻剂中的清晰度,实验装置见图4-1。取试样2份,分别倒入2支预先烘干的 Φ2cm×13cm 玻璃试管中,样品高度为试管长度的1/3。将其中一份用串联温度计的塞子塞紧试管口,使温度计的水银球位于样品中间部分。试管外部套上另一支 Φ3cm×15cm 的试管,使装有样品的试管位于套管的中间,注意不使2支试管的底部相接触。将试管置于加有冷冻剂的烧杯中冷却,使试样温度逐步下降,观察到达规定温度时的试样是否清晰。观察时,用另一份样品作对照。重复测定一次,2次结果应一致。在规定温度时,试样仍与原样的清晰程度相等,则该试样检验结果为清晰,不混浊。测定时应注意的是:①本方法适用于香水、头水类和化妆水类制品的浊度测定;②不同的样品规定的指标温度不同。

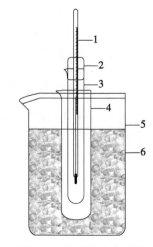

图 4-1　化妆品浊度测定
1. 温度计;2. 胶塞;3. 试管;
4. 外套试管;5. 烧杯;6. 冰块

三、相对密度的测定

密度（density）是指物质在一定温度下单位体积的质量,以符号 ρ 表示,电位为 g/cm³。密度随物质温度的改变而改变,所以应标明测定时物质的温度。直接准确测定化妆品的绝对密度比较困难,因此化妆品一般测定其相对密度。

相对密度（relative density）是指在一定温度下相同体积的化妆品试样的质量与纯水的质量比,以 d 表示。通常应在 d 的右下角标明水的温度,右上角标明待测物的温度,如 d_4^{20} 表示某液体在20℃时对4℃纯水的相对密度。

相对密度是化妆品重要的物理常数之一,尤其对于绝大部分由有机物构成的化妆品而言,根据其相对密度,可以区分和鉴定化妆品的纯度。纯度变更,相对密度亦随同改变。目前,化妆品的相对密度的测定有3类方法,即密度瓶法、密度计法和仪器法。液态化妆品主要采用密度瓶法和密度激发测定其相对密度,对于液态和半固态化妆品采用仪器法进行测定。

1. 密度瓶法　分别测量一定温度下相同体积的化妆品和蒸馏水的质量,根据待测化妆品溶液和蒸馏水的质量计算待测溶液的密度。

密度瓶是一种体积固定的特制具塞玻璃称量瓶,见图4-2。测定时,先将密度瓶用铬酸洗液、蒸馏水、乙醇和乙醚仔细洗净,干燥至恒重（精确至 0.0002g）。加入刚经煮沸而冷却至比规定温度低

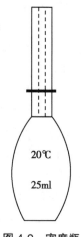

图 4-2　密度瓶

20℃

25ml

约2℃的蒸馏水,装满密度瓶,插入温度计,然后将瓶置于规定温度的恒温水浴中,保持20分钟,用滤纸条将密度瓶溢出的水,加盖后称重,即得空瓶与纯水的质量(精确至0.0002g);将纯水倾出,洗净密度瓶,装满待测化妆品样液,加瓶塞,按照上法操作,称取空瓶和样液的质量(精确至0.0002g)。按下式计算:

$$d_{t_0}^t = \frac{G_2 - G_0}{G_1 - G_0} \qquad (4-2)$$

式中,$d_{t_0}^t$:试样在t℃时相对于20℃时同体积水的相对密度;G_1:水和密度瓶质量之和,g;G_2:试样和密度瓶质量之和,g;G_0:空密度瓶的质量,g。

以2次测定结果的平均值作为最后结果,2次平行试验误差不大于0.002。

2. 密度计法 密度计是一根两头封闭的玻璃管,其上部带有刻度读数,末端是一个玻璃球,球内灌装铅砂或汞。测定时,将蒸馏水和样液置于洁净干燥的量筒中,再将量筒置于规定温度的恒温水浴中,保持20分钟,待蒸馏水达到规定温度后,将干净的密度计慢慢放入水中。密度计要立在中央,不可与管壁接触,待其静止后,轻轻下按,待其自然上升,静止后分别读取蒸馏水和样液的读数。根据下式计算:

$$D_{t_0}^t = \frac{\rho_1}{\rho_0} \qquad (4-3)$$

式中,$D_{t_0}^t$:试样在t(℃)时相对于20℃时同体积水的相对密度;ρ_1:样品在t(℃)时的密度,g/ml;ρ_0:水在20℃时的密度,g/ml。

以2次测定结果的平均值作为最后结果,误差不大于0.02。

3. 仪器法 采用U形管振动法,把少量液体样品注入到U性振动试样管中,试样管质量的变化引起振动频率的变化,该振荡频率二次方的大小与测量池中样品的密度呈线性关系。根据下式计算样品的密度:

$$\rho = A \times P^2 - B \qquad (4-4)$$

式中,ρ:液体密度,g/cm³;A:U形管常数,g/cm³·μs²;P:振荡周期,μs;B:U形管常数,g/cm³。

U形振动试样管具有电子激发、振动频率计数及显示功能。仪器具有自动黏度修正温度热平衡功能。测定过程中,能精确测定试样的温度且具有控制样品温度的能力,同时达到标准所要求的精度液体密度计的测量范围是0~3g/cm³。

四、稳定性的测定

化妆品稳定性包括耐热稳定性、耐寒稳定性和离心力实验等,这些理化指标的概念、测定原理和方法等见第五章。

五、其他理化检验指标的测定

化妆品的理化指标还包括干燥时间、泡沫、牢固度、挤压力、黏度和离心分离等,这些理化指标在我国轻工行业标准和国家标准中都有明确要求和测定方法,可以按照相关标准进行检验。

第三节 化妆品感官检验及一般理化检验示例

化妆品的感官检验和一般理化指标有些是共性的,但是不同化妆品原料、配方和组成不同,生产工艺及功效特点均不相同,其感官和理化指标的检验又各不相同。本节主要介绍各类常见化妆品的感官检验及一般理化检验。

一、皮肤用化妆品类

(一)肤用清洁类化妆品

肤用的清洁类化妆品包括洗面奶、卸妆水、清洁膏、面膜、花露水、痱子粉、爽肤粉和浴液。洗面奶是以清洁面部皮肤为主要目的,同时兼有保护皮肤作用的洗面奶(膏)。根据洗面奶(膏)产品的主要成分不同,可分为表面活性剂型和脂肪酸盐型2类,其感官检验和一般理化检验略有不同,其检验指标见表4-1。

表4-1　洗面奶(膏)的感官指标和理化指标(QB/T 1645-2004)

指标名称		指标要求	
		表面活性剂型	脂肪酸盐型
感官指标	色泽	符合规定色泽	
	香气	符合规定香型	
	质感	均匀一致	
理化指标	耐热	(40±1)℃保持24h,恢复至室温后无油水分离现象	
	耐寒	–5~–10℃保持24h,恢复至室温后无分层、泛粗和变色	
	pH	4.0~8.5 (果酸类产品除外)	5.5~11.0
	离心分离	2000r/min,30min 无油水分离(颗粒沉淀除外)	/

具体检验方法如下:

(1)色泽检验:取试样在室温和非阳光直射下目测观察。

(2)香气检验:取试样用嗅觉进行鉴别。

(3)质感检验:取试样适量分别在室温下涂于手背或双臂内侧。

(4)耐热稳定性:预先将恒温培养箱调节到(40±1)℃,把包装完整的试样1瓶置于恒温培养箱内。24小时后取出,恢复至室温目测观察。

(5)耐寒稳定性:预先将冰箱调节到 –5~–10℃,把包装完整的试样1瓶置于冰箱内。24小时后取出,恢复至室温后目测观察。

(6)pH 值:按 GB/T 13531.1 中规定的稀释法测定。首先,将样品预处理,除去油脂,按照样品与蒸馏水的体积比为1:9稀释样品,搅拌均匀,在(25±1)℃时利用 pH 计测定,精确到0.1。平行试验误差应≤0.1。

(7)离心分离:按 QB/T 2286-1997 中 5.7 规定的方法测定。

(二)肤用护理类化妆品

肤用护理类化妆品包括润肤膏霜、乳液和化妆水。

1. 润肤膏霜　是用于滋润人体皮肤(或以滋润人体皮肤为主兼具修饰作用)的具有一定稠度的乳化型膏霜,可以分为水包油型(O/W 型)和油包水型(W/O 型)2 种。润肤膏霜的感官指标和理化指标应符合表4-2 的规定。

表4-2 润肤膏霜的感官指标和理化指标（QB/T 1857–2013）

指标名称		指标要求	
		O/W 型	W/O 型
感官指标	外观	膏体应细腻,均匀一致(添加不溶性颗粒或不溶性粉末的产品除外)	
	香气	符合规定香型	
理化指标	耐热	(40 ± 1)℃保持 24h,恢复室温后应无油水分离现象	(40 ± 1)℃保持 24h,恢复至室温后渗油率不应大于 3%
	耐寒	(−8 ± 2)℃保持 24h,恢复至室温后与试验前无明显性状差异	
	pH(25℃)	4.0~8.5 (pH 不在上述范围内的产品按企业标准执行)	/

具体检验方法如下:

(1)外观检验:取试样在室温和非阳光直射下目测观察。

(2)香气检验:取试样用嗅觉进行鉴别。

(3)耐热稳定性试验

1)O/W 型:预先将恒温培养箱调节到(40 ± 1)℃,把包装完整的试样 1 瓶置于恒温培养箱内。24 小时后取出,恢复至室温后目测观察。

2)W/O 型:预先将恒温培养箱调节到(40 ± 1)℃,在已称量的培养皿中称取试样约 10g (约占培养皿面积的 1/4),刮平,再精密称量,斜放在恒温培养箱内的 15° 角架上。24 小时后取出,放入干燥器中冷却后再称重。如有油渗出,则将渗油部分小心揩去,留下膏体部分,然后将培养皿连同剩余的膏体部分进行称量,计算样品渗油率,数值以 % 表示按下式计算。

$$渗油率 = \frac{m_1 - m_2}{m} \times 100\% \tag{4-5}$$

式中,m:试样的质量,g;m_1:24 小时后试样的质量加培养皿的质量,g;m_2:渗油部分揩去后试样的质量加培养皿的质量,g。

(4)耐寒稳定性:预先将冰箱调节到 −8℃,把包装完整的试样 1 瓶置于冰箱内。24 小时后取出,恢复至室温后目测观察。

(5)pH 值:按 GB/T 13531.1 中规定的稀释法测定。

2. 润肤乳液 是用于滋润人体皮肤的具有流动性的水包油乳化剂化妆品。根据乳液的色泽、香型和包装形式不同分为多种类型。润肤乳液的感官指标和理化指标应符合表 4-3 要求。

具体试验方法如下:

(1)色泽检测:取样品在非阳光直射条件下目测。

(2)香气检测:用辨香纸蘸取试样,用嗅觉进行辨别。

(3)结构检测:取试样擦于皮肤上在室内和非阳光直射条件下,观察。

(4)pH 值检测:按 GB/T 13531.1 方法,首先将样品预处理,除去油脂,按照样品与蒸馏水的体积比为 1∶9 稀释样品,搅拌均匀,在(25 ± 1)℃时利用 pH 计测定,精确到 0.1。平行试验误差应≤0.1。

表 4-3　润肤乳液的感官指标和理化指标（QB/T 2286-1997）

指标名称		指标要求
感官指标	色泽	符合企业规定
	香气	符合企业规定
	结构	细腻
理化指标	pH	4.5~8.5（果酸类产品除外）
	耐热	40℃,24h,恢复室温后无油水分离现象
	耐寒	−5~−15℃,24h,恢复室温后无油水分离现象
	离心考验	2000r/min 离心 30min 不分层（含不溶性粉质颗粒沉积除外）

（5）耐热稳定性：将试样分别倒入 2 支 Φ420mm × 120mm 的试管内，使液面高度约 80mm,塞上干净的软木塞。把一支待验的试管置于预先调节至规定温度 ±1℃的恒温培养箱内,经 24 小时后取出,恢复室温后与另一支试管的试样进行目测比较。

（6）耐寒稳定性：将试样分别倒入 2 支 Φ420mm × 120mm 的试管内,使液面高度约 80mm,塞上干净的软木塞。把一支待验的试管置于预先调节至规定温度 ±2℃的冰箱内,保持 24 小时后取出,恢复室温后与另一支试管的试样进行目测比较。

（7）离心实验：于离心管中注入试样约 2/3 高度并装实,用软木塞塞好。然后,放入预先调节到（38 ± 1 ）℃的电热恒温培养箱内,加温后,立即移入离心机中,并 2000r/min 离心 30 分钟,取出观察。

3. 化妆水　是用于补充皮肤所需水分、保护皮肤的水剂型护肤品。产品按形态可分为单层型和多层型 2 类。单层型是由均匀液体组成,外观呈现单层液体的化妆水。多层型是以水、油、粉或含功能性颗粒组成,外观呈现多层液体的化妆水。化妆水的感官指标和理化指标应符合表 4-4 的要求。

表 4-4　化妆水的感官指标和理化指标（QB/T 2660-2004）

指标名称		指标要求	
		单层型	多层型
感官指标	外观	均匀液体,不含杂质	两层或多层液体
	香气	符合规定香型	
理化指标	耐热	（40 ± 1 ）℃保持 24h,恢复至室温后与试验前无明显性状差异	
	耐寒	（5 ± 1 ）℃保持 24h,恢复至室温后与试验前无明显性状差异	
	pH	4.0~8.5（直测法,α 和 β 羟基酸类产品除外）	
	相对密度（20℃ /20℃ ）	规定值 ± 0.02℃	

具体试验方法如下：

（1）外观检验：取试样在室温和非阳光直射下目测观察。

（2）香气检验：先将等量的试样和规定试样（按企业内部规定）分别放在相同的容器内,

用宽 0.5~1.0cm、长 10~15cm 的吸水纸作为评香纸分别蘸取试样和规定试样约 1~2cm（两者应接近），用嗅觉来鉴别。

（3）耐热稳定性：预先将恒温培养箱调节到（40±1）℃，把包装完整的试样 1 瓶置于恒温培养箱内。24 小时后取出，恢复至室温后目测观察。

（4）耐寒稳定性：预先将恒温培养箱调节到（5±1）℃，把包装完整的试样 1 瓶置于恒温培养箱内。24 小时后取出，恢复至室温后目测观察。

（5）pH 值：按 GB/T 13531.1 中规定的直测法测定。

（6）相对密度：按 GB/T 13531.4 中规定的方法测定。

（三）肤用美容 / 修饰类化妆品

肤用美容 / 修饰类化妆品包括粉饼、胭脂、眼影、眼线笔（液）、眉笔、香水和古龙水等。香水和古龙水的感官要求清晰透明，调香气稳定，放置一段时间后外观的浊度、色泽和相对密度要稳定。表 4-5 列出了香水的感官和理化指标。

表 4-5　香水和古龙水的感官指标和理化指标（QB/T 1858-2004）

指标名称		指标要求
感官指标	色泽	符合规定的色泽
	香气	符合规定的香型
	清晰度	水质清晰、不得有明显杂质和黑点
理化指标	相对密度（20℃）	规定值 ±0.2℃
	浊度	5℃ 水质清晰，不浑浊
	色泽稳定性	（48±1）℃，24h，维持原有色泽不变

具体检验方法如下：

（1）色泽检测：将试样放于 25ml 比色管内，在室温和非阳光直射下目测。

（2）香气检测：将等量的试样和规定试样分别放在相同容器内，用 0.5~1.0cm 宽、10~15cm 长的吸水纸作为评香纸，分别蘸取试样和标样约 1~2cm（两者需接近），用嗅觉来鉴定。除辨别当时的香气外，还要鉴别其在挥发过程中的全部香气应与规定相符，无异杂气味。

（3）清晰度检测：在室温和非阳光直射下，观察者距离原瓶 30cm 处观察。

（4）相对密度检测：按 GB/T 13531.4 中规定的方法测定。

（5）浊度检测：取试样一份，倒入预先烘干的 Φ4.2cm×13cm 的玻璃试管中，样品高度为试管高度的 1/3。将待测试样的试管口用带有串联温度计的胶塞塞紧，外套 Φ4.3cm×15cm 的试管，使有试样的试管固定在外套管中央。外套管用 800ml 的冰浴烧杯冷却，当达到规定温度时立即观察。

（6）色泽稳定性：将试样两份分别倒入具塞试管内，高度约试管高度的 2/3。将一份样品置于预先调至（48±1）℃的恒温烘箱内，1 小时后打开玻璃塞，然后仍旧塞好，继续放入恒温培养箱内，24 小时后取出，与另一份室温下保存的试样进行目测比较。

二、毛发用化妆品类

（一）发用清洁类化妆品

发用清洁类化妆品包括洗发液（膏）和剃须膏。洗发液（膏）是由表面活性剂或脂肪酸盐类为主体复配而成的,具有清洁人的头皮和头发,并保持美观作用的功效,按产品的形态可分为洗发液和洗发膏 2 类。表 4-6 列出了洗发液的感官和理化指标。

表 4-6 洗发液(膏)的感官和理化指标(GB/T 29679-2013)

指标名称		指标要求	
		洗发液	洗发膏
感官指标	外观	无异物	
	色泽	符合规定色泽	
	香气	符合规定香气	
理化指标	pH 值(25℃)	成人产品:4.0~9.0 (含 α-羟基酸、β-羟基酸产品可按企业标准执行) 儿童产品:4.0~8.0	4.0~10.0 (含 α-羟基酸、β-羟基酸产品可按企业标准执行)
	泡沫(40℃)/mm	透明型≥100;非透明型≥50; 儿童产品≥40	≥100
	有效物含量/%	成人产品≥10.0 儿童产品≥8.0	/
	活性物含量/% (以 100% 月桂醇硫酸酯钠计)	/	≥8.0
	耐热稳定性	(40±1)℃,保持 24h,恢复室温后无分层现象	(40±1)℃,保持 24h,恢复室温后无分离析水现象
	耐寒稳定性	(−8±2)℃,保持 24h,恢复室温后无分层现象	(−8±2)℃,保持 24h,恢复室温后无分离析水现象

具体检验方法如下:

(1)外观:取样品在室温和非阳光直射条件下进行目测。

(2)色泽:取样品在室温和非阳光直射条件下进行目测。

(3)香气:取试样用嗅觉辨别。

(4)pH 测定:按照 GB/T13531.1 中的规定,样品与蒸馏水的体积比为 1:10 稀释样品,搅拌均匀,在(25±1)℃时利用 pH 计测定,精确到 0.1。平行试验误差应≤0.1。

(5)泡沫:①洗发液:首先称取 3.7g 无水硫酸镁和 5.0g 无水氯化钙,溶解于 5000ml 蒸馏水中,配制成 1500mg/kg 的硬水。将超级恒温仪预热至(40±1)℃,使罗氏泡沫仪恒温在(40±1)℃。搅拌使样品均匀溶解,用 200ml 定量漏斗吸取部分试液,沿泡沫仪壁管冲洗一下。然后取试液放入泡沫仪底部对准标准刻度至 50ml,再用 200ml 定量漏斗吸取试液,固定漏斗中心位置,放完试液,立即记下泡沫高度,取两次误差在允许范围内的结果平均值作为最后结果,结果保留至整数。②洗发膏:按照国标《洗涤剂发泡力的测定》(GB/T13173)中进行测定。读取起始泡沫高度。试液质量浓度为 2%。

(6)洗发液有效物含量测定:洗发液有效物含量由试样中总固体含量,无机盐含量和氯化物含量共同确定,按下式计算有效物含量 X,以 % 表示:

$$X=X_1-X_2-X_3 \tag{4-6}$$

式中：X_1，总固体的含量，%；X_2，无机盐的含量，%；X_3，氯化物的含量（以氯化钠计），%。

总固体含量，无机盐含量和氯化物含量按以下方法确定。

1）总固体：在烘干恒重的烧杯中称取试样 2g（精确至 0.0001g），于（105±1）℃恒温烘箱内烘干 3 小时，取出放入干燥器中冷却至室温，称其质量（精确至 0.0001g）。总固体的含量 X_1，数值以 % 表示，结果保留 1 位小数，按下式计算。

$$X_1=\frac{m_3-m_1}{m_2-m_1}\times100\% \tag{4-7}$$

式中，m_1：空烧杯的质量，g；m_2：烘干前试样和烧杯的质量，g；m_3：烘干后残余物和烧杯的质量，g。

2）无机盐（乙醇不溶物）：利用总固体测定中烘干的试样，加入 95% 乙醇 100ml，在水浴中加热至微沸，取出。轻轻搅拌，使样品尽量溶解。静置沉淀后，将上层澄清液倒入已经恒重并铺有滤层的古氏坩埚内，用抽滤瓶过滤至抽滤瓶中，尽可能将固体不溶物留在烧杯中，并用适量 95% 乙醇洗涤烧杯两次。洗涤液和沉淀一起移入已恒重的古氏坩埚内过滤，滤液于同一抽滤瓶中。将古氏坩埚放入（105±1）℃的恒温干燥箱内，恒温 3 小时，取出放入干燥器内冷却室温后称重，精确至 0.0001g。按下式计算无机盐含量 X_2，以 % 表示，结果保留 1 位小数：

$$X_2=\frac{m_1}{m_0}\times100\% \tag{4-8}$$

式中，m_1：古氏坩埚中沉淀物的质量，g；m_2：试样的质量，g。

3）氯化物：向无机盐测定过程中过滤的滤液滴入几滴酚酞指示剂，用酸碱溶液调节使滤液呈微红色，然后加入 5% 铬酸钾 2~3ml，用 0.1mol/L 硝酸银标准溶液滴定至红色缓慢褪去，最后呈橙色时为重点。按照下式子计算氯化物含量（以氯化钠计）X_3，以 % 表示，结果保留 1 位小数：

$$X_3=\frac{c\times V\times0.0585}{m}\times100\% \tag{4-9}$$

式中，c：硝酸银标准溶液的浓度，mol/L；V：滴定试样时消耗的硝酸银标准溶液的体积，ml；0.0585：与 1.00ml 硝酸银标准溶液 $[c(AgNO_3)=1.0000mol/L]$ 相当的以克表示的氯化钠的质量，g/mol；m：试样的质量，g。

（7）洗发膏活性物含量测定：按照 GB/T5173 中规定的方法确定。

（8）耐热稳定性试验：将洗发液试样分别倒入 2 支具塞试管内，样品高度一致。把一支待试验的试管置于预先调节至 40℃的恒温培养箱内，经 24 小时后取出，恢复至室温后与另一支试管的试样进行目测比较。将包装完整的洗发膏试样置于预先调节至 40℃的恒温培养箱内，24 小时后取出，恢复至室温后进行目测观察。

（9）耐寒稳定性试验：将洗发液试样分别倒入 2 支具塞试管内，样品高度一致。将一支洗发液试样置于 −8℃的冰箱内，保持 24 小时后取出，恢复至室温后与另一支试管的试样进行目测比较。将包装完整的洗发膏试样置于预先调节至 −8℃的恒温培养箱内，24 小时后取出，恢复至室温后进行目测观察。

（二）发用护理类化妆品

发用护理类化妆品包括护发素、发乳（油、蜡）和焗油膏。护发素是以由抗静电剂、柔软剂和各种护法剂配制而成的乳液状或膏霜状护发产品,用于保护头发、使头发有光泽且易于梳理。根据配方组成和使用方式的不同,可分为漂洗型护发素和免洗型护发素。表4-7列出了护发素的感官和理化指标。

表 4-7 护发素的感官指标和理化指标(QB/T 1975-2013)

指标名称		指标要求	
		漂洗型护发素	免洗型护发素
感官指标	外观	均匀、无异物(添加不溶性颗粒或不溶性粉末的产品除外)	
	色泽	符合规定色泽	
	香气	符合规定香型	
理化指标	耐热	(40±1)℃保持24h,恢复至室温后无分层现象	
	耐寒	(−8±2)℃保持24h,恢复至室温后无分层现象	
	pH(25℃)	3.0~7.0(不在此范围内的按企业标准执行)	3.5~8.0
	总固体含量%	≥4.0	/

具体试验方法如下:

(1)外观、色泽:取试样在室温和非阳光直射下目测观察。

(2)香气:取试样用嗅觉进行鉴别。

(3)耐热稳定性:将试样分别倒入2支Φ20mm×120mm的试管内,使液面高度约为试管长度的2/3处,把一支具塞试管置于预先调节至40℃的恒温培养箱内。24小时后取出,恢复至室温后与另一具塞试管的试样进行目测比较。

(4)耐寒稳定性:将试样分别倒入2支Φ20mm×120mm的试管内,使液面高度约为试管长度的2/3处,塞上干净的胶塞,把一支待检的试管置于预先调节至−80℃的冰箱内。24小时后取出,恢复至室温后与另一试管的试样进行目测比较。

(5)pH:按GB/T 13531.1中规定的方法测定(稀释法)。

(6)总固体:在烘干恒重的扁形称量瓶中称取试样2g(精确至0.0001g),于105℃恒温烘箱内烘干3小时,取出放入干燥器中冷却至室温,称其质量(精确至0.0001g)。总固体的含量 X,数值以 % 表示,按下式计算。

$$X = \frac{m_3 - m_1}{m_2 - m_1} \times 100\% \tag{4-10}$$

式中,m_1:空扁形称量瓶的质量,g;m_2:烘干前试样和空扁形称量瓶的质量,g;m_3:烘干后残余物和空扁形称量瓶的质量,g。

(三)发用美容 / 修饰类化妆品

发用美容和修饰类化妆品包括定型摩丝 / 发胶、染发剂、烫发剂、睫毛液(膏)、生发剂和脱毛剂。

染发剂是用于使头发改变颜色的化妆品。产品按照形态可以分为染发粉、染发水和染发膏(啫喱);按照剂型可以分为单剂型和两剂型;按照染色原理可以分为氧化型染发剂和非氧化型染发剂。染发剂受到冷、热和阳光的照射都会发生变质,染发剂的主要检测的理化指标包括外观、香气、耐热和耐寒稳定性和pH值等,表4-8列出了染发剂产品的感官和一般理化指标。

表 4-8　染发剂的感官指标和理化指标（QB/T 1978-2004）

指标名称			指标要求				
			氧化型染发剂				非氧化型染发剂
			染发粉		染发水	染发膏（啫喱）	
			单剂型	两剂型			
				粉-粉型	粉-水型		
感官指标	外观		符合规定要求				
	香气		符合规定香型				
理化指标	pH	染剂	7.0~11.5	4.0~9.0	7.0~11.0	8.0~11.0	7.0~11.0	4.5~8.0
		氧化剂		8.0~12.0		1.8~5.0	/	
	氧化剂含量 %		/			≤12.0	/	
	耐热		/			（40±1）℃保持 6h，恢复至室温后无油水分离现象		
	耐寒		/			（-10±12）℃保持 24h，恢复至室温后无油水分离现象		
	染色能力		将头发染至标志规定颜色				

具体试验方法如下：

（1）外观检验：取试样在室温和非阳光直射下目测观察。

（2）香气检验：取试样用嗅觉进行鉴别。

（3）耐热稳定性：预先将恒温培养箱调节到（40±1）℃，把包装完整的试样 1 瓶置于恒温培养箱内。6 小时后，取出恢复至室温目测观察。

（4）耐寒稳定性：预先将冰箱调节到（-10±2）℃，把包装完整的试样 1 瓶置于冰箱内。24 小时后取出，恢复至室温后目测观察。

（5）pH 值：不同质地、原料的烫发剂的 pH 值测定不同，具体测定方法见表 4-9。

表 4-9　染发剂的 pH 值测定方法

产品	检测方法
染发粉	将试样 1 份加入到 100 份水中，并不断搅拌加热至（65±5）℃，冷却至室温，测定
染发水	按 GB/T 13531.1 中规定的方法测定（直测法）
染发膏	按 GB/T 13531.1 中规定的方法测定（稀释法）
非氧化型染发剂	按 GB/T 13531.1 中规定的方法测定（稀释法）

（6）染色能力检测

1）氧化型染发剂：按产品说明书中的使用方法取适量试样，搅拌均匀，将放置在玻璃平板上的头发用试样涂抹均匀。按产品说明书中规定的方法和时间停留后，用水漂洗干净，晾干后在非阳光直射的明亮处观察。

2）非氧化型染发剂：按产品说明书中的使用方法，将放置在玻璃平板上的头发用试样涂抹均匀达到饱和状态。涂抹时应使试样均匀覆盖所有发丝，但又不致引起粘连；然后，按产品说明书中规定时间停留后，在非阳光直射的明亮处观察。如果产品说明书中没有规定等候时间，应停留15分钟后观察。

三、指甲化妆品类

指甲类化妆品根据功能可分为：①清洁类的洗甲液；②护理类的护甲水（霜）和指甲硬化剂；③美容、修饰类的指甲油。这类产品在生产、贮存和使用的过程中，一旦质地发生改变，就会造成功效降低或指甲损伤。

指甲油是以溶剂、成膜剂、溶剂、增塑剂、固着剂和色素等原料经混合工艺制成的稠状液体产品。指甲油的原料常用硝酸纤维素、乙酸乙酯、二甲苯、乙酸丁酯、樟脑、三聚氰胺树脂和二氧化镍等，其色泽和透明度由混在指甲油中的色素产生。按产品基质不同，可将指甲油分为以乙酸乙酯和丙酮等有机化合物为液体溶剂制成的有机溶剂型指甲油（Ⅰ型）和以水代替有机溶剂制成的水性型指甲油（Ⅱ型）。指甲油的主要检测的理化指标包括色泽、牢固度和干燥时间等，表4-10列出了指甲油产品的感官指标和理化指标。

表4-10　指甲油的感官指标和理化指标（QB/T 2287-2011）

指标名称		指标要求	
		（Ⅰ型）	（Ⅱ型）
感官指标	色泽	透明指甲油：清晰、透明。有色指甲油：符合企业规定	
	香气	符合企业规定	
理化指标	牢固度	无脱落	/
	干燥时间 /min	≤8	

具体检验方法如下：

（1）外观：取完整样品在室温和非阳光直射下目测。

（2）色泽：在室温和非阳光直射下目测。

（3）牢固度：在室温（20±5）℃条件下，用乙酸乙酯擦洗干净载玻片，待干燥后用笔刷蘸满指甲油试样涂刷一层在载玻片上，用绣花针划成横竖交叉的各5条线，每条间隔为1mm，观测，应无一方格脱落。

（4）牢固度：在室温（20±5）℃下片，相对湿度≤80%条件下，用乙酸乙酯擦洗干净载玻片，待干燥后用笔刷蘸满指甲油试样一次性刷在载玻片上，立即按动秒表，8分钟后用手触摸干燥与否。合格产品的干燥时间应小于8分钟。

四、唇、眼和口腔用化妆品类

唇、眼和口腔用化妆品类包括清洁类的唇部卸妆液、护理类的润唇膏和美容、修饰类的唇膏、唇彩和唇线笔等。牙膏是用于清洁及护理口腔的膏状物质，是由摩擦剂、保湿剂、增稠剂、发泡剂、芳香剂、水和其他添加剂（含用于改善口腔健康状况的功效成分）混合组成。牙膏的质量的好坏要通过其稠度、摩擦力、膏体稳定性、光洁度、泡沫以及香味等指标来考察。

表 4-11 列出了牙膏的感官和理化指标。

表 4-11　牙膏的感官指标和理化指标（GB 8372-2008）

指标名称		指标要求
感官指标	膏体	均匀、无异物
理化指标	pH	5.6~10.0
	稠度 /mm	9~33
	挤膏压力 /kPa	≤40
	泡沫量	≥60
	稳定性	膏体不溢出管口，不分离出水，香味色泽正常
	过硬颗粒	玻片无划痕

具体的检测方法如下：

（1）感官检验：取试样 2 支，全部成条状挤于白纸或白瓷板上，应洁净、均匀、细腻和色泽正常，香味用尝味方法检验。

（2）挤膏压力：任取试样牙膏 2 支，分别放入 –8℃ 的冰箱内 8 小时后取出，先用手挤出膏体约 20mm 弃之，将牙膏管口旋入挤膏压力测定器的标准帽盖上；然后，将标准帽盖连同牙膏旋紧与挤膏压力测定器的储气筒内，通过压缩泵向储气筒徐徐压入空气；当膏条被挤出 1~2mm 时，停止进气，打开储气筒排气活塞，使压力恢复至零。用小刀齐软膏口刮去挤出的膏体，并关闭排气活塞，再次压入空气，当膏体被挤出 1~2mm 时，立即记录压力表的压力数，取最大的测定值为测定结果。

（3）泡沫量：任取试样牙膏一支，从中称取牙膏 10g 于 1000ml 烧杯中，先用少量水将试样调成浆糊样，再加水至 1000ml 搅匀，并加热至 40℃ 待测。

（4）pH 值：称取牙膏 5g 置于 50ml 烧杯中，加沸冷却的蒸馏水 20ml，充分搅拌均匀，在 20℃ 用酸度计测定。

（5）稳定性：取试样牙膏 2 支，1 支样品室温保存，另一支放入（–8±1）℃ 的冰箱内，8 小时后取出，随即放入（45±1）℃ 恒温培养箱内，8 小时后取出，恢复室温，开盖，膏体应不溢出管口；将牙膏管体倒置，10 秒内应无液体从管口滴出；将膏体全部挤于白纸上与室温保存样品相比较，应不分离出水，香味和色泽正常。

（6）过硬颗粒：取试样牙膏 1 支，从中称取牙膏 5g 于无划痕的载玻片上，将载玻片放入测定仪的固定槽内，压上摩擦铜块，启动开关，使铜块往复摩擦 100 次后，停止摩擦，取出载玻片，用水或热硝酸（1+1）将载玻片洗净，然后观察该片有无划痕。

本节内容中未列举的其他皮肤用、毛发用、指甲、唇、眼和口腔用化妆品的感官检验和一般理化指标见附录相应的国家轻工标准和国家标准。

小　结

本章主要介绍化妆品感官检验和一般理化检验。感官检验是化妆品检验中不可缺少的一种简单检验方法，可以分为分析型感官检验和偏爱型感官检验 2 种类型。由于感官检验是以人的感觉器官为依据，凭人的眼、手、鼻和舌来对化妆品质量进行的检测，具有一定的主观性。化妆品的一般理化检验包括 pH 值、浊度、相对密度、黏度、色泽稳定性及流变学性质等。化妆品种类繁多,不同化妆品的感官检验和一般理化检验的项目不同,检测的方法不同。

思考题

1. 什么是化妆品感官检验?感官检验的类型有几种?
2. 化妆品常用理化检验的指标有哪些?
3. 化妆品相对密度的测定方法有几种?

（齐燕飞）

第五章 化妆品稳定性检验

化妆品的稳定性(cosmetics stability)是指在一定时期(保质期)内,化妆品在其储存、运输及使用过程中,保持原有的性质,不发生变色、变味和污染,出现结晶的化学变化及分离、沉淀、凝聚、挥发、固化和软化等物理变化的性质。化妆品具有组成成分复杂,流通面广,存储条件多变,使用周期较长等特点,产品必须经受各种苛刻条件的考验才能在市场上流通。化妆品一旦失去了稳定性,如膏霜类产品出现变粗、变色,乳液类产品出现破乳、分层,水剂类产品出现浑浊甚至析出沉淀,粉剂类产品出现吸潮、结块等现象,产品则失去其原有的功能,基本上不能继续使用。因此,化妆品的稳定性检验是化妆品产品质量检验的重要项目之一。根据相关的国家标准和行业标准,国内化妆品的稳定性检验主要检测产品的耐热性、耐寒性及离心考验等理化指标。为了更全面地了解化妆品的稳定性问题,本章将从化妆品的稳定性影响因素、化妆品的稳定性检验相关质量要求及化妆品稳定性检验方法等 3 个方面进行介绍。

第一节 化妆品稳定性的影响因素

化妆品是由一种或者多种原料按照一定的比例、采用一定的生产工艺进行调配加工而成的混合物。化妆品的稳定性与所使用的原料、生产工艺及产品的存储条件等多种因素密切相关。

一、化妆品原料对产品稳定性的影响

化妆品所用原料种类繁多,根据其用途和性能,可将其分为基质原料和辅助原料。基质原料是构成化妆品的主体原料,在化妆品配方中占有较大的比重,体现了化妆品的主要性质和功能,主要包括油脂与蜡类、粉质类和溶剂等。辅助原料是使化妆品成型、稳定或赋予色、香及其特定作用的物质。辅助原料主要包括表面活性剂(有时也称乳化剂)、色素、香精、防腐剂、抗氧剂和保湿剂等。

(一)基质原料对化妆品稳定性的影响

1. 油脂与蜡类 油脂和蜡类是用于化妆品的油性物质的总称,是化妆品中的主要基质原料,具有滋润、柔软皮肤,抑制皮肤水分蒸发,防止皮肤干燥开裂,对皮肤具有一定的保护作用。根据原料来源,可将其分为天然油脂、合成油脂及蜡类等。天然油脂是指从动、植物组织中得到的油脂,其化学成分主要由脂肪酸甘油酯,主要包括牛油、猪油、羊油、豹油、橄榄油、椰子油、棕榈油、蓖麻油、杏仁油、花生油和豆油等。合成油脂是指以天然油脂或石油化工原料经过化学反应、分离、提纯或精制等一系列处理后得到的各种油脂,常见的合成油脂主要有脂肪酸、脂肪醇、脂肪酸酯、羊毛脂衍生物和硅油等。蜡类通常包含天然和合成蜡

类2类,天然蜡类是指高级脂肪酸和高级脂肪醇所构成的脂肪酸酯,主要有巴西棕榈蜡、小烛树蜡、霍霍巴蜡、木蜡和蜂蜡等;合成蜡类又称为烃类,主要有液状石蜡、固体石蜡、微晶石蜡、地蜡和凡士林等。

油脂与蜡类是化妆品的基质原料,在膏霜类、乳化类护肤品配方中其含量从0%~50%不等,产品的稳定性与配方所选用的原料的稳定性有关。影响油脂与蜡类的稳定性因素很多,主要包括空气、过渡金属离子、温度、光照、水解、存放时间和微生物等因素,其中空气、过渡金属离子、温度、光照及水解等对油脂的稳定影响较大。

(1)空气:空气中的氧气是引起油脂氧化变质(自动氧化)的主要因素。油脂接触空气,其中不饱和脂肪酸容易被空气氧化,使过氧化脂与游离脂肪酸增加,并继续分解变成短碳链的醛、酮类物质,从而产生一种特殊的刺激性气味,影响产品的稳定性。饱和脂肪酸的氧化速率往往只有不饱和脂肪酸的1/10且必须在特殊条件下才能发生,即有真菌的繁殖或有酶存在,或有氢过氧化物存在的情况下,才能使饱和脂肪酸发生β-氧化作用而形成酮酸和甲基酮。油脂氧化变质的速度与接触空气表面积的大小、时间的长短以及油脂的组成成分有密切关系。

(2)过渡金属离子:二价或多价过渡金属离子(如铝、铜、铁、锰和镍离子等)都可促进油脂原料的自动氧化反应,加快中间体氢过氧化物的分解,促进脂肪酸中活性亚甲基的C-H键断裂,油脂的氧化作用加强。研究表明,即使金属离子浓度低至0.1mg/kg,仍能缩短诱导期和提高氧化速度。不同金属离子对油脂氧化反应的催化作用强弱依次为:铜>铁>铬、钴、锌>钙、镁>铝、锡>不锈钢>银。所以,化妆品生产用的乳化锅一般选用不锈钢或高品质塑料作为材质就是为了减少材质对油脂的催化氧化。

(3)温度:一般来说,油脂的氧化反应是自由基反应。升高温度,油脂氧化越快。当温度在60~100℃范围内,一般温度每升高10℃,油脂的酸败速度约可增加1倍,而降低温度则能中止或延缓油脂的酸败过程;所以,化妆品的生产通常采用较低的温度进行配制,如护肤乳液类化妆品一般以80℃左右配制;而有的产品甚至可在室温下进行配制,如香水的配制通常可以采用室温配制。

(4)光照:油脂暴露于日光中时,在紫外光的照射下,常能形成少量臭氧。当油脂中的不饱和脂肪酸与臭氧作用时,在其双键处能形成臭氧化物。臭氧化物在水分影响下,会进一步分解成醛和酮类物质而使油脂变质,使化妆品的稳定性减弱。

(5)水解:在适当的条件下,油脂和水反应生成脂肪酸和甘油的过程,称为水解。一般认为,油脂含水量超过0.2%,水解作用就会加强,游离脂肪酸也会增多。含水量越高,水解速度就越快。油脂水解往往也会与温度、压力及酸碱度等有关。

2. 粉质类 粉质类原料是组成香粉、爽身粉、胭脂、眼影粉和牙膏等化妆品的基质原料,在化妆品中主要起遮盖、滑爽、吸收、吸附及摩擦等作用。常见的粉质类原料主要有高岭土、滑石粉、膨润土、云母粉、钛白粉、氧化锌、氧化铝、碳酸钙、碳酸镁、硬脂酸锌和硬脂酸镁等。这类化妆品原料通常具有水溶性小、性能温和和刺激性小等特点,具有很好的稳定性,与其他原料配伍性能较好,对热不敏感,但储存及运输中需注意防水,防止化妆品吸水结块,影响产品的稳定性。

3. 溶剂类 溶剂是液体状、膏霜类、乳剂类及气溶胶类等化妆品配方中不可缺少的成分,起着溶解、润湿、润滑和分散等作用。化妆品中常用的溶剂主要有水、乙醇、1,3-丙二醇和乙酸乙酯(主要用于洗甲液)等。该类物质具有比较稳定的物理化学性质。化妆品生产用水常采用去离子水,如果水中含有菌类及金属离子等,可能会造成产品容易变质;乙醇最好采用经过脱臭处理,否则,会产生异味,影响产品的稳定性。

(二)辅助原料对化妆品稳定性的影响

1. 表面活性剂(surfactant) 表面活性剂是指加入少量就能使其溶液体系的界面状态发生明显变化(润湿或反润湿、乳化或破乳、起泡或消泡以及增溶、分散、洗涤、防腐、抗静电等)的一类物质的总称。该物质的分子结构中一端为亲水基团,另一端为憎水基团,所以又称为"双亲"分子。按表面活性剂在水溶液中能否解离及解离后所带电荷类型可分为阴离子型、阳离子型、两性离子型和非离子型表面活性剂:①阴离子表面活性剂(anionic surfactant):主要包括烷基羧酸盐、烷基硫酸酯盐、烷基磺酸盐及烷基磷酸盐等,如饱和直链十八烷基羧酸钠皂、直链十二烷基硫酸酯钠和月桂醇聚氧乙烯醚硫酸钠等,在化妆品中主要起清洁、去污、润湿、乳化和发泡的作用;②阳离子表面活性剂(cationic surfactant):主要为高碳烷基的伯、仲、叔胺和季铵盐,如十八烷基三甲基氯化铵、十二烷基二甲基苄基氯化铵和双十八烷基二甲基氯化铵等,在化妆品中起柔软、抗静电和杀菌等作用;③两性表面活性剂(zwitterionics):主要包括椰油酰胺基丙基甜菜碱和咪唑啉等,两性表面活性剂具有良好的洗涤性能,且比较温和、低毒性和对皮肤、眼睛的低刺激性,以及良好的生物降解性等特点,常与阴离子或阳离子表面活性剂复配使用,有良好的配伍性,在化妆品中主要起柔软、抗静电、乳化、分散和杀菌的作用;④非离子表面活性剂(nonionic surfactant):主要包括司盘(span)和吐温(tween)系列表面活性剂、月桂醇聚氧乙烯醚、椰油酸二乙醇酰胺和单硬脂酸甘油酯等,具有安全、温和、无刺激性和良好的乳化和增溶作用,与其他类型表面活性剂具有良好的相容性等特点,在化妆品中应用最广。

表面活性剂在化妆品中的用途很广,主要包括乳化、洗涤、润湿、分散、增溶、发泡、保湿、润滑、杀菌、柔软、消泡和抗静电作用等。表面活性剂应用于不同的化妆品中所起的作用有所不同,如阴离子表面活性剂主要应用于洗涤类化妆品中主要起着洗涤和去污作用;非离子表面活性剂主要应用于油-水混合体系的乳液类和膏霜类化妆品中起乳化作用;而阳离子表面活性剂主要起着杀菌和抗静电的作用。只有当对表面活性剂进行合适的配伍,才能使其产生协同作用;否则,就会使化妆品的稳定性下降。同时,温度和酸碱性等都可能对表面活性剂的稳定性造成影响。

(1)配伍性(compatibility performance):使用2种或2种以上的表面活性剂进行复配,使其二者产生协同效应的性质,称为配伍性。几乎所有的化妆品都是采用配伍性来实现其在化妆品中的作用。恰当的稳定性使表面活性剂的性能产生正的协同效应,产品的稳定性加强;否则,产生负协同效应。通常,相同电荷类型的表面活性剂的配伍性能较好。如在个人清洁护理用品(沐浴露、洗发水和洗手液)配方中,阴离子表面活性剂脂肪醇聚氧乙烯醚硫酸钠(sodium alcohol ether sulphate,AES)经常与脂肪醇硫酸盐(fatty alcohol sulfate,FAS)和α-烯基磺酸盐(sodium alpha-olefin sulfonate,AOS)等同时配合使用,两者性能互补,泡沫丰富,洗涤力强,对皮肤的伤害也比较轻,能发挥很好的协同作用,而且可以长期存放不发生化学变化。非离子表面活性剂由于不带电荷,兼容性非常好,可以较好地与其他类型的表面活性剂同时复配使用。如头发护理类产品,选择阳离子表面活性剂作为活性物,利用其杀菌作用帮助去除头屑和止痒,利用其抗静电作用可使头发松散飘逸,容易梳理,感觉舒适。但阳离子表面活性剂的洗涤力、发泡力、乳化力和渗透力等都比较弱,单独使用满足不了清洁的需要。所以,在实际生产的产品中往往加入洗涤力和发泡力显著的非离子表面活性剂,进行复配,补偿阳离子表面活性剂去污力差的不足,得到具有良好洗涤力和柔顺性的化妆品。

但是,并不是每一种表面活性剂都有良好的兼容性。如果表面活性剂的搭配不当,如将阳离子表面活性剂与阴离子表面活性剂混合在一起,阴离子和阳离子互相作用使物质的化学结构发生变化而失去效果,稳定性变差,产品可能出现分层、沉淀和破乳等不良后果。所以,在进行化妆品原料的搭配时,应该充分考虑表面活性剂的配伍性,只有采取合理的搭配方案,从根本上消除不稳定因素,保证化妆品的产品质量。

(2)温度:在常温状况下,绝大多数表面活性剂都可以保持其物理形态和稳定性不变,但当温度发生改变,部分表面活性剂的物理形态和稳定性将会发生变化。一般,离子表面活性剂的溶解性与其克氏点(Krafft point)有关,当温度大于 Krafft 点,其溶解性较好;反之,其溶解性变差。对于非离子表面活性剂来说,其溶解性与浊点(cloud point)有关,当温度小于浊点时,其溶解性较好;反之,其溶解性变差。对于主要由离子型表面活性剂所形成的产品(如沐浴露、洗手液等),在一定温度范围内,随着温度的升高,表面活性剂溶解性增强,产品变得更加透明,产品的稳定性增强。但是,当温度降低时,离子型表面活性剂的溶解度明显下降,有一部分表面活性剂会从溶液中析出,此时由该表面活性剂所配制的乳化产品可能发生破乳、分层现象,产品的稳定性变差;因而,在配制该产品时需要对样板进行耐寒试验。而对于护肤乳液和护肤霜等,通常是借助非离子表面活性剂的乳化作用,降低油和水界面张力而形成的非均相体系,如果体系的温度发生变化,升高温度(大于浊点),就有可能使非离子表面活性剂析出,此时乳化体受到破坏,产品的稳定性将减弱。因而,在配制透明液态产品的时候,尽量选择浊点高的非离子表面活性剂,并且对新设计的产品进行耐热稳定性试验,避免产品因温度变化而产生质量问题。

(3)酸碱性:两性表面活性剂是一种具有特殊化学结构的物质,在同一分子内带有 2 类不同性质的亲水基团,既有显正电性的阳离子基团,又有显负电性的阴离子基团。在具体的产品中两性表面活性剂所带何种电荷,完全取决于酸碱度的变化。以十二烷基甜菜碱为例,其结构式为:$C_{12}H_{25}N^+(CH_3)_2CH_2COO^-$,其等电点(isoelectric point,pI)为 4.9。当溶液的 pH 值为 4.9 时,其分子内的季铵盐阳离子[$C_{12}H_{25}-N^+(CH_3)_2CH_2-$]与羧酸根阴离子 $RCOO^-$ 相互作用,形成内盐结构,是电中性的,可以看成是非离子表面活性剂。因此,可以与其他阳离子表面活性剂或者阴离子表面活性剂复配使用,不会产生冲突。但当体系的 pH 值发生改变以后,其带电性能就会发生变化。在偏酸性的条件下,两性表面活性剂主要起到阳离子表面活性剂的作用。此时,如果配方中存在阴离子表面活性剂,两者之间就存在相互冲突的可能性,产品的稳定性可能会受到影响。另一方面,在偏碱性的条件下,两性表面活性剂起到阴离子表面活性剂的作用。此时,如果配方中存在阳离子表面活性剂,两者之间理论上也存在相互冲突的可能性,产品的稳定性同样可能会受到影响。所以,在选择使用两性表面活性剂的时候,应该充分考虑其在不同酸碱度下的稳定性问题。

2. 色素(pigment)　色素是用来赋予化妆品一定颜色的原料。化妆品中添加色素可起到美化、修饰或掩盖化妆品中某些有色组分的不悦色感,以增加化妆品的视觉效果。根据《规范》,化妆品用色素按来源可分为有机合成色素、无机颜料、天然色素和珠光颜料等 4 类:①有机合成色素,是由石油化工、煤化工中得到的各种芳香烃类为基本原料,根据发色基团和助色基团的结构通过有机合成而得到的,具有纯度高、颜色鲜艳稳定,是化妆品色素较为主要的部分,但安全性较差,常见的有机合成色素主要有落日黄、酸性黄 73、酸性绿 25、酸性黄 11 及食品蓝 1 等;②无机颜料多以无机化合物为主,常不易溶于水和有机溶剂,而是借助于油性溶剂分散后,将其涂于物体表面,使之产生颜色,具有遮盖力强、耐光、耐热和耐溶剂性等特点,常见的无机颜料主要有钛白粉、锌白、滑石粉和氧化铁等;③天然色素主要来自于动植物的组织,具有安全性高,色彩鲜艳的优点,但纯度低、价格高和稳定性差等,易受光、热的影响,常见的天然色素主要有胭脂红、β-胡萝卜素和叶绿酸铜钠等;④珠光颜料是使化妆品产生珍珠般色泽效果的色素,主要有鸟嘌呤、氯氧化铋和覆盖云母颜料等3种。因为珠光颜料能加强色泽效果,现广泛应用于膏霜、乳液、乳化香波和彩妆类化妆品中。

化妆品在存放和使用过程中,必须保证其颜色有足够的稳定性,如果产品的颜色发生了变化,说明产品已经变质。影响化妆品色素的稳定性因素有很多,主要包括紫外光、热、pH值、加工方法及颗粒大小等。此外,颜料的浓度、曝露时间、包装材料、金属离子及不相容物质等也会影响色素的稳定性。

（1）紫外光:是影响色素稳定性的最常见的因素之一,特别是对于那些采用透明包装的产品,影响更大。无机颜料一般很耐光,因为产生键的断裂时需要较高能量。有机合成染料和天然色素对光的稳定性相对较差,一般不适用于长期曝露于日光中的化妆品配方中（如防晒化妆品）。

（2）热:在化妆品的生产过程中,加热对化妆品的颜色的影响较明显。如氧化铁黄（$Fe_2O_3 \cdot H_2O$）,当温度高于150℃时就会失去结晶水,转变成红色。因此,在化妆品的生产过程中,应尽量缩短加热时间或延迟投加色料的时间,通常采用后配料或者低温条件下加入。

（3）pH值:pH值能影响所有的颜料,甚至对无机颜料都有影响。如群青颜料（$Na_6Al_4Si_6S_4O_{20}$、磺基硅酸钠铝复合物）,在低pH的体系中,稳定性很差,即使在微酸性的条件下,都有可能出现退色情况,甚至能释放出难闻的硫化氢气体。而锰紫在酸性条件下稳定性较好,但在碱性条件下分解生成MnO_2,产品颜色呈现紫色。亚铁氰化铁络合物呈深蓝色,在碱性条件下分解生成铁的氧化物。胭脂红、诱惑红、日落黄和靛蓝在碱性条件下稳定性较差;赤藓红和靛蓝在酸性条件下不稳定。

（4）加工方法:许多化妆品加工中用到研磨机,以保证产品的混合均匀。但有些颜料,如群青,研磨过度能释放出硫化氢气体。珠光颜料对研磨也是敏感的,氯氧化铋和镀二氧化钛的云母产生珠光的好坏取决于其片状结构。研磨过度能使片状结构断裂,结果失去珠光状,反光度降低。因此,使用珠光颜料时,要待研磨后再加入。

（5）相对密度/颗粒大小:当无机颜料或珠光颜料用于液体产品（如指甲油）时,其相对密度和颗粒大小对产品的稳定性非常重要。相对密度大的颜料可能会使产品在存放期间出现沉淀,导致产品的稳定性下降。通过选择合适大小的颗粒,并调整产品的黏度,或使用表面活性剂进行分散处理,可以提高色素在化妆品中的稳定。

3. 香精香料　香精是指由2种以上乃至几十种或近百种香料,通过一定的调香技术配制而成的,具有一定香型、香韵的有香混合物。化妆品中加入一定量的香精,不但可以赋予产品一定的香味以引起消费者的兴趣外,还可以掩盖产品中某些化妆品原料的不愉快气味。化妆品在保质期内,要求其香精要具有一定的稳定性。香精的稳定性主要表现在2个方面:一是香气或香型的稳定性,另一个是香精香料自身或介质中的物理、化学稳定性。

香精是由一定量的天然香料和合成香料配合而成的。这些分子结构不同的化合物,其物理、化学性质也是不同的,相互之间可能发生复杂的作用,而影响其稳定性;尤其是加入介质后,与介质中某些组分发生作用,可能会影响介质的形态、色泽和透明度等。影响香精稳定性的因素主要有以下几种:①香精中某些分子,如醇、醛、酚和不饱和键等易与空气中氧发生氧化反应;②香精中某些香料分子之间发生化学反应,如酯化、酯交换和醇醛缩合等反应;③香精中某些分子受日晒、光照后发生光化学反应,如醛、酮、含氮和含硫化合物等易受光作用影响;④香精中某些成分与加香介质中某些组分之间发生化学反应,如与酸、碱和盐的反应。

4. 防腐剂 为了抑制微生物在化妆品中的生长繁殖,防止化妆品的腐败、变质,通常在化妆品的生产中都要加入适量的防腐剂。根据《规范》,我国防腐剂的种类有 108 种,最常用的有 20~30 多种。化妆品常用防腐剂主要包括对羟基苯甲酸酯类(俗称尼泊金酯)、脱氢醋酸、季铵盐表面活性剂、邻苯基苯酚、六氯酚、咪唑烷基脲、2- 溴 -2- 硝基 -1,3- 丙二醇、苯甲酸及其盐、山梨酸及其盐等。

防腐剂的防腐性能将直接影响产品的质量和产品的稳定性。防腐剂影响产品稳定性的因素很多,主要有以下几种。

(1)介质的 pH 值:pH 值对防腐剂的活性影响很大,有些防腐剂本身是有机酸,如苯甲酸、山梨酸和脱氢醋酸等,在 pH≥7 时会离解成负离子,失去抑菌活性;像季铵盐类防腐剂,在碱性时有高的抑菌活性,在 pH 从 5 增加到 8 时,防腐剂的最小抑制浓度量(MIC)从 6.25μg/ml 增加到 25~100μg/ml。

(2)溶解性:防腐剂在水中的溶解性及其在水相、油相之间的分配系数也是影响防腐性能的重要因素。因为微生物通常生长在水相和油 - 水界面,水溶性防腐剂起主要作用。如室温下,尼泊金甲酯在水中溶解度为 0.25%,在乳化过程中,会迁移至油相,减少水中溶解量,降低防腐活性。

(3)配方中其他原料的影响:聚氧乙烯醚阳离子和蛋白质等能使尼泊金酯失去活性;具有吸附特性的无机粉体,如硅酸镁、高岭土、滑石粉和氧化锌等会影响防腐剂的抑菌活性;一些新的生物制剂、脂质体、黏多糖、天然植物提取液和卵磷脂等均会干扰防腐剂的防腐性能。含丁香酚、香叶醇和薄荷醇之类的萜类化合物,具有一定的抗菌特性;酒精含量超过 10% 会增加防腐能力。

二、化妆品生产工艺与配方组成对产品稳定性的影响

化妆品的种类繁多,不同的化妆品其生产工艺及配方组成往往不同,对产品的稳定性影响因素也不一样。一般来讲,对于粉状化妆品如痱子粉和块状化妆品如粉饼及蜡状化妆品和锭状化妆品由于体系黏度很大,不易分层,稳定性较好;而液体状化妆品和乳剂类化妆品,由于组成成分复杂、体系黏度小,产品稳定性较差。下面重点介绍液体状化妆品和乳剂类化妆品的生产工艺及配方组成对产品的稳定性影响。

1. 液体状化妆品 指以水、乙醇或水 - 乙醇混合溶液为基质的透明液体类产品,如香水类、化妆水类、冷烫水和沐浴露等。液体状化妆品的生产工艺通常在不锈钢容器中加入溶剂,再依次加入其他组分,搅拌使其溶解均匀,再经过过滤除去杂质,装瓶即可。影响该类产品的稳定性主要有以下 2 个方面。

(1)配方不合理或各组分溶解不彻底。此类产品主要考虑各组分在溶剂中的溶解性。化妆水中乙醇的用量较大,其主要作用是溶解香精或其他水不溶性成分,需考虑乙醇与水的比例。一般,如果乙醇用量不足,或所用香料含蜡等不溶物质过多,就有可能导致产品在生产、储存过程中产生混浊和沉淀现象。所以,配方的合理性及其各组分的溶解性是影响液体类化妆品稳定性的重要因素。

（2）溶剂的质量不好,如乙醇中含有醛类或杂醇类物质,水中含有细菌、金属离子和空气等,会导致产品变色、变味等。

2. 乳剂类化妆品　乳剂类化妆品是指一种液体以液珠形式分散在与其不相混溶的另一种液体中而形成的热力学不稳定的分散体系。常见的乳剂类化妆品主要有洁面乳、润肤乳、润发乳和护发素等。影响乳剂类化妆品稳定性的因素主要有生产工艺如加料方式、搅拌速度和乳化剂的选择等均对产品稳定性产生影响。

（1）加料方式:乳剂类化妆品的生产工艺比较简单,通常将配方中油相和水相同时进行加热,使其完全溶解均匀,待油相与水相温度加热到80℃左右时,将油相和水相进行混合,搅拌进行乳化,继续搅拌直至室温,灌装即可。混合时,油相与水相的温度相差不能太大（<10℃）,否则产品中易出现粗颗粒,产品稳定性差;香精和色素一般在低温时加入,否则会导致产品变色、变味;功能性活性物一般要进行前处理,并且在低温下加入。

（2）搅拌速度:搅拌速度对乳化效果有较大的影响。搅拌速度太慢,油和水分子不能得到充分地混合,乳化不充分,乳液稳定性差;搅拌速度太快,又会将空气带入体系而产生气泡,使乳状液不稳定;因此,合适的搅拌速度有利于提高乳液的稳定性。一般情况下,在乳化开始时采用较高的搅拌速度（3000r/min左右）搅拌对乳化有利,在乳化结束而进入冷却阶段后,以中等速度（1000r/min左右）或慢速度（<100r/min）搅拌可以减少气泡的混入,提高产品的稳定性。

（3）乳化剂的选择:乳剂类化妆品主要由互不相溶的油相与水相构成。为使油相与水相形成均匀混合体,合适的乳化剂是必不可少的。只有选择合适的乳化剂才能使油和水相乳化,否则产品极易分层。还有乳化剂的用量、乳化时间、搅拌的方式和时间以及冷却的速度等,也会对产品的稳定性造成一定的影响。

三、存储环境及包材对化妆品稳定性的影响

通常,为了提高化妆品的储存稳定性,一般应将化妆品置于室温、干燥和阴凉的环境下保存,且注意避免光照、低温、高温及潮湿情况。如果产品标签上没有特别说明,通常化妆品不宜存放在冰箱中。同时,不同的化妆品由于其产品使用性的不同,需要选择不同的包装形式。一般,在不考虑影响产品流动性和减少产品的"二次污染"的情况下,尽量选择细口瓶存放要比广口瓶要好,如现在洗发水大都采用细口气压式包装,洁面膏和牙膏等都可挤压式软包装。

第二节　化妆品稳定性相关质量要求

化妆品的保质期一般为2~3年。为了保证化妆品在保质期内产品质量稳定,要求化妆品生产企业对所生产的产品在出厂前应该进行一系列的质量检验,其中化妆品的稳定性检验是化妆品产品质量检验的一个重要指标。自1987年以来,我国相继颁布了各项化妆品相应执行标准对化妆品稳定性提出具体要求。化妆品种类繁多,但对其稳定性相关质量要求大同小异,下面对化妆品稳定性相关质量要求简要介绍。

一、皮肤用化妆品类

1. 护肤乳液　护肤乳液的国家标准代号为GB/T 29665-2013,适用于护理人体皮肤的具

有流动性的乳化型化妆品,其稳定性质量要求见表5-1。

表5-1 护肤乳液稳定性质量要求

	稳定性质量要求
耐热	(40±1)℃保持24h,恢复至室温无分层现象
耐寒	(-8±2)℃保持24h,恢复室温后无分层、泛粗和变色现象
离心考验	2000r/min 离心30min 不分层(添加不溶颗粒或不溶粉末的除外)

2. 润肤膏霜 润肤膏霜的行业标准代号为 QB/T 1857-2013,适用于滋润人体皮肤的具有一定稠度的乳化型膏霜,包括 O/W 型和 W/O 型,其稳定性质量要求见表5-2。

表5-2 润肤膏霜稳定性质量要求

	稳定性质量要求	
	O/W 型	W/O 型
耐热	(40±1)℃保持24h,恢复至室温后与膏体无油水分离现象	(40±1)℃保持24h,恢复至室温后渗油率≤3%
耐寒	(-8±2)℃保持24h,恢复至室温后与试验前无明显性状差异	

3. 润肤油 润肤油国家标准代号为 GB/T 29990-2013,适用于滋润和保护皮肤。根据润肤油的配方组成不同,可分为只含矿油(可添加香精、抗氧化剂)的润肤油(Ⅰ型)及除Ⅰ型外的其他润肤油(Ⅱ型),其稳定性质量要求见表5-3。

表5-3 润肤油的稳定性质量要求

	稳定性质量要求	
	Ⅰ型	Ⅱ型
耐热	—	(40±1)℃保持24h,恢复至室温后其外观与试验前无明显差异
耐寒	—	(-8±2)℃保持24h,恢复至室温后外观与试验前无明显差异

4. 护肤啫喱 护肤啫喱的行业标准代号为 QB/T 2874-2007,适用于以护理人体皮肤为主要目的化妆品,其稳定性质量要求见表5-4。

表5-4 护肤啫喱的稳定性质量要求

	稳定性质量要求
耐热	(40±1)℃保持24h,恢复至室温后与试验前外观无明显差异
耐寒	(-10~-5)℃保持24h,恢复至室温后与试验前外观无明显差异

5. 化妆水 化妆水的行业标准代号为 QB/T 2660-2004,适用于补充皮肤所需水分化妆品,其稳定性质量要求见表5-5。

表 5-5 化妆水的稳定性质量要求

	稳定性质量要求
耐热	（40±1）℃保持 24h，恢复至室温后与试验前无明显性状差异
耐寒	（5±1）℃保持 24h，恢复至室温后与试验前无明显性状差异

6. 香水和古龙水 香水和古龙水行业标准代号为 QB/T 1858-2004，其稳定性质量要求见表 5-6。

表 5-6 香水和古龙水的稳定性质量要求

	稳定性质量要求
浊度	5℃时，水质清晰，不浑浊
色泽稳定性	（48±1）℃保持 24h，维持原有色泽不变

7. 花露水 花露水的行业标准代号为 QB/T 1858.1-2006，适用于由乙醇、水、香精和（或）添加剂等成分配制而成的产品，其稳定性质量要求见表 5-7。

表 5-7 花露水的稳定性质量要求

	稳定性质量要求
浊度	10℃时，水质清晰，不浑浊
色泽稳定性	（48±1）℃保持 24h 维持原有色泽不变

8. 面膜 面膜的行业标准代号为 QB/T 2872-2007，适用于涂或敷于人体皮肤表面，经一段时间后揭离、擦洗或保留，起到集中护理或清洁作用的产品，其稳定性质量要求见表 5-8。

表 5-8 面膜的稳定性质量要求

	稳定性质量要求
耐热	（40±1）℃保持 24h，恢复至室温后与试验前无明显差异
耐寒	（-10~5）℃保持 24h，恢复至室温后与试验前无明显差异

9. 洗面奶（膏） 洗面奶（膏）的国家标准代号为 GB/T 29680-2013，适用于清洁面部皮肤，其稳定性质量要求见表 5-1。

10. 洗手液 洗手液的行业标准代号为 QB/T 2654-2013，适用于主要以表面活性剂和调理剂配制而成，具有清洁肌肤的洗涤产品（不适用于非水洗型产品），其稳定性质量要求见表 5-9。

表 5-9 洗手液的稳定性质量要求

	稳定性质量要求
耐热	（40±2）℃保持 24h，恢复至室温后与试验前无明显变化
耐寒	（-5±2）℃保持 24h，恢复至室温后与试验前无明显变化

11. 沐浴剂　沐浴剂的行业标准代号为 QB/T 1994-2013,适用于各类以表面活性剂和调理剂调制而成的用于清洁和滋润皮肤的洗涤产品(香皂除外),其稳定性质量要求与表 5-10 相同。

表 5-10　沐浴剂的稳定性质量要求

	稳定性质量要求
耐热	(40±1)℃保持 24h,恢复至室温后与试验前无明显变化
耐寒	(-5±2)℃保持 24h,恢复至室温后与试验前无明显变化

二、毛发用化妆品类

1. 洗发液(膏)　洗发液(膏)的国家标准代号为 GB/T 29679-2013,其稳定性要求见表 5-11。

表 5-11　洗发液(膏)的稳定性质量要求

	稳定性质量要求
耐热	(40±1)℃保持 24h,恢复至室温后无分层和无析水现象
耐寒	(-8±2)℃保持 24h,恢复至室温后无分层和无析水现象

2. 护发素　护发素的行业标准代号为 QB/T 1975-2013,适用于由抗静电剂、柔软剂和各种护发剂配制而成的乳液状或膏霜状的护发产品,用于漂洗头发,其稳定性质量要求见表 5-12。

表 5-12　护发素的稳定性质量要求

	稳定性质量要求
耐热	(40±1)℃保持 24h,恢复至室温后无分层现象
耐寒	(-8±2)℃保持 24h,恢复至室温后无分层现象

3. 染发剂　染发剂的行业标准代号为 QB/T 1978-2004,适用于能使头发改变颜色的氧化型和非氧化型染发剂,其稳定性质量要求见表 5-13(主要针对非氧化型染发剂)。

表 5-13　染发剂的稳定性质量要求

	稳定性质量要求
耐热	(40±1)℃保持 6h,恢复至室温后无油水分离现象
耐寒	(-10±2)℃保持 24h,恢复至室温后无油水分离现象

4. 发用摩丝　发用摩丝的行业标准代号为 QB 1643-1998,适用于以丁烷或含有二甲醚的混合气体为抛射剂,用于固定发型或保护、修饰和美化发型的摩丝,其稳定性质量要求见表 5-14。

表 5-14　发用摩丝的稳定性质量要求

	稳定性质量要求
耐热	40℃保持 4h,恢复至室温能正常使用
耐寒	0~5℃保持 24h,恢复至室温后能正常使用
泄漏试验	在 50℃恒温水浴中试验不得有泄漏现象
内压力	在 25℃恒温水浴中试验应小于 0.8MPa

5. 发油　发油的行业标准代号为 QB/T 1862-2011,适用于以矿油、有机硅氧烷、油脂及其他保湿成分等配制而成发用产品,其稳定性质量要求见表 5-15。

表 5-15　发油的稳定性质量要求

	稳定性质量要求	
	单相 / 双相发油	气雾罐装发油
耐寒	–5~–10℃保持 24h,恢复至室温与试验前无明显差异	–5~–10℃保持 24h,恢复至室温能正常使用
内压力	—	在 25℃恒温水浴中试验应小于 0.7MPa

6. 发蜡　发蜡的行业标准代号为 QB/T 4076-2010,适用于蜡或(和)油、脂和水等配制而成的发蜡产品,其稳定性质量要求见表 5-16。

表 5-16　发蜡的稳定性质量要求

	稳定性质量要求	
	蜡状 / 乳膏状 / 凝胶状 / 普通泵式液体状发蜡	气雾罐式液体发蜡
耐热	(40 ± 1)℃保持 24h,恢复至室温后与试验前无明显差异	
耐寒	–10~–5℃保持 24h,恢复至室温后与试验前无明显差异	
泄漏试验	—	在 50℃恒温水浴中试验不得有泄漏现象
内压力	—	在 25℃恒温水浴中试验应小于 0.7MPa

7. 发乳　发乳的行业标准代号为 QB/T 2284-2011,其稳定性质量要求见表 5-17。

表 5-17　发乳的稳定性质量要求

	稳定性质量要求
耐热	(40 ± 1)℃保持 24h,膏体无油水分离现象
耐寒	–15~–5℃保持 24h,恢复至室温后膏体无油水分离现象

8. 定型发胶　定型发胶的行业标准代号为 QB 1644-1998,适用于固定、修饰和美化发型的液体喷发胶,其稳定性质量要求见表 5-18。

表 5-18　定型发胶的稳定性质量要求

	稳定性质量要求
泄漏试验	在 50℃恒温水浴中试验不得有泄漏现象
内压力	在 25℃恒温水浴中试验应小于 0.8MPa

9. 焗油膏（发膜）和发用啫喱（水）　焗油膏（发膜）的行业标准代号为 QB/T 4077-2010，发用啫喱（水）的行业标准代号为 QB/T 2873-2007，其稳定性质量要求相同，见表 5-19。

表 5-19　焗油膏（发膜）稳定性质量要求

	稳定性质量要求
耐热	（40±1）℃保持 24h，恢复至室温后与试验前无明显差异
耐寒	−10~−5℃保持 24h，恢复至室温后与试验前无明显差异

三、唇、眼和口腔用化妆品类

1. 牙膏　牙膏的国家标准代号为 GB 8372-2008，适用于清洁及护理口腔的各种牙膏。其稳定性质量要求主要为：膏体不溢出管口，不分离出液体，香味色泽正常。

2. 唇彩和唇油　唇彩和唇油的国家标准代号为 GB/T 27576-2011，其稳定性要求见表 5-20。

表 5-20　唇彩和唇油稳定性质量要求

	稳定性质量要求
耐热	（45±1）℃保持 24h，恢复至室温后，无浮油，无分层，性状与原样保持一致
耐寒	−15~−5℃保持 24h，恢复至室温后性状与原样保持一致

3. 润唇膏　润唇膏的国家标准代号为 GB/T 26513-2011，适用于棒状润唇膏，其稳定性质量要求见表 5-21。

表 5-21　润唇膏稳定性质量要求

	稳定性质量要求
耐热	（45±1）℃保持 24h，无弯曲软化，能正常使用
耐寒	−10~−5℃保持 24h，恢复至室温后无裂纹，能正常使用

4. 睫毛膏　睫毛膏的国家标准代号为 GB/T 27574-2011，其稳定性质量要求见表 5-22。

表 5-22　睫毛膏稳定性质量要求

	稳定性质量要求
耐热	（40±1）℃保持 24h，恢复室温后，能正常使用
耐寒	−10~−5℃保持 24h，恢复室温后，能正常使用

5. 化妆笔和化妆笔芯 化妆笔和化妆笔芯的国家标准代号为 GB/T 27575-2011,适用于内装物为固体或膏体如眼线笔、眉笔、眼影笔、唇线笔和遮瑕笔等,不适用于内装物为液状的化妆笔,其稳定性质量要求见表 5-23。

表 5-23 化妆笔和化妆笔芯稳定性质量要求

稳定性质量要求	
耐热	(45±1)℃保持 24h,恢复至室温后无明显性状变化,能正常使用
耐寒	–10~–5℃保持 24h,恢复室温后无明显性状变化,能正常使用

四、指(趾)甲用化妆品类

1. 指甲油 指甲油的行业标准代号为 QB/T 2287-2011,其稳定性要求见表 5-24。

表 5-24 指甲油稳定性质量要求

	稳定性质量要求	
	有机溶剂型	水性型
牢固度	无脱落	—
干燥时间 /min	≤8	

2. 洗甲液 洗甲液的行业标准代号为 QB/T 4364-2012,其稳定性要求见表 5-25。

表 5-25 洗甲液的稳定性质量要求

稳定性质量要求	
耐热	(40±1)℃保持 24h,恢复至室温后,无分层,外观无明显变化
耐寒	(–8±2)℃保持 24h,恢复至室温后,无分层,无混浊现象

第三节 化妆品稳定性检验方法

化妆品的稳定性是衡量化妆品产品质量的重要依据之一,通常其检验主要包括耐热试验、耐寒试验、离心考验、色泽稳定性试验、浊度检验和泄漏试验等。下面将根据相关的国家标准、行业标准及企业实验评价方法对各种检测方法进行具体介绍。

一、国家标准及行业标准试验方法

1. 耐热 / 耐寒试验 将定量受试物置于设定温度的恒温培养箱中,规定时间结束后取出,恢复至室温后观察样品的性状和性能,或与原产品进行对照观察。

2. 离心考验 于离心试管中注入待测样品约 2/3 高度并装实,用塞子塞好,然后放入预先调节到 38℃的恒温培养箱内,保持 1 小时后,立即移入离心机中,并在 2000r/min 离心 30 分钟后,取出,观察样品是否出现分层。

3. 色泽稳定性 将试样分别倒入 2 支试管内,高度约 2/3 处,并塞上干净的软木塞;把一支待检的试管置于预定调节至(48±1)℃的恒温培养箱内,1小时后打开软木塞一次;然后,仍旧塞好,继续放入恒温培养箱内,经24小时后取出,恢复到室温与另一支在室温下保存的试管内样品进行目测比较,观察样品的色泽。

4. 浊度 取试样一份,倒入预先烘干的玻璃试管中,样品高度为试管高度的1/3,将带有温度计的塞子塞紧试管口,使温度计的水银球位于样品中间部分,试管外部套上另一支试管,使装有样品的试管位于套管的中间,注意不使两支试管的底部相触。将试管置于加了冷冻剂(冰块或冰水,或其他低于5℃的适当冷冻剂)的烧杯中冷却,使试样温度逐步下降,观察到达规定温度时的试样是否清晰。重复测定一次,2次结果应一致。

5. 泄漏试验 预先将恒温水浴温度调节到(50±2)℃,然后放入3瓶试样摇匀,将脱去塑盖的试样直立放入水浴中,以5分钟内每罐试验冒出气泡不超过5个为合格。

6. 内压力 取3罐试样,按试样标示的喷射方法,排出充装操作时滞留在阀门和(或)吸管中的推进剂或空气,将试样拔出阀门促动器,置于所要求温度的恒温水浴中,使水浸没罐身,恒温时间不少于30分钟,戴厚皮手套,摇动试样6次(除试样标明不允许摇动罐体者外),将压力表进口对准阀杆,产品正立放置,用力压紧,压力表指针稳定后,记下压力读数,每罐重复测试3次,取平均值。依此法测试第2、第3罐试样,3次测试结果平均值即为该产品的内压。

7. 牢固度 在室温(20±5)℃下,用乙酸乙酯擦洗干净载玻片,待干燥后用笔刷蘸满试样涂刷一层在载玻片上,放置24小时后,用绣花针划成横和竖交叉的各5条线,每条间隔为1mm,观察,应无一方格脱落。

8. 干燥时间 在室温(20±5)℃下,相对湿度≤80%条件下,用乙酸乙酯洗干净载玻片后,待干燥后用笔刷蘸满试样一次性涂刷在载玻片上,立即按动秒表,8分钟后用手触摸干燥与否,若已干燥可视为合格。

二、企业稳定性常用试验方法

1. 一般保存试验 一般保存试验即在设定的温度、湿度和光照条件下(大部分企业是采用自然条件下保存),将化妆品静置一定时间,观察样品状态的变化。根据试验样品的性状,温度设定在-10、-5、0、25、30、37、45、50和60℃等。光照条件,可以是室外自然光,也可以采用人工光源,后者在较长时间内可控制光照强度。保存时间根据试验样品的观察目的来选择,分为1天、1个月、2个月、6个月及1~3年不等。观察待测样品是否出现分层、变色、变味、结晶、长霉、分离、沉淀、凝聚、挥发、固化和软化等现象。

2. 强化保存试验 强化保存试验,又称加速老化试验,即在极短时间内改变化妆品样品存放的环境条件(如温度、光照强度、湿度等),观察待测样品是否出现分层、变色、变味、结晶、长霉、分离、沉淀、凝聚、挥发、固化和软化等现象。

(1)高低温循环试验:取待测样品2份,将其中一份放置在高温下(一般为40℃)24小时及低温下(一般为-5~-15℃)24小时,分别交替3个月,与另一份放置在室温条件下的样品进行对比,观察其稳定性;如果待测样品出现分层、变色、变味、结晶、长霉、分离、沉淀、凝聚、挥发、固化和软化等现象,则高低温循环试验视为成功。

(2)光稳定性试验:光稳定性试验是指针对产品对光线的稳定性试验,一般是将产品灌装在透明包材或产品流通时使用的包材中,置于阳光下或特定光强的光照箱中,经过一段时间后,观察待测样品是否出现分层、变色、变味、结晶、长霉、分离、沉淀、凝聚、挥发、固化和软化等现象。由于不同产品的特性不一,且暂无标准对光稳定性试验做出具体要求和描述,所以在化妆品理化检验中对光稳定性试验还不作要求,但生产企业为了产品在流通中的稳定性,大多数情况下会进行其耐光性试验。

小 结

化妆品的稳定性是指在一定时期(保质期)内,化妆品在其储存、运输及使用过程中,仍能保持其原有的性质,不发生变色、退色、变味和污染,出现结晶的化学变化及分离、沉淀、凝聚、挥发、固化和软化等物理变化的性质。本章重点介绍化妆品的稳定性及影响因素,化妆品稳定性相关质量要求,以及现行的国家标准和行业标准中,化妆品的稳定性检验主要内容和检测方法。

思考题

1. 为什么化妆品在灌装前一定要进行化妆品的稳定性检验?
2. 如何判断化妆品变质了?
3. 如何提高乳液类化妆品的稳定性?
4. 某乳液的热稳定性好,但致寒稳定性却很差,这是为什么?
5. 影响油脂与蜡类的稳定性的因素主要有哪些?
6. 影响香精的稳定性因素有哪些? 如何提高香精在加香产品中的稳定性?
7. 简述常见化妆品的稳定性检验指标及各项指标的检验方法。

(何秋星)

第六章 化妆品卫生化学检验

随着我国经济的发展和人民生活水平的不断提高,化妆品不仅成为人们生活的必需品,而且已经成为美化生活的一种产品,在日常生活中往往长期使用,故其安全性至关重要。除了加强生产企业的自律性外,化妆品的安全性应依靠完善的法律法规和严格的市场管理来实现。我国针对化妆品的管理有较完善的法律法规和相关的国家、行业及企业标准。对化妆品安全性的评价,主要依据《化妆品卫生规范》,该规范从化妆品的一般卫生要求、禁限用原料和检验评价方法等方面,对在我国生产和经营的化妆品作了详细的规定。目前,我国化妆品的卫生化学检验主要按该卫生规范中指定的标准检验方法进行,规范中未涉及到的方法,可参考其他的国家标准或行业标准。因此,掌握和了解这些检验方法,是从事化妆品检验和安全性评价相关人员所必需的。本章就化妆品的卫生化学检验方法的检测原理及基本操作过程进行扼要介绍。

第一节 概 述

化妆品卫生化学检验的目的是利用化学分析、仪器分析等手段来确定化妆品的化学成分与含量、安全性等是否符合国家规定的质量、卫生和安全标准。

一、化妆品的卫生标准

(一) 化妆品卫生要求

1. 一般要求 在正常以及合理的、可预见的使用条件下,化妆品不得对人体健康产生危害。

2. 原料要求 《化妆品卫生规范》中第一部分总则中规定了 1286 种(类)禁用物质、73种(类)限用物质、56 种限用防腐剂、28 种限用防晒剂、156 种限用着色剂和 93 种暂时允许使用染发剂的清单目录。

(1)《化妆品卫生规范》表 2 中所列物质为化妆品的禁用组分。

(2)《化妆品卫生规范》表 3 中所列限用物质,必须符合表中所作规定,包括使用范围、最大允许使用浓度、其他限制和要求以及标签上必须标印的使用条件和注意事项。

(3) 化妆品中所用限用防腐剂必须是《化妆品卫生规范》表 4 中所列物质,并必须符合表中的规定,包括最大允许使用浓度、使用范围和限制条件以及标签上必须标印的使用条件和注意事项。

(4) 化妆品中所用防晒剂必须是《化妆品卫生规范》表 5 中所列物质,并必须符合表中的规定,包括最大允许使用浓度以及标签上必须标印的使用条件和注意事项。

(5) 化妆品中所用着色剂必须是《化妆品卫生规范》表 6 中所列物质,并必须符合表中的规定,包括允许使用范围、其他限制和要求。

（6）化妆品中所用染发剂必须是《化妆品卫生规范》表7中所列物质,并必须符合表中的规定,包括最大允许使用浓度、其他限制和要求以及标签上必须标印的使用条件和注意事项。

3. 终产品要求　化妆品使用的原料必须符合上述原料要求。化妆品必须使用安全,不得对施用部位产生明显刺激和损伤,且无感染性。

（二）卫生化学指标要求

《化妆品卫生规范》中规定的卫生化学指标见表6-1所示。

表6-1　卫生化学指标

序号	产品种类	化妆品卫生化学检验项目				
		汞/(mg/kg)	砷/(mg/kg)	铅/(mg/kg)	甲醇/(mg/kg)	pH
	皮肤用化妆品					
1	洗面奶（膏）	≤1	≤10	≤40		4.0~8.5
2	润肤膏霜	≤1	≤10	≤40		
3	润肤乳液	≤1	≤10	≤40		4.5~8.5
4	香粉、爽身粉	≤1	≤10	≤40		4.5~10.5
5	化妆粉块	≤1	≤10	≤40		6.0~9.0
6	护肤啫喱	≤1	≤10	≤40	≤2000	3.5~8.5
7	面膜	≤1	≤10	≤40	≤2000	3.5~8.5
8	香水、古龙水	≤1	≤10	≤40	≤2000	
9	化妆水	≤1	≤10	≤40	≤2000	4.0~8.5
10	沐浴剂	≤1	≤10	≤40	≤2000	4.0~10.0
11	洗手液①	≤1	≤10	≤40	≤2000	4.0~10.0
	发用化妆品					
12	洗发液（膏）	≤1	≤10	≤40		4.0~8.0
13	护发素	≤1	≤10	≤40		2.5~7.0
14	免洗护发素	≤1	≤10	≤40		3.0~8.0
15	发用摩丝	≤1	≤10	≤40	≤2000	3.5~9.0
16	发油	≤1	≤10	≤40		
17	发用啫喱	≤1	≤10	≤40	≤2000	3.5~9.0
18	发乳	≤1	≤10	≤40		4.0~8.5
19	定性发胶	≤1	≤10	≤40	≤2000	
20	染发剂②	≤1	≤10	≤40		1.8~12
21	头发用冷烫液③	≤1	≤10	≤40		≤9.8
	甲用化妆品					
22	指甲油	≤1	≤10	≤40		
	口腔用化妆品					
23	唇膏	≤1	≤10	≤40		
24	牙膏④	≤1	≤5	≤15		4.0~8.5

　　注:①洗手液还需检验的项目:甲醛≤500mg/kg;②染发剂还需检验项目:氧化剂≤12mg/kg,对苯二胺≤6mg/kg;③头发用冷烫液还需检验项目:游离氨、双氧水、巯基乙酸、过硼酸钠和溴酸钠;④牙膏还需检验项目:氟。

二、卫生化学许可检验项目

参照食品药品监督管理局发布的《化妆品行政许可检验管理办法》及《化妆品行政许可检验规范》(国食药监许 [2010]82 号)的规定,各种化妆品需要完成的相应卫生化学许可检验项目见表 6-2。

表 6-2　卫生化学许可检验项目

检验项目	非特殊用途化妆品	特殊用途化妆品								
		育发类	染发类⑥	烫发类	脱毛类	美乳类	健美类	除臭类	祛斑类	防晒类
汞	○	○	○	○	○	○	○	○	○	○
铅	○	○	○	○	○	○	○	○	○	○
砷	○	○	○	○	○	○	○	○	○	○
甲醇①										
斑蝥素、氮芥		○								
氧化型染发剂中染料			○							
巯基乙酸				○	○					
性激素		○				○	○			
甲醛								○		
苯酚、氢醌									○	
防晒剂②										○
pH				○	○				○	
α- 羟基酸③	○								○	
抗生素、甲硝唑④										
去屑剂⑤										

注:"○" 表示需要进行检验的项目。①乙醇、异丙醇含量之和≥10%(质量分数)的产品需要检验甲醇项目;②除防晒产品外,防晒剂(二氧化钛和氧化锌除外)含量≥0.5%(质量分数)的其他产品也应当加测防晒剂项目;③宣称含 α- 羟基酸或不宣称含 α- 羟基酸,但其总量≥3%(质量分数)的产品需要检验 α- 羟基酸项目,同时测 pH;④宣称祛痘、除螨和抗粉刺等用途的产品需要检验抗生素和甲硝唑项目;⑤宣称去屑用途的产品需要检验去屑剂项目;⑥染发类产品为 2 剂或 2 剂以上配合使用的产品,应当按剂型分别检验相应项目。

对所有化妆品都需要检验的项目有汞、砷和铅;对乙醇和异丙醇含量之和≥10%(质量分数)的化妆品需要检验甲醇项目;对其他成分特别是禁限成分的检验项目则需根据化妆品的种类来确定,如育发类化妆品需要检验斑蝥素、氮芥和性激素项目,染发类化妆品需要检验氧化型染发剂中染料项目,烫发类和脱毛类化妆品需要检验巯基乙酸和 pH 值项目,防晒类化妆品需要检验防晒剂项目,祛斑类化妆品需要检验苯酚、氢醌、pH 值和 α- 羟基酸项目。

三、化妆品卫生化学检验

化妆品卫生化学检验主要检验化妆品中的禁限用物质、活性成分及其含量。

1. 禁限用物质及其卫生化学检验　化妆品中的禁用物质是指可能对使用者造成危害,

为了保护使用者的身体健康,不得作为化妆品生产原料及组分添加到化妆品中的物质。如果技术上无法避免禁用物质作为杂质带入化妆品,则化妆品成品应符合《化妆品卫生规范》中对化妆品的一般要求,即在正常及合理的及可预见的使用条件下,不得对人体健康产生危害。化妆品中的限用物质是指化妆品中允许使用的化妆品原料,但是按规定有一个允许使用的最大浓度,以及允许使用范围和限制使用条件,并且必须在标签标识上说明的物质。这些物质一般都具毒性,或者对皮肤、黏膜可能造成损伤。

为了保护使用者的身体健康,化妆品中禁限用物质必须进行检验。《化妆品卫生规范》中明确规定了化妆品禁限用原料的卫生化学检验方法(methods of hygienic chemical test)、内容和要求,包括汞、砷、铅、甲醇、游离氢氧化物、pH 值、镉、锶、总氟、总硒、硼酸和硼酸盐、二硫化硒、甲醛、巯基乙酸、氢醌、苯酚、性激素、防晒剂、防腐剂、氧化型染发剂中染料、氮芥、斑蝥素、α- 羟基酸、去屑剂、抗生素、甲硝唑、维生素 D_2、维生素 D_3 和可溶性锌盐等物质的具体检验方法和要求,以及化妆品抗 UVA 能力仪器检测法的具体规定。化妆品的卫生化学检验,同样适用于化妆品产品中禁限用成分的检测。《化妆品卫生规范》中涉及的卫生化学标准检验方法有 27 个,主要有高效液相色谱法、离子色谱法、气相色谱法、原子吸收光谱法、原子荧光光谱法、微分电位溶出法和分光光度法等方法。化妆品卫生化学检验的常规检验主要是铅、汞、砷和甲醇等有害物质的检验,而特殊用途的化妆品还必须针对其特殊成分(主要是相关的禁限用物质)进行检验;除此之外的禁限用物质的检验一般为非常规检验,但随着人们对化妆品安全的日益重视,政府监管水平的提高,检测技术的不断发展,化妆品禁限用成分检验将越来越多地列入常规检验项目。化妆品的卫生化学检验方法见表 6-3。

表 6-3　《化妆品卫生规范》中规定的化妆品卫生化学检验方法

序号	检测项目	卫生化学检验方法
1	汞	冷原子吸收法和氢化物原子荧光光度法
2	砷	氢化物原子荧光光度法、分光光度法和氢化物发生原子吸收法
3	铅	火焰原子吸收分光光度法、微分电位溶出法和双硫腙萃取分光光度法
4	甲醇	气相色谱法
5	游离氢氧化物	电位滴定法
6	pH 值	电位计法
7	镉	火焰原子吸收分光光度法和微分电位溶出法
8	锶	火焰原子吸收分光光度法和离子色谱法
9	总氟	分光光度法
10	总硒	荧光分光光度法
11	硼酸和硼酸盐	甲亚胺 –H 分光光度法
12	二硫化硒	荧光分光光度法
13	甲醛	乙酰丙酮分光光度法
14	巯基乙酸	离子色谱法和化学滴定法
15	苯酚、氢醌	高效液相色谱法和气相色谱法

序号	检测项目	卫生化学检验方法
16	性激素	高效液相色谱法和气相色谱/质谱法
17	防晒剂	高效液相色谱法
18	防腐剂	高效液相色谱法
19	氧化性染发剂中染料	高效液相色谱法
20	氮芥	气相色谱法
21	斑蝥素	气相色谱法
22	α-羟基酸	高效液相色谱法、离子色谱法和气相色谱法
23	去屑剂	高效液相色谱法
24	抗生素、甲硝唑	高效液相色谱法
25	维生素 D2、维生素 D3	高效液相色谱法
26	可溶性锌盐	火焰原子吸收分光光度法
27	化妆品抗 UVA 能力仪器测定法	紫外线透射测定仪测定方法

2. 化妆品中活性成分及其检验 现代化妆品除了具有清洁、护肤、护发和美容的基本功能外,还要求具有营养和治疗的作用。而化妆品的这些功能是通过添加各种活性成分实现的。化妆品中的活性成分主要有生物制剂、动植物提取物类添加剂和微量元素等。

生物制剂可以通过各种物理、化学方法或分离新技术(如超临界萃取技术)从动植物等生物体内提取得到,也可以通过生化技术来获取,如维生素类、表皮生长因子和超氧化物歧化酶等。相对于化妆品基质原料和辅助原料,生物制剂更易透过皮肤这一生物膜而利于皮肤渗入吸收。

植物提取物类添加剂是由植物萃取液或浓缩物进行调配而成的。目前,国内外对加入化妆品的植物有效成分研究十分活跃,新产品与日俱增。含植物提取物的化妆品既具有美容作用,又兼有营养、防病和保健效果,且对皮肤无毒无副作用。植物提取成分主要有中草药物添加剂(如人参提取物、熊果苷、茶多酚和沙棘油等)和瓜果蔬菜类添加剂(如黄瓜、胡萝卜、苹果和柠檬等)。

动物提取物添加剂是指以动物器官、某一部位或整个动物为原料,经提取加工而制得的稳定的浓缩物。常见的动物提取物主要有透明质酸、胎盘提取物、动物水解蛋白、蚕丝提取物、蜂蜜、蜂胶、蜂王浆、鹿茸和紫胶等动物来源的化妆品原料。

许多微量元素和常量元素对维护皮肤和毛发的健康具有很多益处,常见的有锌、铁、铜、硒、钼、锰、硅、钙、镍、镁和钴等。在化妆品中应用微量元素时应考虑微量元素的存在形式和用量,同时还要考虑化妆品的剂型和在人体上的使用部位。

《化妆品卫生规范》中卫生化学检验主要涉及化妆品原料和产品的禁限用物质检验,而对于化妆品中活性成分或者功效物质的检验则较少涉及,这些活性成分的检验可参考其他的国家标准或行业标准,可作为化妆品功效安全性检验的重要评价指标之一。

检验化妆品中活性成分的方法主要是现代仪器分析法,如高效液相色谱法、离子色谱法、气相色谱法、液相色谱-质谱联用法、气相色谱-质谱联用法、高效毛细管电泳、原子吸收光谱法、原子荧光光谱法、电感耦合等离子质谱法和电感耦合等离子体原子发射光谱法等。

第二节 化妆品中重金属的检验

重金属对人体的危害由金属元素的化学性质所决定。毒性较大的重金属主要有汞、镉、铅、铬、铊和砷等,砷本属于非金属元素,具备一些金属元素的特性,故将其列入有害重金属之内。化妆品所用原料,化妆品在生产、包装或运输过程中都可能受到重金属的污染。重金属可透皮吸收,进入体内,一般不会发生急性中毒,但其可在生物体内不断蓄积,不仅造成色素沉着,而且还可能引起中毒反应,危害人体健康。化妆品卫生《化妆品卫生规范》中规定了汞、砷和铅等重金属的限量标准,同时也规定了铍、铬、镉、铊、含金的成盐化合物、钴、钡、锑和钕等十几种禁用和限用的含该元素的原料。这些金属及其化合物必须在允许的使用范围和使用条件下应用。本节主要介绍化妆品中汞、砷、铅和镉等有害重金属的标准检验方法,其他重金属的检测方法可参考其相应的标准检验方法。

一、汞

汞是在常温下呈液态并流动的金属,易蒸发,也易形成无机汞和有机汞。汞中毒主要损害神经系统和肾脏。甲基汞有很强的亲脂性,会蓄积在脑组织中损伤中枢神经系统,还能改变细胞通透性,破坏细胞离子平衡,抑制营养物质进入,损害肝脏,引起肾衰竭;无机汞中毒主要损伤肾脏。各种形式的汞均可通过皮肤和黏膜吸收,经皮肤暴露引起全身毒性,可能出现过敏反应、皮肤刺激及对神经系统的有害作用。过量暴露可能导致震颤、衰弱、记忆力减退和肾功能损伤等。

由于汞离子能与酪氨酸酶结合,严重影响酪氨酸酶的活性,从而抑制皮肤内黑素形成,可降低皮肤色度或减轻色素沉着,所以汞及其化合物具有优良的美白功效,祛斑类化妆品中可能发现汞含量超标现象。汞及其化合物为化妆品组分中禁用的化学物质,作为杂质存在,汞及其化合物限量小于 1mg/kg。但是,鉴于硫柳汞(如乙基汞硫代水杨酸钠)和苯汞的盐类(如硼酸苯汞)等具有良好的抑菌作用,允许用于眼部化妆品和眼部卸妆品,其最大允许使用浓度为 0.007%(以汞计)。

化妆品中汞的测定以冷原子吸收法和原子荧光光度法为主。除此之外,溶出伏安法和氢化物发生 - 电感耦合等离子体原子发射光谱法等也用于化妆品中汞的测定。《化妆品卫生规范》中化妆品中总汞的测定,采用冷原子吸收法和氢化物发生 - 原子荧光光度法。

1. 冷原子吸收法 根据汞蒸气对波长 253.7nm 的紫外线具有特征吸收的特性,在一定的浓度范围内,吸收值与汞蒸气浓度成正比。样品经消解(湿式回流消解法、湿式催化消解法、浸提法或微波消解法)和还原处理后,将化合态的汞转化为原子态汞,再以载气带入测汞仪,测定吸收值,与标准系列比较定量。

本方法的检出限为 0.01μg,定量下限为 0.04μg。如取 1g 样品,检出浓度为 0.01μg/g,最低定量浓度为 0.04μg/g。

2. 氢化物发生 - 原子荧光光度法 样品经消解处理后,样品中汞被溶出。Hg^{2+} 与硼氢化钾反应生成原子态汞,由载气带入原子化器中,在特制汞空心阴极灯照射下,基态汞原子被激发至高能态,去活化回到基态后发射出特征波长的荧光,在一定浓度范围内,其强度与汞含量成正比,与标准系列比较定量。

本方法的检出限为 0.1μg,定量下限为 0.3μg。如取 0.5g 样品,检出浓度为 0.002μg/g,最低定量浓度为 0.006μg/g。

二、砷

砷及其化合物广泛存在于自然界中,化妆品原料和化妆品生产过程中,也容易被砷污染。一般而言,无机砷比有机砷毒性大,As^{3+} 比 As^{5+} 砷毒性大。砷及其化合物被认为是致癌物质,砷中毒可导致皮肤改变和多脏器损伤。皮肤损伤表现包括皮炎湿疹、毛囊炎、皮肤角化和色素沉积等皮肤病,甚至诱发皮肤癌。脏器损害常见肝脏损伤、肝硬化,还可导致周围神经病变,出现肢体麻木、运动障碍或肢体瘫痪。

砷能干预人皮肤黑素细胞的黑素合成功能,从而达到皮肤美白的目的,所以在美白祛斑类化妆品中可能存在砷含量超标现象。砷及其化合物为化妆品组分中禁用物质,作为杂质存在,砷在化妆品中的限量为 10mg/kg(以砷计)。

化妆品中砷的测定常用以氢化物发生 - 原子吸收法、原子荧光光度法、砷斑法、银盐法和衍生气相色谱法等。《化妆品卫生规范》中化妆品中总砷的测定,采用氢化物发生 - 原子荧光光度法、分光光度法和氢化物发生 - 原子吸收法。

1. 氢化物发生 - 原子荧光光度法　经消解(HNO_3-H_2SO_4 湿式消解法、干灰化法或微波消解法)处理后的样品,在酸性条件下,As^{5+} 被硫脲 - 抗坏血酸还原为 As^{3+};然后,与由硼氢化钠和酸作用产生的大量新生态氢反应,生成气态的砷化氢,被载气输入石英管炉中;受热后,分解为原子态砷,在砷空心阴极灯发射光谱激发下,产生原子荧光,在一定浓度范围内,其荧光强度与砷含量成正比,与标准系列比较定量。

本方法检出限为 4.0μg/L,定量下限为 13.3μg/L。如取 1g 样品,检出浓度为 0.01μg/g,最低定量浓度为 0.04μg/g。

2. 分光光度法　经 HNO_3-H_2SO_4 湿式消解法或干灰化法处理后的试样,在碘化钾和氯化亚锡的作用下,样品溶液中 As^{5+} 被还原为 As^{3+}。As^{3+} 与新生态氢生成砷化氢气体,通过乙酸铅棉去除硫化氢干扰。然后与含有聚乙烯醇、乙醇的硝酸银溶液作用生成黄色胶态银。比色,定量。银、铬、钴、镍、硒、铅、铋、锑和汞对测砷有干扰,但一般情况下,化妆品中的这些金属含量不会产生干扰。

本方法检出限为 0.03μg,定量下限为 0.1μg。如取 1g 样品,检出浓度为 0.03μg/g,最低定量浓度为 0.1μg/g。

3. 氢化物发生 - 原子吸收法　样品经(HNO_3-H_2SO_4 湿式消解法、干灰化法或压力消解罐消解法)处理后,其溶液中的砷在酸性条件下被碘化钾 - 抗坏血酸还原为 As^{3+},然后被硼氢化钠与酸作用产生的新生态氢还原为砷化氢,并被载气导入被加热的"T"形石英管原子化器进行原子化。基态砷原子吸收砷空心阴极灯发射特征谱线。在一定浓度范围内,吸光度与样品砷含量成正比。与标准系列比较,进行定量。

本方法检出限为 1.7μg,定量下限为 5.7μg。如取 1g 样品,检出浓度为 0.17μg/g,最低定量浓度为 0.57μg/g。

三、铅

铅是银灰色的金属,存在于天然环境中。铅是一种典型的慢性或蓄积性毒物,可通过呼吸道、消化道和皮肤进入人体,主要由肾脏代谢,经尿液排出。造成体内含铅量过高,可引起铅中毒。铅中毒主要影响人的造血系统、神经系统、内分泌系统和生殖系统,特别是影响胎儿的健康等。

早在公元前 11 世纪的商朝,即有"纣烧铅作粉"涂面美容方法的记载。铅粉涂在肌肤上,使其洁白柔嫩,增加美感。由于铅同样具有与酪氨酸酶结合,可以抑制皮肤内黑素形成的特点,所以铅也具有美白功效,在美白祛斑类化妆品中可能见到铅含量超标现象。氧化铅粉末附着力强,具有良好的上色性,在染发类化妆品中也可能见到铅含量超标现象。铅及其化合物为化妆品组分中禁用物质,作为杂质成分,在化妆品中含量不得超过 40mg/kg(以铅计)。

化妆品中铅的测定方法有原子吸收法、原子荧光光度法、微分电位溶出法、双硫腙萃取分光光度法和固相反射散射分光光度法等。《化妆品卫生规范》中化妆品中铅的测定,采用火焰原子吸收分光光度法、微分电位溶出法和双硫腙萃取分光光度法。

1. 火焰原子吸收分光光度法 样品经消解(湿式消解法、微波消解法或浸提法)处理后,铅主要以离子状态存在于溶液中,当铅溶液雾化并引入原子化器后,金属元素变成原子状态,且处于基态。这些原子会吸收来自铅空心阴极灯发出的共振线而变成激发态,其吸光量与样品中铅含量成正比。在其他条件不变的情况下,根据测量被吸收后的谱线强度,与标准系列比较进行定量。

本方法的检出限为 0.15mg/L,定量下限为 0.5mg/L。若取 1g 样品测定,定容至 10ml,检出浓度为 1.5μg/g,最低定量浓度为 5μg/g。

2. 微分电位溶出法 样品经消解(湿式消解法、微波消解法或浸提法)处理后,使铅以离子状态存在于溶液中。在适当的还原电位下,铅被富集于玻碳汞膜电极。在酸性溶液中,于 −0.46V(相对饱和甘汞电极)处,Pb^{2+} 有一灵敏的溶出峰,其峰高与其含量成正比。在其他条件不变的情况下,测量溶出峰并与标准系列比较,进行定量。

本方法的检出限为 0.056μg,定量下限为 0.19μg。如取 1g 样品,检出浓度为 0.56μg/g,最低定量浓度为 1.9μg/g。

3. 双硫腙萃取分光光度法 样品经消解(湿式消解法、微波消解法或浸提法)处理后,加入柠檬酸铵、盐酸羟胺和氰化钾等,在弱碱性(pH8.0~9.0)条件下,加入双硫腙应用液(0.001% 氯仿溶液),样液中的 Pb^{2+} 与双硫腙作用生成红色螯合物,其吸光度与 Pb^{2+} 在一定范围内成正比。在氯仿提取后,用分光光度法比色测定,与铅标准系列比较,即可得到样品的铅含量。锡大量存在时干扰测定。本方法不适合于含有氧化钛及铋化合物的试样。

本方法的检出限为 0.3μg,定量下限为 1.0μg。如取 1g 样品,则检出浓度为 0.3μg/g,最低定量浓度为 1μg/g。

四、镉

镉是具有银白色光泽的重金属,存在于自然环境中。镉对生物有机体的毒性通常与抑制酶系统的功能有关,是一种生物蓄积性强、毒性持久及具有"三致"作用的剧毒金属。摄入过量的镉对生物体的危害极其严重,会导致肾脏、肝脏、肺部、骨骼和生殖器官的损伤,对免疫系统和心血管系统等具有毒性效应,进而引发多种疾病。

防晒产品和护肤产品中常用的氧化锌原料闪锌矿中常常含有镉;化妆品生产过程中,也易被镉污染。镉及其化合物为化妆品组分中禁用物质。作为杂质成分,《化妆品卫生规范》中未规定限量,德国规定镉在化妆品中含量不得超过 5ppm。

化妆品中镉的测定方法主要有原子吸收法、微波电位溶出法和氢化物发生 - 电感耦合等离子体原子发射光谱法等。《化妆品卫生规范》中化妆品中总镉的测定,采用火焰原子吸收分光光度法和微分电位溶出法。

1. 火焰原子吸收分光光度法 样品经消解(湿式消解法、微波消解法或浸提法)处理后,镉主要以离子状态存在于溶液中,当镉溶液雾化并引入原子化器后,镉离子被原子化,基态原子吸收来自镉空心阴极灯的共振线,其吸收量与样品中镉的含量成正比。在相同条件下,同时测定已知浓度的镉的标准系列,根据标准曲线法确定样品中的镉的含量,根据测量的吸收值与标准系列比较进行定量。

本方法检出限为 0.007mg/L,定量下限为 0.023mg/L。若取 1g 样品,检出浓度为 0.18μg/g,最低定量浓度为 0.59μg/g。

2. 微分电位溶出法 样品经消解(湿式消解法、微波消解法或浸提法)处理后,使镉以离子状态存在于溶液中。于电解池中,选用适当的还原电位,将 Cd^{2+} 富集于玻璃汞膜上。镉在酸性溶液中,于 −0.62V(相对饱和甘汞电极)处,有一灵敏的溶出峰,其峰高与其含量成正比。在其他条件不变的情况下,测量溶出峰,并与标准系列比较,进行定量。

本方法检出限及定量下限分别为 0.025 和 0.082μg。如取 1g 样品测定,检出浓度为 0.25μg/g,最低定量浓度为 0.82μg/g。

第三节 化妆品中防晒剂的检验

日光是地球表面生物赖以生存的基本元素,辐射到地球表面的日光主要由可见光、红外线、紫外线、X 射线及其他电离辐射等组成,其中紫外线约占 3%,可见光占 37%,红外线占 60% 左右。虽然紫外线只占阳光中的一小部分,但却有着不容忽视的生物学作用。适度的日光照射可以促进机体新陈代谢,能杀死和抑制皮肤表面上的细菌生长,促进人体皮肤中的 7- 脱氧胆固醇转化为维生素 D_3,有利于人体对钙和其他物质的吸收,预防小儿佝偻病和成人软骨病。但是,如果长时间地将皮肤暴露于阳光下,带有较大能量的紫外线将对皮肤产生一系列的生理损伤。因此,保护皮肤免受紫外线损伤在现代生活中越来越受到重视,不仅出现了大量专业防晒化妆品,而且许多普通化妆品中也添加了防晒成分。

一、紫外线辐射及其对人类皮肤的损害

紫外线的波长范围为 10~400nm。分为远紫外区(10~200nm)和近紫外区(200~400nm)。远紫外辐射在空气中几乎被完全吸收,只能在真空中传播,所以又称之为真空紫外区。根据不同的生物学效应,通常将近紫外线可分为 3 个波段:长波紫外线(ultraviolet A, UVA),波长 320~400nm;中波紫外线(ultraviolet B, UVB),波长 280~320nm;短波紫外线(ultraviolet C,UVC),波长 200~280nm。

UVA 区段又称晒黑段,透射能力可达真皮层,具有透射力强、作用缓慢持久的特点。UVA 虽然不会引起皮肤急性炎症,但其对人体表皮有很强的穿透力,且这种作用具有不可逆的累积性,长时间就会严重扰乱皮肤的免疫系统,造成体内氧化自由基增多,促使肌肤衰老,肌肉松弛,角质层过厚,表皮粗糙,有皱纹和色斑出现,同时增加 UVB 对皮肤的损伤效应。UVB 区段又称晒红段,该段是导致皮肤晒伤的主要波段。UVB 透射力可达人体表皮层,能引起红斑,轻者可使皮肤红肿,产生疼痛感;重者则会产生水泡、脱皮等。UVC 区段又称杀菌段,透射力只到皮肤的角质层,且绝大部分被大气阻留(主要是臭氧层的吸收),对人体皮

肤的损伤较小。

长期的日光照射可导致皮肤衰老或加速衰老的现象称之为皮肤光老化,是由反复日晒而致的累积性损伤。临床上表现为皮肤粗糙肥厚,皮沟加深,斑驳状色素沉着等症状。

许多皮肤病可造成皮肤对紫外线照射的敏感性增强,从而引发皮肤光毒反应或光变态反应,并导致一系列相关的疾病。此外,UVA 和 UVB 射线照射过量,可能会引起细胞 DNA 的损伤,是导致皮肤癌产生的致病因素之一。

二、防晒剂及其分类

在防晒化妆品中,主要起防晒作用的是产品配方中所含的防晒功效成分,即防晒剂。防晒剂是指添加于具有防晒作用的化妆品中,能够散射、反射和吸收紫外线而起到防止或减弱对皮肤伤害作用的成分。

按照防晒剂的来源的不同,可分成化学防晒剂及天然防晒剂。

(一) 化学防晒剂

化学防晒剂主要由合成的防晒剂所组成,国际上已经研究开发的化学防晒剂有 60 余种,但出于安全性考虑,各国对紫外线吸收剂的使用有严格限制。如美国食品药物管理局 1993 年批准使用的防晒剂有 16 种(14 种有机防晒剂、2 种无机防晒剂),欧盟现行的化妆品规程中允许使用的防晒剂清单有 26 种,日本 2001 年修改化妆品管理体制后允许使用的防晒剂有 27 种,《化妆品卫生规范》中允许使用的防晒剂清单有 28 种(26 种紫外线吸收剂、2 种紫外线屏蔽剂),如对氨基苯甲酸、二苯酮 -3、p- 甲氧基肉桂酸异戊酯、4- 甲基苄亚基樟脑、对氨基苯甲酸乙基己酯、丁基甲氧基二苯酰基甲烷、亚甲基双 - 苯并三唑基四甲基丁基酚和双 - 乙基己氧苯酚甲氧苯基三嗪等。化学防晒剂按照其作用机制又分成紫外线吸收剂及紫外线屏蔽剂。

1. 紫外线吸收剂　紫外线吸收剂是指对紫外线有吸收作用的物质,这一类物质的分子结构一般具有羰基共轭或芳香杂环化合物,又称为有机吸收剂,能吸收紫外线的光能,并将其转换为热能。这些物质的分子结构不同,对不同波段紫外线有选择性吸收,可以依据防晒剂的要求来选择不同结构的紫外线吸收剂。

2. 紫外线屏蔽剂　紫外线屏蔽剂不吸收紫外线,但能反射、散射紫外线,用于皮肤上可起到物理屏蔽作用,如二氧化钛、氧化锌、高岭土、碳酸钙和滑石粉等白色粉质类物质,又称为无机防晒剂。这类防晒剂虽然容易在皮肤表面沉积成厚的白色层,使用起来较为黏腻,透明感较差,影响皮脂腺和汗腺的分泌,但安全性高、稳定性好,不易发生光毒反应或光变态反应。其中,二氧化钛和氧化锌已经被中国、美国、欧盟、澳大利亚和日本列为批准使用的防晒剂清单之中。

(二) 天然防晒剂

天然防晒剂也称生物防晒剂,是指利用天然植物及其从中提取出的有效成分作为紫外线吸收剂的一类防晒产品,或一些生物活性物质能够清除或减少紫外线辐射造成的活性氧自由基,从而阻止或减少皮肤组织损伤,促进日晒后修复的一种间接防晒产品。

有些植物提取物,如黄芩、绿茶、沙棘、姜黄、月见草和芦荟等提取物中的活性成分,具有良好的吸收或反射、散射紫外线的功能,因此,其提取液也具有防晒性。还有些物质本身不具有紫外线吸收能力,但它们可在抵御紫外辐射中起到重要作用,如维生素类及其衍生物,包括维生素 C、维生素 E、烟酰胺、β- 胡萝卜素等;抗氧化酶类,如超氧化物歧化酶(SOD)、辅酶 Q、谷胱甘肽和金属硫蛋白（MT）等。上述物质通过清除或减少氧活性基团中间产物，从而阻断或减缓组织损伤或促进晒后修复，这是一种间接防晒作用。

无机防晒剂多不易附着，使用后外观不佳；有机防晒剂制成的产品透明感好，但不稳定，易发生光变性和过敏反应；而天然防晒剂多对皮肤刺激小，光化学稳定，安全可靠，正逐步替代化学防晒剂中的原有成分，但提取工艺复杂，成本较高。上述种种防晒剂在实际使用中各有利弊，为了提高产品整体的防晒效果，且兼顾安全和使用方便等特点，需将上述各种防晒剂复配应用。

三、防晒剂的检验

防晒化妆品如果过量使用或使用禁用的紫外线吸收剂，就会对皮肤产生刺激，引起皮肤过敏。因此，防晒剂的种类和限量应严格按照《化妆品卫生规范》中的规定使用。化妆品组分中限用防晒剂，按国际化妆品原料名称（International Nomenclature Cosmetic Ingredient, INCI）英文字母顺序排列，如表 6-4 所示。

表 6-4　化妆品组分中限用防晒剂

序号	中文名称	INCI 名称	化妆品中最大允许使用浓度 /%
1	3- 苯亚甲基樟脑	3-Benzylidene camphor	2
2	4- 甲基苯亚甲基樟脑	4-Methylbenzalidene camphor	4
3	二苯酮 -3	Benzophenone-3	10
4	二苯酮 -4 二苯酮 -5	Benzophenone-4 Benzophenone-5	5（以酸计）
5	苯亚甲基樟脑磺酸	Benzalidene camphor sulfonic acid	6（以酸计）
6	双 - 二乙基己氧苯酚甲氧苯基三嗪	Bis-ethylhexyloxyphenol methoxyphenyl triazine	10
7	丁基甲氧基二苯酰甲烷	Butyl methoxydibenzoylmethane	5
8	樟脑苯扎基甲基硫酸盐	Camphor benzalkonium methosulfate	6
9	二乙氨基羟苯甲酰基苯甲酸己酯	Diethylamino hydoxybenzoyl hexyl benzoate	10
10	二乙基己基丁酰胺基三嗪酮	Diethylhexyl butamido triazone	10
11	2,2′- 双 -（1,4- 亚苯基）1H- 苯并咪唑 -4,6- 二磺酸单钠盐	(2,2′-[1,4-Phenylene]bis）-1H-benzimidazole-4,6-disulfonic acid, monosodium salt	10（以酸计）
12	甲酚曲唑三硅氧烷	Drometrizole trisiloxone	15
13	二甲基氨基苯甲酸辛酯	Ethylhexyl dimethyl PABA	8
14	甲氧基肉桂酸辛酯	Ethylhexyl methoxycinnamate	10
15	水杨酸辛酯	Ethylhexyl salicylate	5
16	乙基己基三嗪酮	Ethylhexyl triazone	5
17	胡莫柳脂	Homosalate	10
18	对甲氧基肉桂酸异戊酯	Isoamyl p-methoxycinnamate	10
19	亚甲基双苯并三唑基四甲基丁基苯酚	Methylene bis-benzotriazolyl tetramethylbutylphenol	10

续表

序号	中文名称	INCI 名称	化妆品中最大允许使用浓度 /%
20	奥克立林	Octocrylene	10（以酸计）
21	对氨基苯甲酸	PABA	5
22	聚乙二醇 -25 对氨基苯甲酸	PGE-25 PABA	10
23	苯基苯并咪唑磺酸及其钾、钠和三乙醇胺盐	Phenylbenzimidazole sulfonic acid and its potassium, sodium, and triethanolamine salts	8（以酸计）
24	聚丙烯酰胺甲基苄基樟脑	Polyacrylamidomethyl benzylidene camphor	6
25	聚硅酮 -15	Polysilicone-15	10
26	对苯二亚甲基二樟脑磺酸	Terephthalylidene dicamphor sulfonic acid	10（以酸计）
27	二氧化钛	Titantum dioxide	25
28	氧化锌	Zinc oxide	25

　　防晒剂的检验根据待测物性质的不同，一般采用原子吸收法、紫外可见分光光度法、高效液相色谱法和气相色谱 - 质谱联用等方法，其中高效液相色谱法应用最为广泛。

　　（一）防晒剂定性定量检验

　　1. 紫外线吸收剂检测　按其化学结构紫外线吸收剂可分为以下几种。

　　（1）对氨基苯甲酸（para-aminobenzoic acid）及其酯类：简称 PABA 类，为 UVB 区吸收剂。PABA 是最早使用的紫外线吸收剂，对皮肤刺激性较大，其酯类吸收性能较好。经改进的 PABA 同系物对二甲基氨基苯甲酸酯类，作为防晒剂用于防止紫外线红斑和皮炎的防晒化妆品中。近年来，这类紫外线吸收剂已较少使用，甚至有些防晒产品还声明不含"PABA"。

　　（2）邻氨基苯甲酸酯类：为 UVA 区吸收剂，有防晒黑作用，价格低廉，但吸收效率低，存在与 PABA 类似的对皮肤有刺激性之不足。

　　（3）二苯酮及其衍生物：为 UVA 区和 UVB 区的辐射都能吸收，但吸收率稍差。此类产品对光和热较稳定，抗氧化稍差，需与抗氧化剂同时使用，但渗透性强。其中，以羟苯甲酮最为常用，考虑到光毒性问题，一般含有羟苯甲酮的产品需要在外包装上标注警示用语。由于吸收紫外线光谱宽，这类防晒剂在国内外均较为常用。

　　（4）水杨酸酯类：为 UVB 区吸收剂，吸收率较低，但价格低廉。该剂能提高二苯酮类防晒剂的溶解度，故可复配使用。

　　（5）甲氧基肉桂酸酯类：为 UVB 区吸收剂，吸收性能良好，各国广泛使用。

　　（6）甲烷衍生物：为一类高效 UVA 区吸收剂。

　　（7）樟脑系列：为 UVB 区吸收剂。其中，3-（4- 甲基苯亚甲基）樟脑在欧美常用于助晒黑产品。此类防晒剂稳定性较好，刺激性小，无光致敏和致突变性，但皮肤吸收能力弱，多以复配形式加入到防晒化妆品中。

　　化妆品中紫外吸收剂的检测方法主要有高效液相色谱法、气相色谱法和气相色谱 - 质谱法等。《化妆品卫生规范》中采用高效液相色谱法，其流动相主要为甲醇 - 四氢呋喃 - 水 - 高氯酸、磷酸氢二钠 - 甲醇、乙腈 - 甲醇 - 水或甲醇 - 水等体系，检测器多使用紫外检测器或二极管阵列检测器。本方法适用于防晒化妆品中苯基苯并咪唑磺酸、二苯酮 -4 和二苯酮 -5、对氨基苯甲酸、二苯酮 -3、p- 甲氧基肉桂酸异戊酯、4- 甲基苄亚基樟脑、对氨基苯甲酸乙基己酯、丁基甲氧基二苯酰基甲烷、奥克立林、甲氧基肉桂酸乙基己酯、水杨酸乙基己酯、胡莫柳酯、乙基己基三嗪酮、亚甲基双 - 苯并三唑基四甲基丁基酚和双 - 乙基己氧苯酚甲氧苯基三嗪等 15 种防晒剂的检测。

本方法根据不同紫外吸收剂在液相色谱的分配系数不同,而被流动相依次洗脱,并能被紫外检测器或二极管阵列检测器检出的原理测定防晒化妆品中紫外吸收剂的含量。该方法的检出限、检出浓度、定量下限和最低定量浓度见表 6-5。

表 6-5 高效液相色谱法的检出限、检出浓度、定量下限和最低定量浓度

序号	防晒剂名称	检出限 /ng	检出浓度 /%	定量下限 /ng	最低定量浓度 /%
1	苯基苯并咪唑磺酸	2	0.02	7	0.07
2	二苯酮 -4 和二苯酮 -5	3	0.03	10	0.10
3	对氨基苯甲酸	2	0.02	7	0.07
4	二苯酮 -3	3	0.03	10	0.10
5	p- 甲氧基肉桂酸异戊酯	3	0.03	10	0.10
6	4- 甲基苄亚基樟脑	2.5	0.025	8	0.08
7	对氨基苯甲酸乙基己酯	3	0.03	10	0.10
8	丁基甲氧基二苯酰基甲烷	12	0.12	40	0.40
9	奥克立林	5	0.05	17	0.17
10	甲氧基肉桂酸乙基己酯	3	0.03	10	0.10
11	水杨酸乙基己酯	20	0.20	67	0.67
12	胡莫柳酯	20	0.20	67	0.67
13	乙基己基三嗪酮	2	0.02	7	0.07
14	亚甲基双 - 苯并三唑基四甲基丁基酚	5	0.05	17	0.17
15	双 - 乙基己氧苯酚甲氧苯基三嗪	5	0.05	17	0.17

需要特别注意的是,对于不同基质的化妆品,可进行不同的预处理。为了去除杂质,必要时进行离心,预处理主要有甲醇、四氢呋喃或超声抽提法等。

2. 紫外线屏蔽剂检测

(1) 二氧化钛的检测:二氧化钛俗称钛白粉,是由钛铁矿用硫酸分解制成硫酸钛,再进一步处理制得,为无臭、无味和白色无定形微细粉末,不溶于水及稀酸,溶于热的浓硫酸和碱,化学性质稳定。二氧化钛的遮盖力是白色颜料中最强的,当粒径为 0.2μm 时,其对光的散射力很强,看上去非常洁白,主要用于香粉等粉类化妆品中。近年来,已制得了具有极细粒度(纳米级)的二氧化钛,其分散性和耐光性都非常好,尤其防紫外线能力非常强,所以多用于防晒化妆品中。

二氧化钛在化妆品中作为防晒剂的最大使用浓度为 25%。如果作为着色剂使用,则可

用于各种化妆品中,且无其他限制和要求。

化妆品中二氧化钛的测定可用分光光度法和电感耦合等离子体原子发射光谱法等。《关于印发化妆品中二氧化钛等7种禁用物质或限用物质检测方法的通知》(国食药监许[2010]456号)附件1中《化妆品中二氧化钛的检测方法》中规定化妆品中二氧化钛的检验方法采用紫外可见分光光度法。该方法适用于以膏霜、乳和液等化妆品中总钛(以二氧化钛计)含量的测定,不适用于配方中同时含有除二氧化钛外其他钛及钛化合物的化妆品测定。

样品经干法灰化消解后,使钛以离子状态存在于样品溶液中,加入抗坏血酸溶液掩蔽干扰,在酸性环境下样品溶液中的钛与二安替比林甲烷溶液生成黄色,用分光光度法在388nm处检测,以标准曲线法计算含量。含量是钛10 000倍的钾、钠、铷、钙、镁、锶和磷,1000倍锰、铅、锌、铝、锆、砷和铁,50倍铌和锡,20倍铬,10倍铋和钼,对钛测定不产生干扰。本方法对二氧化钛的检出限为0.068μg/ml,定量下限为0.2μg/ml;若取0.1g样品测定,二氧化钛的检出浓度为0.0068%,最低定量浓度为0.02%。

(2)氧化锌的检测:氧化锌俗称锌白,是由铁锌矿经酸处理,再经精制而制得,为白色、无嗅和无味的非晶形粉末,难溶于水,可溶于酸和强碱。其特点是着色力强,并有收敛和杀菌作用,也有较强的遮盖力,紫外吸收率和透明度均比二氧化钛微粒要好。主要用于香粉和痱子粉等粉质化妆品及防晒化妆品中。

化妆品中氧化锌的检测可用火焰原子吸收法和化学滴定法等。《关于印发化妆品中二氧化钛等7种禁用物质或限用物质检测方法的通知》(国食药监许[2010]456号)附件2中《化妆品中氧化锌的检测方法》中规定化妆品中氧化锌的检验方法采用火焰原子吸收法测定化妆品中总锌,本方法适用于膏霜、乳和液等化妆品中总锌含量(以氧化锌计)的测定,不适于配方中同时含有除氧化锌外其他锌及锌化合物的化妆品测定。

样品经干法灰化消解后,使锌以离子状态存在于样品溶液中,样品溶液中的锌离子被原子化后,基态锌原子吸收来自锌空心阴极灯的共振线,其吸收量与样品中锌的含量成正比。根据测量的吸收值,以标准曲线法计算含量。本方法对氧化锌的检出限为0.012μg/ml,定量下限为0.04μg/ml;若取0.1g样品测定,氧化锌的检出浓度为0.001 2%,最低定量浓度为0.004%。

(二)防晒剂抗UVA性能检验

防晒化妆品的主要功效体现在对UVB和UVA的防护效果上,评价防晒化妆品的防晒效果有许多客观指标。UVB防晒指数(sun protection factor,SPF)是表示化妆品防护UVB的参数;UVA防晒指数(protection factor of UVA, PFA)也经常代表对UVA的防护效果指标。SPF值反映化妆品对UVB晒伤的防护效果,PFA等级反映对UVA晒黑的防护效果。SPF值和PFA等级越高,化妆品防晒效果越强。《化妆品卫生规范》在第五部分《人体安全性和功效评价检验方法》中对SPF值和PFA等级以人体法测定进行了详细的说明。从卫生化学角度出发,则以仪器法或关键波长法测定的广谱防晒表示法或广谱防晒等级0~4表示法、UVA防护星级评价系统等表明PFA等级。下面简要介绍化妆品抗UVA能力的仪器测定方法。

1. 原理　将防晒化妆品涂于透气胶带或特殊底物(如具有毛面之聚甲基丙烯酸甲酯板)上,利用紫外分光光度计测定样品在UVA区的吸光度值或紫外吸收曲线,以此判断防晒化妆品防护UVA的性能。对测定结果的表达和标识主要有星级表示法、透射率表示法、吸光度 A 值法和关键波长法。《化妆品卫生规范》中规定化妆品抗 UVA 能力的仪器测定方法为关键波长法。关键波长法由 Diffey 于 1994 年建立,是一种常用的仪器测定法。防晒剂的防护性能可用其紫外吸收曲线来描述,吸收曲线有 2 个重要的参数:曲线的高度和曲线的宽度。吸收曲线的高度表示该防晒剂吸收某一波长紫外线的效能,在一定程度上防晒产品的 SPF 值可以反映这种性能;曲线的宽度表示防晒剂在多大的波长范围内有吸收紫外线的作用,即是否具有光谱吸收作用。大多数防晒剂的吸收曲线都有一个共同的特点:即在较短波长(如 290nm)时,其吸收值较高,随着波长的增加其吸收值逐渐降低。基于上述观点,Diffey 提出了关键波长(critical wavelength,λ_C)这一概念,即从 290nm 到某一波长值 λ_C 的吸收光谱曲线下面积是整个吸收光谱(290~400nm)面积的 90% 时,这一波长值即为关键波长。用公式表示如下:

$$90\%=\int_{290}^{\lambda_c} A(\lambda)\,d\lambda \Big/ \int_{290}^{400} A(\lambda)\,d\lambda \tag{6-1}$$

式中,$A(\lambda)$ 为防晒剂在波长为 λnm 时的吸光度值;$d\lambda$ 为波长的间隔大小。

根据关键波长的大小,可将防晒化妆品的光谱防护性能分为 5 个等级:

关键波长值	光谱分级
$\lambda_C \leqslant 325$nm	0
325nm $\leqslant \lambda_C <$ 335nm	1
335nm $\leqslant \lambda_C <$ 350nm	2
350nm $\leqslant \lambda_C <$ 370nm	3
370nm $\leqslant \lambda_C$	4

关键波长法在欧美国家应用很多。《化妆品卫生规范》中对此法进行了改进,不采用原来方法的光谱分级系统而是仅把波长 370nm 作为判断化妆品是否为宽谱防晒的临界波长,即如果所测定的 $\lambda_C \geqslant$ 370nm,可判断所测定样品具有 UVA 防护作用,和 SPF 值一起标识可宣传宽谱防晒;如果所测定的 λ_C 小于 370nm,则判定该样品无 UVA 防护作用。

2. 仪器、材料及标样　①紫外线透射测定仪;②基质材料为透气胶带或单面磨毛之聚甲基丙烯酸甲酯(PMMA)板 5cm×5cm;③质控样品:SPF15 标样:λ_C=366nm,此标样 λ_C 测定值应在 365~367nm 之间。

3. 检验步骤　①样品制备:用专用注射器采取加压法或抽入法吸取样品,均匀点加或条加在透气胶带或 PMMA 板毛表面上,然后用戴有乳胶医用指套的手指涂抹样品,使之成为均匀表面。每块板上实际加样量应在 1.8~2.2mg/cm² 之间。PMMA 板上结果仅作阴性判断用,得到阳性结果时需用透气胶带结果确认;②样品测定:按仪器使用说明,用负载条加透气胶带或 PMMA 板的石英板作仪器校准和测定时空白校准,随后将按①步骤涂膜的样品,在室温(20~30℃),40%~60% 相对湿度下,放置 20 分钟后在紫外线透射测定仪上测定,每样片测定点不得少于 4 点。

4. 注释　①按照仪器使用说明书,校准和测量光源强度、波长准度及负载样膜玻璃板的紫外吸收等;②样品中不得含有气泡(可用两块显微镜盖玻片挤压样品后进行观察)。加样后,必须反复来回涂布样品以保证涂布均匀性,同一玻片上至少应有 4 个测试点,不同测试点之间 λ_C 的相对标准偏差不得大于 1%。每个样品必须涂布 2 片以上玻片进行测定,

2 片之间 λ_c 差不得大于 2nm。

（李发胜）

第四节 化妆品中防腐剂的检验

防腐剂（preservative）是加入化妆品中以抑制微生物在其中生长为目的的物质。防腐剂在化妆品中应用广泛，但是过量加入防腐剂会增加化妆品对人体皮肤的刺激性和毒性，这也是导致化妆品不安全的重要因素之一。因此，应对化妆品中防腐剂的使用限量进行严格监管，以确保化妆品安全。本节重点介绍常用化妆品中防腐剂的种类及检测方法。

一、化妆品中使用防腐剂的种类

（一）全球化妆品中使用防腐剂概况

据不完全统计，目前世界各国使用的化妆品防腐剂至少超过 200 种，其中主要国家和地区，如中国、美国、加拿大、日本和欧盟等化妆品中限量使用的防腐剂种类共有 108 种。这些防腐剂主要是有机物，如有机酸类及其盐类和酯类，醛类及释放甲醛的化合物，胺类、酰胺类、吡啶类和苯扎铵盐类，酚类及其衍生物，醇类及其衍生物，咪唑类衍生物，以及酮类等有机化合物。而无机化合物很少，仅有硼酸、碘酸钠、无机亚硫酸盐类和亚硫酸氢盐类、沉积在二氧化钛上的氯化银等几种无机化合物。

（二）中国化妆品中使用的防腐剂

为了保证化妆品产品的稳定性和安全性，保护消费者的身体健康，中国制订了《化妆品卫生标准》（GB 7916-1987）（简称《化妆品卫生标准》）和《化妆品卫生规范》。《化妆品卫生标准》列出了 66 种在化妆品中限量使用的防腐剂，《化妆品卫生规范》列出了 56 种在化妆品中限量使用的防腐剂，但化妆品产品中其他具有抗微生物作用的物质，如许多精油（essential oil）和某些醇类，不包括在上述之列。《化妆品卫生标准》和《化妆品卫生规范》共包括了 80 种不同的防腐剂，两者列出的防腐剂中有 42 种相同。此外，《化妆品卫生标准》还独有 24 种防腐剂，《化妆品卫生规范》还独有 14 种防腐剂。

《化妆品卫生标准》和《化妆品卫生规范》列出了这些限量使用的防腐剂的中文名称、英文名称、国际非专利药物名称（International Nonproprietary Names for Pharmaceutical Substances, INN）和国际化妆品原料名称（International Nomenclature Cosmetic Ingredient, INCI），并对这些防腐剂在化妆品中的最大允许使用浓度（Maximum Permissible Concentration, MPC），限用范围和必要条件或限制条件，以及在标签上的必要说明，如必须标印的使用条件和注意事项等，作了相应的规定。

1.《化妆品卫生规范》和《化妆品卫生标准》共有的 42 种允许限量使用的防腐剂 下面列出这些防腐剂的名称，左栏为《化妆品卫生规范》的中文名称、INN 名称和 INCI 名称，右栏为《化妆品卫生标准》的中文名称，若二者相同则仅列出前者，见表 6-6。

2.《化妆品卫生标准》独有的 24 种允许限量使用的防腐剂 下面列出这些防腐剂的中文和英文名称，见表 6-7。

表 6-6 《化妆品卫生规范》和《化妆品卫生标准》共有的允许限量使用的防腐剂

序号	《化妆品卫生规范》			《化妆品卫生标准》
	中文名称	英文名称	INCI	中文名称
1	2- 溴 -2- 硝基丙烷 -1,3 二醇	Bronopol（INN）	2-Bromo-2-nitropropane-1,3-diol	溴硝丙醇（2- 溴 -2- 硝基 -1,3- 丙二醇）
2	4- 羟基苯甲酸及其盐类和酯类	4-Hydroxybenzoic acid and its salts and esters	4-Hydroxybenzoic acid and its salts and esters	同《化妆品卫生规范》
3	5- 溴 -5- 硝基 -1,3- 二噁烷	5-Bromo-5-nitro-1,3-dioxane	5-Bromo-5-nitro-1,3-dioxane	同《化妆品卫生规范》
4	DMDM 乙内酰脲	1,3-Bis（hydroxymethyl）-5,5-dimethylimidazolidine -2,4-dione	DMDM hydantoin	1,3- 双（羟甲基）-5,5- 二甲基咪唑啉 -2,4- 二酮
5	o- 苯基苯酚	Biphenyl-2-ol and its salts	o-Phenylphenol	邻 - 苯基苯酚及其盐类
6	o- 伞花烃 -5- 醇	4-Isopropyl-m-cresol	o-Cymen-5-ol	4- 异丙基 -m- 甲苯酚
7	苯汞的盐类，包括硼酸苯汞	Phenylmercuric salts（including borate）	Salts of phenylmercury, including borate	苯基汞化卤（包括硼酸盐）
8	苯甲醇	Benzyl alcohol	Benzyl alcohol	苄醇
9	苯甲酸及其盐类和酯类	Benzoic acid, its salts and esters（INN）	Benzoic acid, its salts and esters	同《化妆品卫生规范》
10	苯氧乙醇	2-Phenoxyethanol	Phenoxyethanol	2- 苯氧基乙醇
11	苯氧异丙醇	1-Phenoxypropan-2-ol	Phenoxyisopropanol	1- 苯氧丙烷 -2- 醇
12	吡硫翁锌	Pyrithione zinc（INN）	Zinc pyrithione	吡啶硫酮锌
13	吡罗克酮乙醇胺盐	1-Hydroxy-4-methyl-6（2,4,4-trimethylpentyl）2-pyridon and it's monoethanolamine salt	Piroctoneolamine	1- 羟基 -4- 甲基 -6-（2,4,4- 三甲基戊基）-2- 吡啶酮及其单乙醇胺
14	苄氯酚	2-Benzyl-4-chlorophenol	Chlorophene	苄氯酚（2- 苄基 -4- 氯苯酚）
15	苄索氯铵	Benzethonium chloride	Benzethonium chloride	同《化妆品卫生规范》
16	丙酸及其盐类	Propionic acid and its salts	Propionic acid and its salts	同《化妆品卫生规范》
17	碘酸钠	Sodium iodate	Sodium iodate	同《化妆品卫生规范》
18	二甲基噁唑烷	4,4-Dimethyl-1,3-oxazolidine	Dimethyl oxazolidine	4,4'- 二甲基 -1,3- 噁唑烷
19	二氯苯甲醇	2,4-Dichlorobenzyl alcohol	Dichlorobenzyl alcohol	2,4- 二氯苄醇
20	二溴己脒及其盐类，包括二溴己脒羟乙磺酸盐	3,3'-Dibromo-4,4'-hexam-ethylenedioxydibenzamidine and its salts（including isethionate）	Dibromohexamidine and its salts, including dibromohexamidineisethionate	3,3'- 二溴 -4,4'- 六亚甲基 - 二氧代二苄脒（二溴六脒）和其盐类（包括羟基乙磺酸盐）

续表

| 序号 | 《化妆品卫生规范》 | | | 《化妆品卫生标准》 |
	中文名称	英文名称	INCI	中文名称
21	海克替啶	Hexetidine（INN）	Hexetidine	同《化妆品卫生规范》
22	己脒定及其盐，包括己脒定二个羟乙基磺酸盐和己脒定对羟基苯甲酸盐	1,6-Di（4-amidinophenoxy）-n-hexane and its salts（including isethionate and p-hydroxy benzoate）	Hexamidine and its salts, including hexamidinediisethionate and hexamidine paraben	同《化妆品卫生规范》
23	甲基二溴戊二腈	1,2-Dibromo-2,4-dicyanobutane	Methyldibromog-lutaron-itrile	1,2-二溴-2,4-二氰丁烷
24	甲基氯异噻唑啉酮和甲基异噻唑啉酮与氯化镁及硝酸镁的混合物	Mixture of 5-chloro-2-methylisothiazol-3（2H）-one and 2-methylisothiazol-3（2H）-one with magnesium chloride and magnesium nitrate	Mixture of methylchloroisothiazolinone and methylisothiazolinone with magnesium chloride and magnesium nitrate	5-氯-2-甲基-异噻唑-3（2H）-酮和2-甲基噻唑-3（2H）-酮与氯化镁及其硝酸镁的混合物
25	甲酸及其钠盐	Formic acid and its sodium salt	Formic acid and its sodium salt	同《化妆品卫生规范》
26	硫柳汞	Thimerosal（INN）	Thimerosal	同《化妆品卫生规范》
27	氯二甲酚	4-Chloro-3,5-xylenol	Chloroxylenol	4-氯-3,5-二甲苯酚
28	氯己定及其二葡萄糖酸盐，二醋酸盐和二盐酸盐	Chlorhexidine（INN）and its digluconate, diacetate and dihydrochloride	Chlorhexidine and its digluconate, diacetate and dihydrochloride	醋酸氯己定、葡萄糖酸洗必泰、醋酸洗必泰和盐酸醋酸氯己定
29	氯咪巴唑	1-（4-chlorophenoxy）-1-（imidazol-1-yl）-3,3-dimethylbutan-2-one	Climbazole	1-(4-氯苯氧基)-1-(咪唑-1-基)3,3-二甲丁烷-2-酮
30	氯乙酰胺	2-Chloroacetamide	Chloroacetamide	2-氯乙酰胺
31	咪唑烷基脲	3,3'-Bis（1-hydroxymethyl-2,5-dioxoimidazolidin-4-yl）-1,1'-methylenediurea	Imidazolidinyl urea	3,3'-双（1-羟甲基-2,5-二氧代咪唑-4-基）1,1'-亚甲基双脲
32	三氯卡班	Triclocarban（INN）	Triclocarban	同《化妆品卫生规范》
33	三氯生	Triclosan（INN）	Triclosan	同《化妆品卫生规范》
34	三氯叔丁醇	Chlorobutanol(INN)	Chlorobutanol	氯丁醇
35	山梨酸及其盐类	Sorbic acid (hexa-2,4-Dienoic acid)and its salts	Sorbic acid and its salts	山梨酸及其盐类
36	十一烯酸及其盐类	Undec-10-enoic acid and salts	Undecylenic acid and salts	-10-十一烯酸:盐类,酯类,酰胺,单和双（2-羟乙基）酰胺和它们的磺基丁二酸盐类

续表

序号	《化妆品卫生规范》			《化妆品卫生标准》
	中文名称	英文名称	INCI	中文名称
37	水杨酸及其盐类	Salicylic acid and its salts	Salicylic acid and its salts	同《化妆品卫生规范》
38	脱氢醋酸及其盐类	3-Acetyl-6-Methylpyran-2,4(3H)-dione and its salts	Dehydroacetic acid	3-2 酰基 -6- 甲基 -2H- 吡喃 -2,4（3H）- 二酮（脱氢乙酸）及其盐类
39	烷基（C12-C22）三甲基铵溴化物或氯化物	Alkyl（C12-C22）trimethylammonium, bromide and chloride	Alkyl（C12-C22）Trimoniumbromide and chloride	溴化烷基（C12~C22）三甲基铵氯化物（包括西曲溴铵）
40	乌洛托品	Hexamethylenetetramine（INN）	Methenamine	同《化妆品卫生规范》
41	无机亚硫酸盐类和亚硫酸氢盐类	Inorganic sulphites and Hydrogensulphites	Inorganic sulfites and Hydrogensulfites	同《化妆品卫生规范》
42	溴氯芬	6,6-Dibromo-4,4-dichloro-2,2'-methylene-diphenol	Bromochlorophen	6,6- 二溴 -4,4- 二氯 -2,2'- 亚甲基 - 二苯酚溴氯双酚）

表 6-7 《化妆品卫生标准》独有的允许限量使用的防腐剂

序号	中文名称	英文名称
1	1- 羟甲基 -5,5- 二甲基 - 乙内酰脲	1-hydroxymethyl-5,5-dimethyl-hydantoin
2	1- 十二烷基胍乙酸盐	1-dodecylguanidinium acetate
3	1- 氧代 -2- 羟基 - 吡啶	pyridin-2-ol 1-oxide
4	2,2'- 二硫代双（1- 氧代吡啶）与三水合硫酸加成物	2,2'-dithiobis（pyridine 1-oxide）, addition product with magnesium sulphatetrihydrate
5	2,4- 二氯 -3,5- 二甲苯酚	2,4-dichloro-3,5-xylenol
6	2,6- 二乙酰基 -1,2,3,9b- 四氢 -7,9- 二羟 -8,9b- 二甲基二苯并呋喃 -1,3- 二酮（地衣酸）和其他盐类（包括铜盐）	2,6-Diacetyl-1,2,3,9b-tetrahytydro-7,9-dihydroxy-8,9b-dime-thyldibenzolfuran -1,3-dione（usnic acid）and its salts（including the copper salt）
7	2- 氯 -N-（羟甲基）乙酰胺	2-chloro-N-（hydroxymethyl）acetamide
8	3,4- 二氯苄醇	3,4-dichlorobenzyl alcohol
9	4- 氯 -2- 甲苯酚	4-chloro-2-cresol
10	4- 羟基苯甲酸苄酯	4-hydroxybenzonic acid benzyl ester
11	6- 乙酰氧基 -2,4- 二甲基 -m- 二噁烷（二甲克生）	6-acetoxy-2,4-dimethyl-m-dioxane（dimethoxane）
12	8- 羟基喹啉及其盐类	quinolin-8-ol and its salts
13	N-（三氯甲基硫代）环己 -4- 烯 -1,2- 二羧基酰亚胺	N-（trichloromethyl-thio）cyclohex-4-ene-1,2-dicarboximide

序号	中文名称	英文名称
14	吡啶硫酮铝樟磺酸盐	Pyrithionealuminiumcamsilate
15	吡啶硫酮钠	Pyrithione sodium（INN）（pyridine-2-thione 1-oxide sodium derivative）
16	碘化 3- 庚基 -2-（3- 庚基 -4- 甲基 -4- 噻唑啉 -2- 亚基甲基）-4- 甲基咪唑啉鎓	3-heptyl-2-（3-heptyl-4-methyl-4-thiozolin-2-ylidene-methyl）-4-methyl-thiazolinium iodide
17	二溴丙脒及其盐类（包括羟乙磺酸盐）	Dibromopropamidine（INN）（4,4'-（trimethylenedioxy）bis（3-bromobenzamide））and its salts（including isethionate）
18	六氯酚	Hexachlorphen（INN）（2,2'-methylene bis-（3,4,6-tri-chloro-phenol））
19	卤卡班(4,4'- 二氯 -3-(三氯甲基))均二苯脲	Halocarban（INN）（4,4'-dochloro-3-（trifluoromethyl）carbanilide）
20	硼 酸	Boric acid
21	山梨酸酯类	Esters of sorbic acid（hexa-2,4-dienoic acid）
22	双氯酚	Dichlorophen（INN）;（2,2'methylenebid（4-chlorophenol））
23	四溴 - 邻 - 甲苯酚	Tetrabromo-o-cresol
24	盐酸聚六亚甲基双胍	Polyhexamethylenebiguanide hydrochloride

3.《化妆品卫生规范》独有的 14 种允许限量使用的防腐剂　下面列出这些防腐剂的中文和英文名称,见表 6-8。

表 6-8　《化妆品卫生规范》独有的允许限量使用的防腐剂

序号	中文名称	英文名称	INCI
1	7- 乙基二环噁唑啉	5-Ethyl-3,7-dioxa-1-azabicyclo[3.3.0] octane	7-Ethylbicyclooxazolidine
2	p- 氯 -m- 甲酚	4-Chloro-m-cresol	p-Chloro-m-cresol
3	苯扎氯铵 , 苯扎溴铵 , 苯扎糖精铵	Benzalkonium chloride, bromide and saccharinate	Benzalkoniumchloride,bromide and saccharinate
4	沉积在二氧化钛上的氯化银	Silver chloride deposited ontitanium dioxide	Silver chloride deposited ontitanium dioxide
5	碘丙炔醇丁基氨甲酸酯	3-Iodo-2-propynylbutylcarbamate	Iodopropynylbutylcarbamate
6	甲基异噻唑啉酮	2-Methylisothiazol-3（2H）-one	Methylisothiazolinone
7	甲醛苄醇半缩醛	Benzylhemiformal	Benzylhemiformal
8	甲醛和多聚甲醛	Formaldehyde and paraformaldehyde	Formaldehyde and paraformaldehyde
9	聚季铵盐 -15	Methenamine3-chloroallylochloride（INNM）	Quaternium-15

序号	中文名称	英文名称	INCI
10	氯苯甘醚	3-（p-chlorophenoxy）-propane -1,2-diol	Chlorphenesin
11	羟甲基甘氨酸钠	Sodium hydroxymethylaminoacetate	Sodium hydroxymethylglycinate
12	双（羟甲基）咪唑烷基脲	N-（Hydroxymethyl）-N-（dihydroxy methyl-1,3-dioxo-2,5-imidazolinidyl-4）-N'-（hydroxymethyl）urea	Diazolidinyl urea
13	戊二醛	Glutaraldehyde（Pentane-1,5-dial）	Glutaral
14	盐酸聚氨丙基双胍	Poly（1-hexamethylenebiguanide）hydrochloride	Polyaminopropylbiguanidehydrochloride

注意：①上述表中"盐类"系指某防腐剂与阳离子钠、钾、钙、镁、铵和醇铵所成的盐类，或指某防腐剂与阴离子所成的氯化物、溴化物、硫酸盐和醋酸盐等盐类；"酯类"系指甲基、乙基、丙基、异丙基、丁基、异丁基和苯基酯；上述所有含甲醛或所列含可释放甲醛物质的化妆品，当成品中甲醛浓度超过0.05%（以游离甲醛计）时，都必须在产品标签上标印"含甲醛"；②含有水杨酸及其盐类的化妆品有可能为3岁以下儿童使用，并与皮肤长时间接触时，需做标注"3岁以下儿童勿用"。

二、化妆品所用防腐剂的检验方法

化妆品中所用的防腐剂种类多，其检测方法也多。同一种防腐剂可用不同的方法检测，同一检测方法也可同时测定多种防腐剂。下面简要总结上述中国、美国、加拿大、日本和欧盟等主要国家和地区化妆品中限量使用的108种防腐剂的检测方法。

（一）色谱法

按色谱法的操作形式不同将平面色谱法中的薄层色谱法，柱色谱法中的气相色谱法和液相色谱法，以及毛细管电泳法中的毛细管电色谱法用于测定化妆品的防腐剂分别叙述。

1. 薄层色谱法（thin layer chromatography，TLC）　用于定性测定六氯酚、硫柳汞、苯汞盐、苯甲醇、苯甲酸、4-羟基苯甲酸、山梨酸、水杨酸、丙酸、苯氧乙醇、苯氧异丙醇、对羟基苯甲酸酯类（包括甲酯、乙酯、丙酯、丁酯和苯甲酯）、2-溴-2-硝基丙烷-1,3-二醇、5-溴-5-硝基-1,3-二噁烷、苄索氯铵、苯甲酸苄酯、甲醛苄醇半缩醛、硼酸、溴氯酚、苯甲酸丁酯、葡萄糖酸氯己定、盐酸氯己定、氯乙酰胺、氯丁醇（三氯叔丁醇）、苄氯酚、氯二甲酚、氯苯甘醚、氯咪巴唑、卤卡班、脱氢醋酸、羟乙磺酸二溴己脒、二氯苄醇、双氯酚、二甲基噁唑烷、DMDM乙内酰脲、十二烷基胍乙酸、苯甲酸乙酯、甲醛、甲酸、羟乙磺酸己脒定、海克替啶、咪唑烷基脲、单乙醇胺、乌洛托品、苯甲酸甲酯、甲基氯异噻唑啉酮、甲基二溴戊二腈、甲基异噻唑啉酮、N-羟甲基氯乙酰胺、o-伞花烃-5-醇、邻苯基苯酚、羟基喹啉、p-氯-m-甲酚、吡罗克酮乙醇胺盐、焦亚硫酸钾、丙酸、苯甲酸丙酯、季铵盐-15、苯甲酸钠、脱氢醋酸钠、碘酸钠、o-邻苯基苯酚钠、吡啶硫酮钠、四溴-邻-甲苯酚、三氯卡班、三氯生、十一碳烯酸、十一碳烯酰胺、地衣酸和吡硫翁锌等防腐剂。

2. 气相色谱法（gas chromatography，GC）　用于测定苯甲醇、三氯叔丁醇和丙酸等防腐剂。

3. 液相色谱法（liquid chromatography，LC）　用于测定三氯生、三氯卡班、甲基异噻唑酮及其氯代物等防腐剂。不同的液相色谱法可用于不同防腐剂的测定。①液相色谱-紫外可见分光光度法（liquid chromatography-ultraviolet/visible spectrometry，LC-UV/V）：用于测定游离甲醛（有甲醛释放体存在时）、碘酸钾、苯甲醇、己脒定、二溴己脒定、二溴丙脒、苯甲酸、4-羟基苯甲酸、山梨酸、水杨酸、苯氧乙醇、苯氧异丙醇、对羟基苯甲酸酯类（包括甲酯、乙酯、丙酯、丁酯和苯甲酯）、2- 溴 -2- 硝基丙烷 -1,3- 二醇、5- 溴 -5- 硝基 -1,3- 二噁烷、苄索氯铵、溴氯酚、苯甲酸丁酯、氯化十六烷吡啶、氯己定醋酸盐、葡萄糖酸氯己定、盐酸氯己定、氯己定、苄氯酚、氯二甲酚、氯苯甘醚、氯咪巴唑、卤卡班、脱氢醋酸、羟乙磺酸二溴己脒、二氯苄醇、二溴己脒、二氯 - 间 - 二甲苯酚、二氯 -N- 甲基乙酰胺、双氯酚、十二烷基胍乙酸、苯甲酸乙酯、甲醛、六氯酚、羟乙磺酸己脒定、海克替啶、咪唑烷基脲、4- 羟基苯甲酸异丁酯、山梨酸异丙酯、4- 羟基苯甲酸异丙酯、苯甲酸甲酯、甲基氯异噻唑啉酮、甲基二溴戊二腈、甲基异噻唑啉酮、o- 伞花烃 -5- 醇、o- 苯基苯酚、羟基喹啉、p- 氯 -m- 甲酚、苯甲酸丙酯、脱氢醋酸钠、吡啶硫酮钠、四溴 - 邻 - 甲苯酚、三氯卡班、三氯生和地衣酸等防腐剂；②液相色谱 - 荧光检测法（liquid chromatography-fluorescence detection，LC-FD）：用于测定季铵盐 -15 等防腐剂；③高效液相色谱法（high performance liquid chromatography，HPLC）：用于测定水杨酸、甲基氯异噻唑啉酮、甲基异噻唑啉酮、苯甲醇、苯氧乙醇、p- 氯 -m- 甲苯酚、三氯生、三氯卡班、苯甲酸甲酯、苯甲酸乙酯、苯甲酸苯酯、2- 溴 -2- 硝基丙烷 -1,3 二醇、2,4- 二氯 -3,5- 二甲酚、4- 羟基苯甲酸异丙酯、o- 苯基苯酚、氯二甲酚、4- 羟基苯甲酸异丁酯、苄氯酚、苯甲酸、山梨酸、吡罗克酮乙醇胺盐（OCT）、氯咪巴唑（甘宝素）、氯胺 T 和六氯酚等防腐剂；④超高效液相色谱法（ultra performance liquid chromatography，UPLC）：用于测定二氯苯甲醇等防腐剂；⑤反相高效液相色谱法（reversed phase high performance liquid chromatography，RP-HPLC）：用于测定对羟基苯甲酸酯类等防腐剂；⑥离子色谱法（ion chromatography，IC）：用于测定亚硫酸盐和亚硫酸氢盐类等防腐剂。

4. 毛细管电泳和毛细管电色谱法　目前有：①胶束电动毛细管色谱法（micellar electrokinetic chromatography，MEKC）：用于测定苯甲酸、脱氢醋酸、咪唑烷基脲、4- 羟基苯甲酸甲酯、4- 羟基苯甲酸乙酯、4- 羟基苯甲酸丙酯、4- 羟基苯甲酸丁酯、水杨酸、山梨酸和三氯生等防腐剂；②胶束电动色谱 - 紫外 / 可见分光光度法（micellar electrokinetic chromatography-ultraviolet/visible spectrometry，MEKC-UV/V）：用于测定苯甲醇、4- 羟基苯甲酸丁酯、氯二甲酚、4- 羟基苯甲酸乙酯、咪唑烷基脲、甲基异噻唑啉酮、4- 羟基苯甲酸甲酯、o- 苯基苯酚、p- 氯 -m- 甲酚、苯氧乙醇和 4- 羟基苯甲酸丙酯等防腐剂；③毛细管区带电泳 - 紫外 / 可见分光光度法（capillary zone electrophoresis-ultraviolet/visible spectrometry，CZE-UV/V）：用于测定 4- 羟基苯甲酸甲酯、4- 羟基苯甲酸乙酯、4- 羟基苯甲酸丙酯和 4- 羟基苯甲酸丁酯等防腐剂。

（二）质谱法

1. 气相色谱 - 质谱法（gas chromatography-mass spectrometer，GC-MS）　用于测定苯甲酸、苯甲酸甲酯、苯甲酸乙酯、苄醇、苄氯酚、氯二甲酚、o- 伞花烃 -5- 醇、o- 苯基苯酚、p- 氯 -m- 甲酚、苯氧乙醇、4- 羟基苯甲酸甲酯、4- 羟基苯甲酸乙酯、4- 羟基苯甲酸丙酯、4- 羟基苯甲酸异丙酯、4- 羟基苯甲酸丁酯、二氯 -N- 甲基乙酰胺、甲基氯异噻唑啉酮、甲基异噻唑啉酮和三氯叔丁醇等防腐剂。

2. 液相色谱 - 质谱法（liquid chromatography-mass spectrometry，LC-MS）　用于测定碘丙炔醇丁基氨甲酸酯等防腐剂。如高效液相色谱 - 质谱法（high performance liquid chromatography-mass spectrometry，HPLC-MS）用于测定 8- 羟基喹啉及其硫酸盐等防腐剂。

（三）光谱法

1. 紫外分光光度法（ultraviolet spectrophotometry，UV）　用于测定游离甲醛（无甲醛释放体存在时）等防腐剂。

2. 红外分光光度法（infrared spectrophotometry，IR）　用于测定双（羟甲基）咪唑烷基脲和咪唑烷基脲等防腐剂。

3. 原子吸收光谱法(atomic absorption spectrometry,AAS) 用于测定硫柳汞和苯汞盐等防腐剂。

(四)电分析化学新方法

如胶束电动毛细管色谱 - 电化学检测法(micellar electrokinetic chromatography-electrochemical detection,MEKC-ED)用于测定丙基没食子酸和丁基对苯二酚等防腐剂。

(五)其他分离分析新方法

1. 超临界流体萃取 如超临界流体萃取 - 毛细管区带电泳法(supercritical fluid extraction+capillary zone electrophoresis,SFE+CZE)用于测定 4- 羟基苯甲酸甲酯、4- 羟基苯甲酸乙酯、4- 羟基苯甲酸丙酯和 4- 羟基苯甲酸丁酯等防腐剂。

2. 固相微萃取 如固相微萃取 - 气相色谱 - 火焰离子化检测法(solid-phase microextraction+gas chromatography-flame ionization detection,SPME+GC-FID)用于测定甲醛等防腐剂;固相微萃取 - 气相色谱 - 质谱法(solid-phase microextraction+gas chromatography-mass spectrometry,SPME+GC-MS)用于测定甲醛等防腐剂。

此外,还用到少量的化学分析法,如用氧化还原滴定法(redox titration)测定吡硫翁锌等防腐剂。

综上所述,目前化妆品中防腐剂的检测方法主要有仪器分析法中的色谱法、质谱法、光谱法、电分析化学新方法及其他分离分析新方法等几大类,此外,还有少量的化学分析法。早期防腐剂的定性测定以薄层色谱法居多,目前定量测定则以液相色谱 - 紫外可见分光光度法、高效液相色谱法、毛细管电泳和毛细管电色谱法以及气相色谱 - 质谱法为多,今后发展诸如超临界流体萃取 - 毛细管区带电泳法、固相微萃取 - 气相色谱 - 质谱法等能进行微量或痕量组分测定、试样消耗量小、分析速度快、灵敏度高、分析结果准确和分析自动化的检测方法将是一种必然的趋势。

三、化妆品中使用防腐剂检验方法示例

为了更好地理解上述防腐剂的检验方法,下面介绍几个例子。

(一)高效液相色谱法测定化妆品中 24 种防腐剂(GB/T 26517-2011)

1. 原理 以甲醇为溶剂,超声提取、离心,0.45μm 的有机滤膜过滤,溶液注入配有二极管阵列检测器(DAD)的液相色谱仪检测,外标法定量。

2. 测定

(1)色谱条件:色谱柱,C_{18} 柱:250mm × 4.6mm(i.d.),5μm。流动相,A:甲醇,B:0.025mol/L 磷酸二氢钠溶液(pH3.80),梯度洗脱条件见表 6-9。

表 6-9 方法的梯度洗脱条件

时间 /min	A/%	B/%
0	45	55
10	45	55
20	70	30
30	85	15
37	85	15

流速：1.0ml/min。检测波长：程序可变波长在 0~6.00 分钟为 280nm；在 6.01~37.00 分钟为 254nm。柱温：25℃。进样量：10μl。

（2）标准工作曲线绘制：24 种防腐剂的标准液相色谱图参见图 6-1。

（3）试样测定：用微量进样器准确吸取试样溶液注入液相色谱仪中，按色谱条件进行测定，记录色谱峰的保留时间和峰面积，可从标准曲线上由色谱峰的峰面积求出相应的防腐剂浓度。

（4）定性确证：液相色谱仪对样品进行定性测定，进行样品测定时，如果检出被测防腐剂的色谱峰的保留时间与标准品相一致，并且在扣除背景后的样品色谱图中，该物质的紫外吸收图谱与标准品的紫外吸收图谱相一致，则可初步确认样品中存在被测防腐剂。

（5）空白试验：除不称取试样外，均按上述步骤进行。

（6）结果计算按下式进行，计算结果应扣除空白值：

$$X_i = \frac{c_i \cdot V_i}{1000m} \times 100\% \tag{6-2}$$

式中，X_i：样品中某一防腐剂的质量分数，%；c_i：标准曲线查得某一防腐剂的浓度，mg/L；V_i：样品稀释后的总体积 L；m：样品质量，g。

3. 说明　①方法检出限与定量限：结果参见表 6-10；②回收率与精密度：在添加浓度 0.0000625%~0.02875% 范围内，回收率在 85%~110% 之间，相对标准偏差小于 10%；③本法适用于膏霜、乳液和化妆水等皮肤护理类化妆品中水杨酸、4-羟基苯甲酸乙酯、4-羟基苯甲酸丙酯、4-羟基苯甲酸丁酯、4-羟基苯甲酸甲酯、甲基氯异噻唑啉酮、甲基异噻唑啉酮、苯甲醇、苯氧乙醇、p-氯-m-甲苯酚、三氯生、三氯卡班、苯甲酸甲酯、苯甲酸乙酯、苯甲酸苯酯、2-溴-2-硝基丙烷-1,3 二醇、2,4-二氯-3,5-二甲酚、4-羟基苯甲酸异丙酯、o-苯基苯酚、氯二甲酚、4-羟基苯甲酸异丁酯、苄氯酚、苯甲酸及山梨酸等 24 种防腐剂的测定。④方法中所使用的色谱柱仅供参考，同等性能的色谱柱均可使用。流动相比例和流速等色谱条件随仪器而异，操作者可根据试验选择最佳操作条件使目标峰与干扰峰得到完全分离。

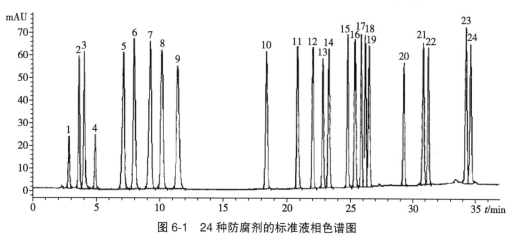

图 6-1　24 种防腐剂的标准液相色谱图

1. 甲基异噻唑啉酮（2.701 分钟）；2. 2-溴-2-硝基丙烷-1,3 二醇（3.552 分钟）；3. 水杨酸（3.964 分钟）；4. 甲基氯异噻唑啉酮（4.843 分钟）；5. 苯甲酸（7.038 分钟）；6. 苯甲醇（7.894 分钟）；7. 山梨酸（9.108 分钟）；8. 苯氧乙醇（10.064 分钟）；9. 4-羟基苯甲酸甲酯（11.321 分钟）；10. 4-羟基苯甲酸乙酯（18.302 分钟）；11. 苯甲酸甲酯（20.777 分钟）；12. 4-羟基苯甲酸异丙酯（21.977 分钟）；13. 4-羟基苯甲酸丙酯（22.775 分钟）；14. p-氯-m-甲苯酚（23.267 分钟）；15. 苯甲酸乙酯（24.732 分钟）；16. o-苯基苯酚（25.321 分钟）；17. 4-羟基苯甲酸异丁酯（25.844 分钟）；18. 4-羟基苯甲酸丁酯（26.190 分钟）；19. 氯二甲酚（26.482 分钟）；20. 苯甲酸苯酯（29.258 分钟）；21. 2,4-二氯-3,5-二甲酚（30.832 分钟）；22. 苄氯酚（31.254 分钟）；23. 三氯卡班（34.251 分钟）；24. 三氯生（34.626 分钟）。

表 6-10 24 种防腐剂的检出限与定量限（以 % 表示）

防腐剂名称	检出限	定量限
甲基异噻唑啉酮	0.00005	0.000125
2- 溴 -2- 硝基丙烷 -1,3 二醇	0.0075	0.015
水杨酸	0.00125	0.0025
甲基氯异噻唑啉酮	0.00025	0.0005
苯甲酸	0.001	0.002
苯甲醇	0.0225	0.06
山梨酸	0.00125	0.0025
苯氧乙醇	0.0075	0.015
4- 羟基苯甲酸甲酯	0.005	0.01
4- 羟基苯甲酸乙酯	0.0025	0.005
苯甲酸甲酯	0.01	0.02
4- 羟基苯甲酸异丙酯	0.0025	0.005
4- 羟基苯甲酸丙酯	0.00075	0.00375
p- 氯 -m- 甲苯酚	0.005	0.01
苯甲酸乙酯	0.0125	0.025
o- 苯基苯酚	0.0005	0.0025
4- 羟基苯甲酸异丁酯	0.0025	0.005
4- 羟基苯甲酸丁酯	0.0025	0.005
氯二甲酚	0.0075	0.0125
苯甲酸苯酯	0.0075	0.015
2,4- 二氯 -3,5- 二甲酚	0.0075	0.015
苄氯酚	0.0075	0.0125
三氯卡班	0.0005	0.0025
三氯生	0.004	0.0075

注：2,4- 二氯 –3,5- 二甲酚未列入《化妆品卫生规范》的 "化妆品组分中限用防腐剂" 中。

（二）氧化还原自动滴定仪法测定发用产品中吡硫翁锌（zinc pyrithione，ZPT）（QB/T 4078-2010）

1. 原理　将样品稀释在酸化的 6% 正丁醇水溶液和己烷 - 异丙醇混合溶剂中，根据氧化还原反应的原理用碘标准溶液对吡硫翁锌滴定，采用电位滴定法，应用氧化还原电极（如复合铂金电极）确定滴定终点。

2. 测定

（1）仪器准备：参照操作手册调整自动滴定仪，将试剂溶液与相应的加样系统正确连接，并清除滴定管及连接管内的气泡。设定适当的参数和指令，并生成相应的方法名称或方法号码，存储在滴定仪的系统里。主要参数：在滴定仪中设置电位法测定 ZPT 百分含量的具体参数，建立方法后并存储。方法设定中采用等当点滴定模式和动态滴定剂添加模式进行滴定。方法中的主要常数包括：① 158.11—标定碘溶液时所用的常数，为硫代硫酸钠的摩尔质量，单位为克每摩尔（g/mol）；② 317.7—滴定吡硫翁锌时所用的常数，为吡硫翁锌的摩尔质量,单位为克每摩尔(g/mol)。

(2)仪器操作:①半自动程序(适用于未装配自动样品转换器的滴定仪):调整好自动滴定仪,并清除滴定管内所有的气泡,将盛有样品及 40ml 13% 的盐酸正丁醇溶液的滴定杯放置在自动滴定仪上,剧烈搅拌 10 秒,使样品大致被溶解。随即,人工或滴定仪的加样系统自动加入 40ml 己烷 - 异丙醇混合液,剧烈搅拌至少 30 秒,使样品在滴定前充分混合,以标定过的 0.02mol/L 碘溶液进行滴定;②全自动程序(适用于装配自动样品转换器的滴定仪):调整好自动滴定仪并清除滴定管内所有的气泡,将盛有样品的滴定杯放置于自动滴定仪上。启动程序后,自动滴定仪将会自动加入 40ml 13% 的盐酸丁醇溶液及 40ml 己烷 - 异丙醇混合液,并继续以标定过的 0.02mol/L 碘溶液进行滴定。每一次滴定结束后,结果将会自动打印,并由样品转换器自动将下一滴定杯移至适当位置进行滴定,直至全部样品滴定完成。

(3)结果计算:①碘溶液的标定:碘溶液浓度以碘的物质的量浓度 c 计,以摩尔每升(mol/L)表示,按式(6-3)计算;②吡硫翁锌百分含量:吡硫翁锌(ZPT)的含量以质量分数 ZPT% 计,以 % 表示,按式(6-4)计算;③结果报告:按照产品规格限度中列出的有效数字报告测定结果。

$$c = \frac{m_1 \cdot 1000}{V_1 \times M_1 \times 2} \tag{6-3}$$

式中,m_1:无水硫代硫酸钠的质量,g;V_1:消耗碘溶液的体积,ml;M_1:无水硫代硫酸钠的摩尔质量,158.11g/mol。

$$ZTP\% = \frac{V \times c \times M \times 100}{m \times 1000} \tag{6-4}$$

式中,c:碘溶液的物质的量浓度,mol/L;m:试样质量,g;V:消耗碘溶液的体积,ml;M:吡硫翁锌(ZPT)的摩尔质量,317.7g/mol。

3. 说明 ①本法吡硫翁锌的检出浓度为 0.001%,定量浓度为 0.003%;②精密度和回收率:在 0.4%~1.2% 的 ZPT 添加浓度范围内,回收率 98.1%~100.8% 之间,6 次平行测定样结果的相对标准偏差为 0.20%~0.27%;③在重复条件下获得的两次独立测定结果的绝对差值不得超过算术平均值的 5%;④本法适用于洗发香波和护发素 2 类发用产品中吡硫翁锌的测定。

(陈昭斌)

第五节 美白祛斑成分的检验

美白祛斑产品是化妆品中非常重要的一个类别。随着人们对"美白"的需求,美白祛斑类化妆品不断地推陈出新,在化妆品中添加各种美白祛斑类物质,减轻或消除色斑,从而达到美白祛斑的效果。根据作用机制的不同,美白祛斑类物质分为 7 类:①酪氨酸酶活力抑制剂,如氢醌、熊果苷和曲酸等;②酪氨酸酶还原剂,如维生素 C、维生素 E 及其衍生物等,可将黑素还原为无色的物质,但这种还原作用是可逆的;③影响黑素代谢剂,如维 A 酸等;④抑制多巴色素互变酶,如甘草提取物等;⑤化学剥离剂,如果酸和亚油酸等;⑥内皮素拮抗剂,对抗内皮素的致黑素作用,如绿茶提取物和内皮素拮抗剂等;⑦遮光剂(防晒剂),阻断紫外线引起的皮肤晒黑作用,如对氨基苯甲酸酯类等。随着生活水平的提高,人们对化妆品的要求也越来越高,既追求效果显著,又要求安全可靠。

传统的美白化妆品中曾经采用过氧化氢和氯化氨基汞等美白剂,这些成分通过直接作用于黑素组织来达到美白效果,可迅速显效,但对皮肤具有腐蚀性、刺激性和致敏性,甚至毒性,因此已被禁用于普通化妆品。氢醌是使用历史悠久的美白功效成分,通过多种途径抑制黑素的生成,但其细胞毒性和副作用很大,可引起永久性的皮下黑素减退,现已成为美白祛斑化妆品中禁用物质。

美白祛斑成分的常用检验方法主要有高效液相色谱法、气相色谱法、红外分光光度法、紫外可见分光光度法、溶出伏安法以及化学滴定法等。熊果苷、维生素 C 及其衍生物、曲酸、氢醌等多采用高效液相色谱法测定,氢醌和苯酚等也可采用气相色谱法测定。本节就美白祛斑化妆品中常用的美白祛斑成分和禁、限用物质的检测方法进行介绍。

一、熊果苷的检验

(一)概述

熊果苷(arbutin)化学名为 4- 羟基苯 -D- 吡喃葡萄糖苷,分子量为 272.25g/mol,分子式为 $C_{12}H_{16}O_7$,结构式见图 6-2。熊果苷是对苯二酚的糖类衍生物,虽然其结构类似氢醌,但细胞毒性较小,相对比较安全。熊果苷易溶于热水和极性溶剂,不溶于非极性溶剂,在酸性环境下易分解。熊果苷有 α 和 β2 种构型,α 型对酪氨酸酶活性的抑制力比 β 型强约 10 倍。

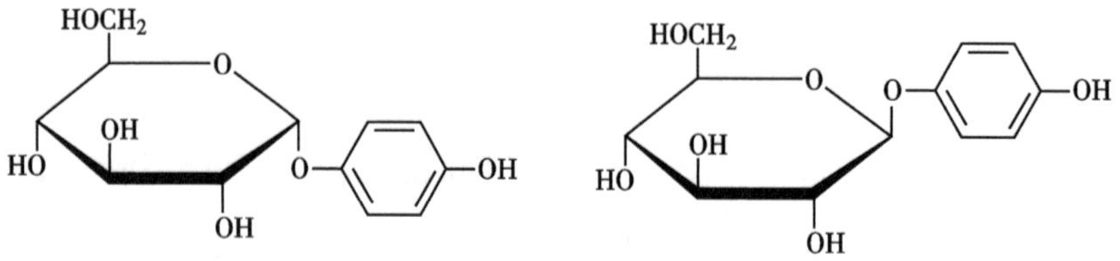

图 6-2 熊果苷的结构式

熊果苷能迅速渗入肌肤,有效地抑制皮肤中的酪氨酸酶活性,阻断黑素的形成。通过自身与酪氨酶直接结合,加速黑素的分解与排泄,从而减少皮肤色素沉积,祛除色斑和雀斑。虽然熊果苷具有美白功效,但过量使用反而可能促进黑素的生成。熊果苷在化妆品中的使用量一般为 1%~5%,最高不能超过 7%。

《化妆品卫生规范》目前尚未建立化妆品熊果苷的标准测定规范方法。熊果苷检测方法有溶出伏安法、毛细管气相色谱法和高效液相色谱法等方法。毛细管气相色谱法测定化妆品中的熊果苷,采用聚二甲基硅氧烷的色谱柱,色谱柱温度为 220℃,载气流量为 15ml/min 的条件,样品中待测物的峰形尖锐、灵敏度高。溶出伏安法也可用于测定化妆品中的熊果苷,高效液相色谱法测定熊果苷简便、快速准确。中华人民共和国出入境检验检验行业标准《SN/T 1475-2004》采用高效液相色谱法测定化妆品中熊果苷的含量。

(二)检测方法——高效液相色谱法

1. 方法原理 化妆品中的熊果苷用水或流动相提取,过滤后,采用反相高效液相色谱柱进行分离,根据其保留时间定性,标准工作曲线法定量。本方法对熊果苷的检测下限为 0.002%。

2. 样品处理 准确称取适量化妆品试样,置于具塞锥形瓶中,加入适量蒸馏水,在超声波清洗器中超声震荡,将溶液移入容量瓶中,用水稀释至刻度,混匀。定量移取部分溶液放入离心管中,在离心机上离心分离,取上清液经 0.45μm 滤膜过滤,滤液用于定量分析。

3. 样品分析　用微量进样器准确吸取 10μl 处理好的样品溶液注入液相色谱仪,在最佳色谱条件下进行分离测定,记录色谱峰的保留时间和峰面积。熊果苷的含量按下式计算:

$$\omega = \frac{\rho \times V}{m \times 1000} \times 100 \tag{6-5}$$

式中,ω:化妆品中熊果苷的含量,%;ρ:从工作曲线上查出的试样溶液中熊果苷的浓度,mg/L;V:试样溶液定容体积,L;m:称取试样的质量,g。

4. 方法说明

(1) 熊果苷的化学性质不够稳定,为了降低外部环境对其性质的影响,超声时间为 20 分钟,不宜过长,以膏体破碎、均匀分布于提取液中为宜。另外,由于同样的原因,超声时水浴的温度不要过高,室温即可。

(2) 熊果苷含量高的试样可取适量试样溶液用水稀释后进行测定。

(3) 熊果苷浓度在 0.5%~5.0% 范围内,回收率在 102%~113% 之间。

二、维生素 C 磷酸酯镁的检验

(一)概述

维生素 C 磷酸酯镁(magnesium ascorbyl phosphate, MAP),分子式为 $C_{12}H_{12}O_{18}P_2Mg_3 \cdot 10H_2O$,分子量为 759.22g/mol,结构见图 6-3。白色或微黄色粉末,无臭,无味,有吸湿性,溶于水,易溶于稀酸,不溶于乙醇、氯仿或乙醚等有机溶剂。在光、热和空气中较稳定。维生素 C 磷酸酯镁为水溶性维生素 C 衍生物,既具有维生素 C 所有的功效,又克服了维生素 C 光、热稳定性差,易与金属离子络合等缺点。

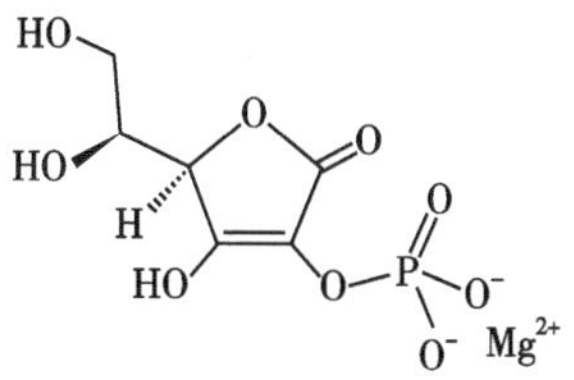

图 6-3 维生素 C 磷酸酯镁的结构式

维生素 C 磷酸酯镁能透过皮肤,并通过皮肤中酶的作用转变成游离的维生素 C,是最具有代表性的黑素生成抑制剂,其主要作用是将深色的氧化性黑素还原成为浅色的还原性黑素,并在生成黑素的酪氨酸酶催化反应中,抑制黑素的中间体多巴胺生成黑素。

《化妆品卫生规范》尚未建立化妆品中维生素 C 磷酸酯镁测定标准卫生规范方法。一般,检测方法有化学滴定法、分光光度法、荧光分光光度法、电化学法和色谱法等。维生素 C 磷酸酯镁的烯二醇结构具有还原性,可与碘定量的发生氧化还原反应,因此可用碘量法测定。此法较为成熟,条件易控制,操作快速方便、仪器简单,精密度和准确度较高,数据可靠。分光光度法仪器简单,选择适当试剂可完成维生素 C 及其衍生物的分别测定。中华人民共和国出入境检验检验行业标准《SN/T 1498-2004》采用高效液相色谱法测定化妆品中维生素 C 磷酸酯镁的含量。

(二)检测方法——高效液相色谱法

化妆品中的维生素 C 磷酸醋镁用水提取,过滤后,反相高效液相色谱柱进行分离、测定,检测下限为 0.002%。样品处理、样品测定和计算公式同熊果苷。方法说明:①选择带有紫外检测器的高效液相色谱仪,维生素 C 磷酸酯镁在 254nm 有最大吸收,此波长下灵敏度最高;②维生素 C 磷酸酯镁浓度在 0.50%~3.00% 范围,回收率在 90.6%~96.2% 之间;③维生素 C 磷酸酯镁含量高的试样可取适当试样溶液用水稀释后进行测定。

三、曲酸的检验

（一）概述

曲酸（kojic acid）又名曲菌酸，化学名称为 5- 羟基 -2- 羟甲基 -1,4- 吡喃酮，分子量为 142.11，分子式为 $C_6H_6O_4$，结构式见图 6-4，白色针状晶体或粉末，易溶于水。曲酸不稳定，对光和热敏感，在空气中易被氧化，与金属离子可形成螯合物。

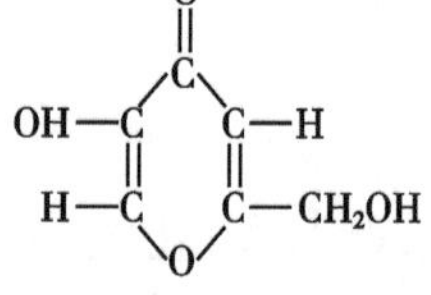

图 6-4 曲酸的结构式

曲酸是一种黑素专属性抑制剂，进入皮肤细胞后能够与细胞中的铜离子络合，改变酪氨酸酶的立体结构，阻止酪氨酸酶的活化从而抑制黑素的形成。由于曲酸本身化学性质不稳定，过量使用会刺激皮肤并产生白斑。因此，实际应用中多与其他同样具有美白祛斑效果的维生素 C 和熊果苷等物质组成复方配剂使用。在《化妆品卫生规范》中属限用物质，允许添加量为 0.5%~2.0%。

目前，对曲酸含量的测定方法有分光光度法、示差脉冲法、毛细管电泳法及高效液相色谱法等。分光光度法是基于曲酸在弱酸性条件下可与三氯化铁络合生成有色络合物，在 497nm 处有最大吸收。方法条件简单，样品回收率达 98.08%。玻璃电极示差脉冲法可直接测定祛斑霜中曲酸的含量，基体中高倍的金属离子以及有机物不干扰测定，所用仪器设备成本低廉，测定无污染，准确性高。高效液相色谱是目前应用最普遍的检测化妆品中曲酸含量的方法，有高效液相色谱 - 电化学安培检测法和高效液相色谱 - 紫外检测器法。中华人民共和国出入境检验检验行业标准《SN/T 1499-2004》采用高效液相色谱 - 紫外检测器法测定化妆品中曲酸的含量。

（二）测定方法——高效液相色谱法

化妆品中的曲酸用水提取，过滤后，采用反相高效色谱柱进行分离和测定。样品处理、样品测定及计算公式同熊果苷。化妆品中水溶性成分较少，用水作溶剂进行曲酸提取，干扰较小。曲酸浓度在 0.02%~3.00% 范围，回收率在 98.50%~116.4% 之间。

四、苯酚和氢醌的检验

（一）概述

苯酚（phenol）分子式为 C_6H_5OH，分子量为 94.11g/mol，结构见图 6-5A，是简单的一元酚。苯酚熔点为 40.5℃，沸点为 181.7℃，常温下为一种无色或白色的晶体，有特殊气味。苯酚密度比水大，常温下微溶于水，易溶于有机溶剂；但 65℃时，与水以任意比例互溶。

氢醌（hydroquinone）化学名称为对苯二酚，分子式 $C_6H_4(OH)_2$，分子量 110.1g/mol，熔点 170.5℃，沸点 287℃，密度 1.32。结构见图 6-5B，是二元酚。

苯酚具有一定的美白作用，且价格低廉，常在美白祛斑类化妆品中被检出。但苯酚属高毒类化合物，对细胞有直接毒害作用。

氢醌易溶于热水，能溶于冷水、乙醇及乙醚，微溶于苯。是一种白色针状结晶物质，在空气中见光易变成褐色，碱性溶液中氧化更快。氢醌遇明火和高热可燃，燃烧分解为一氧化碳和二氧化碳；与强氧化剂可发生反应，受高热分解释放出有毒气体，属有毒和高毒物品。氢醌通过吸入或食入人体会后，会出现呼吸短促、神经功能衰竭和皮肤灰白等症状。氢醌是一种酪氨酸酶活力抑

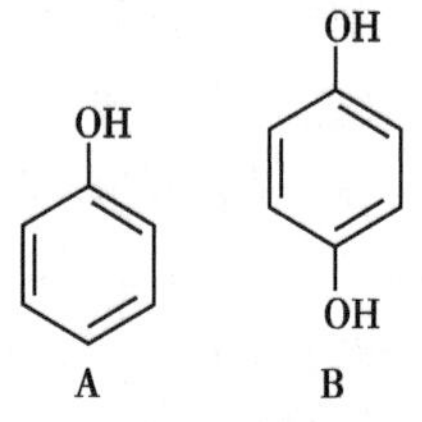

图 6-5 苯酚和氢醌结构式

A. 苯酚结构式；B. 氢醌结构式

制剂,从 1936 年首次提出其对皮肤有美白作用;至 20 世纪 60 年代,作为一种传统且有效的美白祛斑成分添加于化妆品中,而其毒性比酚大,对皮肤和黏膜有强烈的腐蚀作用,可抑制中枢神经系统或损害肝脏和皮肤功能。

因此,我国《化妆品卫生标准》规定了苯酚在美白祛斑类化妆品中为禁用物质,在染发洗发类化妆品中为限用物质。1999 年版《化妆品卫生规范》允许氢醌在局部皮肤美白产品中使用,限用量为 2%,并要求在包装说明上标注"含有氢醌"等字样。2007 年版《化妆品卫生规范》明确规定,祛斑美白类化妆品中禁止使用氢醌和苯酚,但前者可用于染发类化妆品,后者可用于洗发类化妆品中,其限用量分别为 0.3% 和 1%。2001 年版的《美国化妆品成分评审概要》指出,氢醌可不连续、短暂的使用,并且使用后即从皮肤和头发上冲洗掉含水化妆品配方中的氢醌,安全浓度是小于 1%;氢醌不应用于驻留型和非药物型化妆品中。欧盟(EU)于 2002 年 1 月 2 日起,禁止在化妆品中添加氢醌。

化妆品中苯酚和氢醌的检测方法很多,不仅有分光光度法、气相色谱法、高效液相色谱法和电化学法等仪器分析方法,也有快速而成本低廉的试剂盒法。分光光度法具有原理简单和易于操作的特点,所以是分析检测较常用的方法。毛细管电泳法因其高效、快速、灵敏度高及成本低的特点,正逐渐成为痕量检测的主要分析手段之一。使用毛细管电泳(安培检测器)检测的线性范围为 0.05~50.00μg/ml,苯酚检出限为 0.04μg/ml,氢醌检出限为 0.30μg/ml。苯酚和氢醌快速检测试剂盒法,对于苯酚和氢醌检出限为 40mg/kg,响应时间仅为 5 分钟。该方法检测快速、准确和成本低,适合于美容院等场所化妆品的卫生监督检测,对于现场快速检测具有重要意义。高效液相色谱法具有分离效率高、速度快、灵敏度高及样品用量少等特点,适合与其他检测技术联用,可提高灵敏度及选择性。气相色谱 - 质谱联用则能排除复杂化妆品基质中其他物质的干扰,提供更为准确的分析手段。《化妆品卫生规范》规定苯酚和氢醌的测定方法为高效液相色谱法和气相色谱法。

(二)测定方法

1. 高效液相色谱法

(1)方法原理:以甲醇提取化妆品中氢醌和苯酚,用配有二极管阵列检测器的高效液相色谱仪进行分析,以保留时间及吸收光谱图定性,以峰高或峰面积进行定量,气相色谱 - 质谱确认。定量方法可用标准曲线法。本方法的检出限:苯酚为 0.001μg,氢醌为 0.003μg。如取 1g 样品测定,本法的检出浓度苯酚为 2μg/g,氢醌为 7μg/g。

(2)样品处理:准确称取样品约 1.0g 于具塞比色管中,用优级纯甲醇定容至 10ml,常温超声提取 15 分钟,取上清液过 0.45μm 滤膜后备用。如果样品含有乙醇等挥发性有机溶剂,需要在超声提取前在水浴上蒸馏除去。

(3)样品测定:在最佳色谱条件下,取上述方式处理好的待测溶液,注入高效液相色谱仪,根据峰的保留时间和紫外光谱图定性,并根据峰面积从校准曲线上查出待测溶液中氢醌或苯酚的浓度。苯酚和氢醌的含量按下式计算:

$$\omega = \frac{\rho V}{m} \tag{6-6}$$

式中,ω:化妆品中苯酚和氢醌的质量分数,μg/g;ρ:从工作曲线上查出的试样溶液中苯酚和氢醌的浓度,mg/L;V:试样溶液定容体积,ml;m:称取试样的质量,g。

(4)方法说明:①对于膏体样品可用玻璃棒,将其较为均匀地涂布于试管壁上再称量,这样有利于膏体中被测组分的超声提取;②氢醌和苯酚的化学性质不够稳定,为了降低外部环境对其性质的影响,超声时间不宜过长,不超过 15 分钟,以膏体破碎、均匀分布于提取液中为宜;③所配试剂如有放置时间过长颜色发生变化,说明试剂的化学性质可能已经发生了变化,应重新配制;④测定过程中,如果有阳性结果,必须用气相色谱-质谱法确认。

2. 气相色谱法

(1)方法原理:用乙醇提取化妆品中氢醌和苯酚,用气相色谱法进行分离分析,以保留时间定性,以标准品峰高或峰面积定量。标准曲线法定量。本法氢醌的最小检出量为 0.05μg,最小检出浓度为 5×10^{-5}%。回收率为 88%~102%。苯酚的最小检出量为 0.03μg,最小检出浓度为 3×10^{-5}%。回收率为 94%~105%。

(2)样品处理:准确称取样品约 1.0g 置于 10ml 具塞比色管中,用乙醇溶解,超声振荡 1 分钟。用乙醇稀释至刻度,静置分层后备用。

(3)样品测定:选择配有氢火焰离子化检测器的气相色谱仪,在选择好的最佳色谱条件下,用微量进样器准确吸取 2.0μl 样品溶液,注入色谱仪。每个样品重复测定三次,记录峰高或峰面积计算平均值。苯酚和氢醌的含量按上法计算。

(4)方法说明:①使用氢火焰离子化检测器,样品取样量不能太多,特别是其中水分不能太多,否则会使温度下降,影响灵敏度,有时甚至使检测器火焰熄灭;②氢醌和苯酚 2 种组分都溶于乙醇,乙醇是最理想的溶剂;③用气相色谱法测定化妆品中氢醌和苯酚,分析速度快,线性、精密度和准确度均好。仪器价格低廉。

五、化妆品中美白祛斑成分检测示例

对化妆品中多种美白祛斑成分的同时检测,常采用高效液相色谱法。近年来,为达到更好的美白效果,各种新型美白祛斑剂问世,常常是 2 种或多种美白祛斑剂联合使用。由于单独使用任何一种美白成分(卫生标准允许的范围内),都很难达到令人十分满意的美白祛斑效果。因此,在化妆品中经常联合使用及过量使用增白成分,干扰皮肤中酪氨酸向黑素的正常酶转化,达到美白祛斑目的,但过量使用有可能引起皮肤的其他不良反应。另外,部分化妆品非法添加禁、限用成分,如氢醌、苯酚和曲酸,该类制剂美白见效快,但毒性大,长期接触可引起病变,因此多种美白祛斑成分的同时准确测定尤为重要。对化妆品中美白祛斑成分采用缓冲溶液直接超声提取,高效液相色谱分离测定化妆品 5 种允许使用的美白成分和 3 种禁、限用成分,适用于化妆品中多种美白祛斑剂同时快速检测,检测方法如下。

1. 样品处理 准确称取约 0.5g 样品,置于 50ml 具塞比色管中,加入 30ml 的 0.02mol/L pH 值为 6.95 的 H_3PO_4 缓冲溶液,超声提取 20 分钟,转移至 50ml 容量瓶中,定容至刻度。混匀后取 10ml 溶液于 15ml 离心管中,在 12 000r/min 转速下离心 10 分钟,上清液过 0.22μm 滤膜,滤液待测。

2. 最佳色谱条件 色谱柱:采用 C_{18} 色谱柱(250mm × 4.6mm,5.0μm)为固定相,0.02mol/L 磷酸二氢钾溶液(pH6.95)和甲醇溶液为流动相,流速为 1.0ml/min,梯度洗脱,柱温为 25℃,二极管阵列检测器,检测波长为 270nm。

3. 8 种化合物的标准谱图 取维生素 C 磷酸酯镁、烟酰胺、曲酸、苯酚、熊果苷、氢醌、树莓苷和甘草酸二钾 8 种标准储备液制备混合标准溶液,在最佳条件下进样,20 分钟内 8 种化合物达到完全分离,见图 6-6。

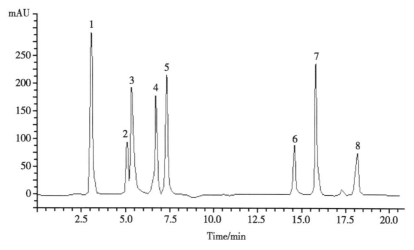

图 6-6　8 种祛斑化合物的标准色谱图

4. 方法的检出限、线性范围及回收率　8 种美白祛斑剂线性关系良好,检出限低,在 1.0~3.5mg/L 之间。线性范围分别为:曲酸 3.0~60mg/L,维生素 C 磷酸酯镁、烟酰胺和苯酚为 5.0~100mg/L,熊果苷、氢醌、树莓苷和甘草酸二钾为 10.0~200mg/L。相对标准偏差(n=6)为 0.22%~2.6%,平均回收率为 95%~105%。

第六节　发用化妆品禁用及限用物质检验

发用化妆品(hair cosmetics)是用来清洁、保护、营养和美化人体毛发的化妆品,其种类包括:洗发化妆品(香波)、护发化妆品(护发素、发乳和焗油等)、美发化妆品(染发类化妆品、烫发类化妆品和发用摩丝等)、育发类化妆品(生发液等)和剃须化妆品(剃须膏等)。发用化妆品中的禁用及限用物质通常出现在染发类化妆品、烫发类化妆品和育发类化妆品中。

染发类化妆品是指用于改变头发颜色,达到美化毛发目的的化妆品,通常称其为染发剂。这类化妆品既可以将黑色头发染成棕色、金黄色及漂白脱色等,也可以将白色、灰白色和黄色头发染成黑色。根据染发原理和染色的牢固程度,可分为暂时性染发剂、半永久性染发剂、永久性染发剂和漂白剂,其中永久性染发剂应用最普遍。这类化妆品所使用的染料原料可分为植物性、金属盐类和合成氧化型染料 3 类。目前,普遍使用合成氧化型染料,以其为原料的染发用品染色效果好、色调变化宽和持续时间长。合成氧化型染料通常不使用染料,其功效原料主要由染料中间体、耦合剂和氧化剂组成。

永久性染发剂染发时,小分子的染料中间体和耦合剂先渗入头发的皮质层和髓质层,然后由氧化剂将中间体氧化生成缩合物,再与耦合剂进行缩合反应生成稳定的大分子染料,被锁紧在头发纤维内,从而起到持久的染色作用。由于染料中间体和耦合剂的种类不同,含量比例的差别,故产生色调不同的大分子染料,使头发染上不同的颜色。在洗涤时,由于大分子染料不容易通过毛发纤维的孔径被冲洗除去,故使头发的色调有好的持久性,可保持 6~7 周不易退色。

烫发类化妆品是指具有改变头发弯曲程度,并维持其相对稳定的化妆品。英国化学家在 1930 年发明了用亚硫酸钠加热到 40℃的烫发方法,称为化学热烫,即在略比常温高的温度下使头发卷曲。后来又出现了以巯基化合物为主要成分的冷烫剂,称为化学冷烫。两种化学烫发方法一直沿用至今。

烫发剂功效原料包括还原剂、碱化剂、氧化剂和稳定剂。还原剂的作用是在碱性条件下,通过还原反应破坏头发中的二硫键。常用的还原剂为巯基乙酸及其盐类、亚硫酸盐、半胱氨酸和巯基乙醇等。常用的碱化剂为氨水和三乙醇胺等。氧化剂的作用是通过氧化反应重建二硫键,其种类有溴酸钾(钠)和过氧化氢等。为了使氧化剂保持稳定,常添加一定的稳定剂。

头发的主要成分是角蛋白,含有胱氨酸等十几种氨基酸。不同氨基酸分子与分子之间通过肽键连接组成了多肽链,由二硫键、盐键、氢键和酯键等在多肽链间起连接作用。多肽链与相邻的支链互相交联,形成了具有网状的天然高分子结构,具有较好的弹性。正常情况下,头发是不易卷曲的,只有当头发结构内的上述化学键断裂,即头发软化后,借助外力卷曲或拉伸头发,最后修复软化过程所破坏的化学键,对卷曲的头发经行定型,才能烫发成功。

育发类化妆品指根据毛发的生长特征,针对脱发的各种原因,选用能育发的有效活性成分制成的化妆品,如香波、护发素和防脱发类毛发产品。育发化妆品多采用天然活性成分,主要促进毛囊生长、提供头发生长营养成分及改善抑制过多皮脂等,以达到防脱和助生长的目的。

育发类化妆品活性成分多为促进头发生长的物质,可起到扩张皮下血管、促进血液循环、赋活或激活毛囊细胞、补充头发营养、减少油脂分泌及防止头皮屑等作用。主要由黄酮类、有机酸、生物碱、萜类活性物和头发营养物质等组成。

本节主要介绍存在于染发类化妆品、烫发类化妆品和育发类化妆品中的几种禁、限用物质的检测方法。

一、染发剂中氧化型染料的检验

(一)概述

长期使用氧化型染发剂会导致皮肤过敏和头发损伤,甚至有肝肾功能损伤及诱发肿瘤的危险。染发剂中的二氨基甲苯和二硝基酚等化学物质已被肯定有致癌活性。美国科学院曾检测过在美国销量较高的 169 种染发剂,发现其中 150 种都有诱癌致癌作用。因此,《化妆品卫生规范》中明确规定,邻苯二胺和间苯二胺等多种物质为染发类化妆品中的禁用组分;对苯二胺及其 N 位取代衍生物均为化妆品组分中限用物质。对暂时允许使用的 93 种染发剂中有关物质提出了限量标准,并对多种氧化型染料的检测方法做出了统一规定(表 6-11)。

表 6-11　部分禁、限用氧化剂的理化性质及限量 *

化合物名称	英文名	分子式	结构	溶解性	限量值
对-苯二胺	p-Phenylenediamine PPD	$C_6H_8N_2$	(结构式:对苯二胺)	稍溶于冷水,溶于乙醇、乙醚、氯仿和苯	6%

化合物名称	英文名	分子式	结构	溶解性	限量值
氢醌	Hydroquinone	$C_6H_4(OH)_2$		易溶于热水，能溶于冷水、乙醇及乙醚，微溶于苯	0.3%
间-氨基苯酚盐酸盐	m-Aminophenol hydrochloride	$C_6H_7OH \cdot HCl$		溶于水、乙醇	2%
邻-苯二胺	o-Phenylenediamine OPD	$C_6H_8N_2$		微溶于冷水，易溶于乙醇、乙醚和氯仿	禁用
对-氨基苯酚	p-Aminophenol	$NH_2C_6H_4OH$		稍溶于水和乙醇,不溶于苯和氯仿,溶于碱液后很快变褐色	1%
2,5-二胺基甲苯	Toluehe-2,5-diamino	$(NH_2)_2C_6H_3CH_3$		熔点64℃,溶解于水、乙醇、乙醚和热苯	10%
对-甲基氨基苯酚硫酸盐	p-Methylaminophenol sulfate	$C_7H_9NO \cdot \frac{1}{2}H_2SO_4$		溶于20份冷水、6份沸水,微溶于醇,不溶于醚	3%

*2007年版《化妆品卫生规范》限量值

　　氧化型染料的测定方法主要有气相色谱法、薄层色谱法、高效液相色谱法、气相色谱-质谱法、高效液相色谱-质谱法和毛细管电泳等。欧盟化妆品管理法规及检测方法与指南中,染发剂中部分氧化着色剂的定性和半定量测定方法采用薄层色谱法。针对染料成分具有强极性、低挥发性及不稳定性的特点,高效液相色谱法是理想的分离检测方法。《化妆品卫生规范》中推荐了8种氧化型染料的高效液相色谱检测方法。国家食品药品监督管理总局2012年1月发布了化妆品中32种禁限用染料成分的检测方法,也采用高效液相色谱法。

　　（二）检测方法——高效液相色谱法

　　1. **方法原理**　用1:1的无水乙醇与水混合溶液提取染发类化妆品中的禁限用染料成分,用高效液相色谱仪进行分析,以保留时间和紫外吸收光谱定性,峰面积定量。

　　2. **样品处理**　准确称取样品约0.5g,置于具塞比色管中,加1:1的无水乙醇与水混合溶液至刻度。经涡旋混合,冰浴,超声提取后。取上清液经 0.45μm 微孔滤膜过滤,滤液作为待测溶液,并尽快测定。

3. 样品测定 在最佳色谱条件下,取待测溶液 5μl 注入高效液相色谱仪,采用二极管阵列检测器检测,以保留时间定性,根据峰高或峰面积定量,用校准曲线法确定相应组分的质量浓度。

染发类化妆品中的 32 种禁限用染料成分,分别采用 3 种流动相体系进行分析(流动相1:乙腈 + 磷酸盐混合溶液 =10+90;流动相 2:甲醇 + 磷酸盐混合溶液 =10+90;流动相 3:乙腈 + 磷酸盐混合溶液 =40+60)。3 组染料的标准谱图见图 6-7。

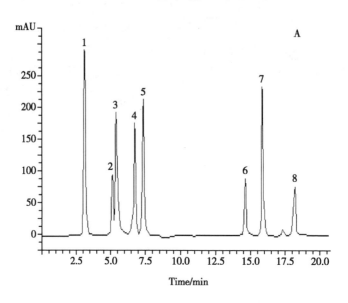

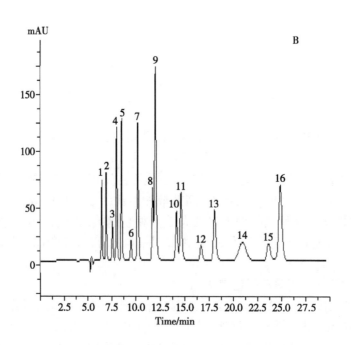

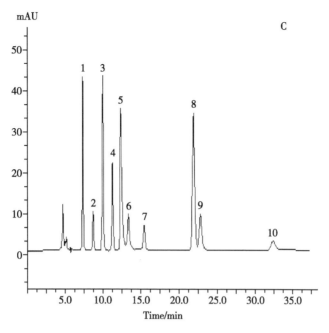

图 6-7　32 种禁限用染料的标准色谱图

4. 方法说明

（1）样品处理时如果溶液浑浊，可在离心机上以 5000r/min 离心 5 分钟后，再经滤膜过滤。

（2）本方法适用于染发类化妆品中 32 种禁限用染料成分的含量测定。化妆品中的染料成分，以多种形式存在，如硫酸盐和盐酸盐等，当各种形式同时存在时，应以其中的一种形式表示。

（3）染料类化合物标准储备溶液需保存于 0~4℃冰箱中，最多使用 2 天。

（4）染发剂组分在空气中易氧化，因此，在测定时需加入抗氧化剂，本方法选择亚硫酸钠为抗氧化剂，也可用维生素 C。

（5）若待测溶液中染料成分的质量浓度超过了校准曲线线性范围的上限，需对待测溶液进行适当稀释。32 种禁限用染料成分的检出限、检出浓度等见表 6-12。

表 6-12　32 种禁限用染料成分的检出限、检出浓度、定量下限和最低定量浓度

序号	物质名称	检出限 /μg	检出浓度 /(μg/g)	定量下限 /μg	最低定量浓度 /(μg/g)
1	*p*- 苯二胺	1.2×10^{-2}	48	3.5×10^{-2}	140
2	*p*- 氨基苯酚	6.5×10^{-3}	26	2.0×10^{-2}	80
3	甲苯 -2,5- 二胺硫酸盐	2.0×10^{-2}	80	6.0×10^{-2}	240
4	*m*- 氨基苯酚	6.5×10^{-3}	26	2.0×10^{-2}	80
5	*o*- 苯二胺	8.0×10^{-3}	32	2.5×10^{-2}	100
6	2- 氯 -*p*- 苯二胺硫酸盐	1.5×10^{-2}	60	5.0×10^{-2}	200
7	*o*- 氨基苯酚	6.5×10^{-3}	26	2.0×10^{-2}	80

续表

序号	物质名称	检出限 /μg	检出浓度 /(μg/g)	定量下限 /μg	最低定量浓度 /(μg/g)
8	间苯二酚	8.0×10^{-3}	32	2.5×10^{-2}	100
9	2-硝基-p-苯二胺	5.0×10^{-3}	20	1.5×10^{-2}	60
10	甲苯-3,4-二胺	8.0×10^{-3}	32	2.5×10^{-2}	100
11	4-氨基-2-羟基甲苯	6.5×10^{-3}	26	2.0×10^{-2}	80
12	2-甲基雷琐辛	1.3×10^{-2}	52	4.0×10^{-2}	160
13	6-氨基-m-甲酚	1.0×10^{-2}	40	3.0×10^{-2}	120
14	苯基甲基吡唑啉酮	2.0×10^{-2}	80	6.0×10^{-2}	240
15	N,N-二乙基甲苯-2,5-二胺 HCl	2.0×10^{-2}	80	6.0×10^{-2}	240
16	4-氨基-3-硝基苯酚	6.5×10^{-3}	26	2.0×10^{-2}	80
17	m-苯二胺	8.0×10^{-3}	32	2.5×10^{-2}	100
18	2,4-二氨基苯氧基乙醇 HCl	8.0×10^{-3}	32	2.5×10^{-2}	100
19	氢醌	3.0×10^{-3}	12	1.0×10^{-2}	40
20	4-氨基-m-甲酚	8.0×10^{-3}	32	2.5×10^{-2}	100
21	2-氨基-3-羟基吡啶	1.3×10^{-2}	52	4.0×10^{-2}	160
22	N,N-双(2-羟乙基)-p-苯二胺硫酸盐	2.5×10^{-2}	100	7.5×10^{-2}	300
23	p-甲基氨基苯酚硫酸盐	1.0×10^{-2}	40	3.0×10^{-2}	120
24	4-硝基-o-苯二胺	1.5×10^{-2}	60	5.0×10^{-2}	200
25	2,6-二氨基吡啶	1.5×10^{-2}	60	5.0×10^{-2}	200
26	N,N-二乙基-p-苯二胺硫酸盐	2.5×10^{-2}	100	7.5×10^{-2}	300
27	6-羟基吲哚	3.0×10^{-3}	12	1.0×10^{-2}	40
28	4-氯雷琐辛	5.0×10^{-3}	20	1.5×10^{-2}	60
29	2,7-萘二酚	3.0×10^{-3}	12	1.0×10^{-2}	40
30	N-苯基-p-苯二胺	2.5×10^{-3}	10	8.0×10^{-3}	32
31	1,5-萘二酚	5.0×10^{-3}	20	1.5×10^{-2}	60
32	1-萘酚	3.0×10^{-3}	12	1.0×10^{-2}	40

注：此表引自国家食品药品监督管理总局化妆品中 32 种禁限用染料成分的检测方法

二、巯基乙酸的检验

(一) 概述

巯基乙酸(thioglycollic acid, TGA)又称硫代乙醇酸,是一种含硫有机化合物,分子式为 $C_2H_4O_2S$,分子量为 92.12g/mol,熔点 –16.5℃,沸点 220℃,密度 1.33g/ml。为无色油状液体,有特异臭味,可与水、醇和醚以任何比例混合。

巯基乙酸在碱性条件下有较强的还原作用,在烫发类和脱毛类化妆品中一直被广泛采用;同时,也属于高毒类物质,对皮肤和眼睛均有较强的刺激作用,在化妆品卫生标准中,巯基乙酸及其盐类被视为限用物质。

化妆品中巯基乙酸的测定方法有单扫描示波极谱法、高效液相色谱法、碘量法和离子色谱法等。我国《化妆品卫生规范》采用的离子色谱法和碘量法。

（二）测定方法

1. 离子色谱法

（1）方法原理：以水溶解提取化妆品中的巯基乙酸，经离子交换柱将巯基乙酸根与无机离子分开，电导检测器测定即时的电导值。以保留时间定性，峰面积定量。巯基乙酸的检出限 5.8ng 定量下限 20ng。按本法取样 0.5g，则检出浓度为 46μg/g 最低定量浓度为 0.15mg/g。

（2）样品处理：准确称取样品约 0.5g，置于具塞比色管中，加水至刻度。膏状样品用旋涡振荡器振摇均匀，超声波清洗器提取 20 分钟，加入三氯甲烷，轻轻振荡，静置。取上清液过 0.25μm 滤膜即可。如遇浑浊样品，取适量样品高速离心 15 分钟。再过 0.25μm 滤膜。

（3）样品测定：吸取 0.5~1.0ml 上述处理液，注入离子色谱仪的进样管中，进样后，色谱工作站记录和计算色谱峰的保留时间和峰面积，巯基乙酸的浓度用标准曲线法定量。

（4）方法说明：加入三氯甲烷的目的是排除干扰物的影响，如样品中乳化剂和脂类。加入三氯甲烷，电磁搅拌后，干扰物进入有机相，使得水相较为澄清，易于测定。

2. 碘量法

（1）方法原理：巯基乙酸及其盐均可以与碘标准溶液发生如下反应，通过碘标准溶液的用量即可计算出巯基乙酸的含量。

$$2HSCH_2COOH+I_2 \longrightarrow HOOCH_2C—S—S—CH_2COOH+2HI$$

（2）样品处理：准确称取样品约 2g，置于锥形瓶中，加适量水，再加 10% 盐酸，缓慢加热至沸腾，冷却后加入三氯甲烷，用电磁搅拌器搅拌后，作为待测液备用。

（3）样品测定：将上述待测液中加入淀粉指示剂，用碘标准溶液滴定至溶液颜色突变，或呈现的蓝色在 1 分钟内不退色即为终点。

巯基乙酸及其盐类的含量按下式计算（以巯基乙酸计）：

$$\omega = \frac{92.1 \times c \times V \times 2 \times 100}{m \times 1000} \tag{6-7}$$

式中，ω：样品中巯基乙酸的质量分数，%；c：碘标准溶液的浓度，mol/L；V：消耗碘标准溶液的体积，ml；m：样品的质量，g；92.1：巯基乙酸的摩尔质量，g/mol；2：碘与巯基乙酸反应的分子系数。

（4）方法说明：①样品预处理时，加入盐酸以驱除样品中的硫化物；②加热煮沸不仅有利于硫化物的赶出，而且可使膏体样品溶化，以利于被测物的提取和干扰物的赶出，避免因膏体被包裹造成测定结果偏低。加热时必须防止暴沸，以免样品损失；③加入三氯甲烷及电磁搅拌后，干扰物进入有机相，使得水相较为澄清，可排除干扰物的影响，易于滴定；④搅拌棒不能包塑料套，是因塑料与三氯甲烷作用，影响实验结果；⑤巯基丙酸和半胱氨酸等含有自由巯基的化合物对本测定有干扰。

三、氮芥的检验

（一）概述

氮芥（chlormethine）是一类具有通式 $RN(CH_2CH_2Cl)_2$ 的有毒化合物，一种生物烷化剂。氮芥的实际应用形式为氮芥盐酸盐，纯品盐酸氮芥为淡棕黄色结晶性粉末，具吸湿性，熔点

108~111℃,干品在40℃以下稳定,易溶于水和乙醇。盐酸氮芥水溶液呈酸性,不稳定。

氮芥能直接作用于细胞,抑制细胞的迅速增殖,现作为广谱抗肿瘤药物应用;氮芥外用有刺激毛根及促进毛发生长作用。同时,氮芥也是一种细胞毒素,对皮肤、眼和呼吸道有损伤作用。我国《化妆品卫生规范》规定,氮芥及其盐类为禁用物质,化妆品中不得含有。

化妆品中氮芥的测定方法主要有气相色谱法、高效液相色谱法等。《化妆品卫生规范》规定的标准方法为气相色谱法。

(二)测定方法——气相色谱法

1. 方法原理　化妆品中的氮芥在碱性条件下,用三氯甲烷萃取,并用具有氢火焰离子化检测器的气相色谱仪测定。以保留时间定性,以峰高或峰面积定量。本方法对氮芥的检出限为0.3ng,定量下限为1.0ng,若取5g样品,其检出浓度为1mg/kg,最低定量浓度为1mg/kg。

2. 样品处理　准确称取样品约5g,置于分液漏斗中,加适量入水混匀。用稀盐酸溶液调节pH值至2以下,加入适量三氯甲烷,振摇,静置分层(必要时离心),弃去有机相。再用氢氧化钠溶液调节水相至中性,加入碳酸钠,用三氯甲烷萃取,静置分层(必要时离心),将有机相放入刻度试管中。加入适量无水硫酸钠干燥,待测定。氮芥标准溶液测定前需按上述步骤同样处理。

3. 样品测定　取1ml上述样品预处理溶液进样测定。采用单点外标法定量,处理后的氮芥标准使用溶液的进样体积应与样品溶液相同,其峰面积应与样品峰面积在同一数量级内。

按照下式计算化妆品中氮芥的含量:

$$\omega = \frac{\rho \times A_1 \times V}{A_0 \times m} \tag{6-8}$$

式中,ω:样品中氮芥浓度,$\mu g/g$;ρ:标准溶液中氮芥浓度,mg/L;A_1:样品中氮芥色谱峰面积;A_0:标准溶液中氮芥色谱峰面积;V:样品最终体积,ml;m:样品质量,g。

4. 方法说明

(1)盐酸氮芥毒性极高,无论干品或是溶液均要小心操作。由于其为强效发泡剂,应特别避免吸入或与皮肤及黏膜接触,尤其是眼睛。意外接触时,应立即用大量清水冲洗。

(2)市售氮芥标准品为盐酸氮芥粉末,配制标准溶液时,需首先将盐酸氮芥溶于纯水中,小心用2mol/L的NaOH溶液调节溶液至中性,使盐酸氮芥转化为游离氮芥,再立即用三氯甲烷萃取,有机相作为标准溶液用。

(3)由于盐酸氮芥在中性或碱性水溶液中高度不稳定,所以,水溶液不易保存,应现用现配。

(4)样品处理时,加入HCl调节溶液pH值至2以下的目的,是排除样品中中性和酸性脂溶性成分对色谱分析的干扰。

四、斑蝥素的检验

(一)概述

斑蝥素(cantharidin)又称斑蝥酸酐,分子式为$C_{10}H_{12}O_4$,分子量为199.2g/mol,纯品为无色斜方晶体,难溶于冷水,溶于热水,易溶于丙酮、氯仿、乙醚、乙酸乙酯和油类。

斑蝥素是昆虫斑蝥制剂的活性成分,具有抗癌及治癣功效。斑蝥素外用对皮肤有止痒、改善局部神经营养、刺激毛根及促进毛发生长作用,但是毒性较大。动物实验表明,斑蝥素对小鼠的肝、肾功能有明显的毒性作用。我国《化妆品卫生规范》规定斑蝥素在育发类化妆品中含量不得超过 1%，在其他种类化妆品中不得检出。

化妆品中斑蝥素的测定方法有气相色谱法、气相色谱-质谱联用法和高效液相色谱法等。《化妆品卫生规范》规定方法为气相色谱法。

（二）测定方法——气相色谱法

1. 方法原理　化妆品中的斑蝥素用三氯甲烷萃取，用具有氢火焰离子化检测器的气相色谱仪测定。以保留时间定性，以峰高或峰面积定量。本方法对斑蝥素的定量下限为 2.0ng，若取 5g 样品，其最低定量浓度为 2mg/kg。

2. 样品处理　准确称取样品约 5g，置于分液漏斗中，加入适量纯水混匀。加三氯甲烷振摇，静置分层，将有机相转入刻度试管中，补加三氯甲烷至初始量，再加入适量用于干燥的无水硫酸钠。溶液待测定。

3. 样品测定　取 1μl 上述样品预处理溶液进样测定。采用单点外标法定量，斑蝥素标准溶液的进样体积应与样品液同，其峰面积应与样品峰面积在同一数量级内。

化妆品中斑蝥素含量计算公式同氮芥，见公式 6-8。

4. 方法说明

（1）斑蝥素有毒，具有强烈腐蚀性，能引起烧伤，操作应小心，避免接触。

（2）含有表面活性剂成分的化妆品，使用氯仿萃取时，会发生严重的乳化，使萃取无法进行或无法定量进行。可先用无水硫酸钠脱除化妆品所含水分，使样品由液态转化为固态，再用氯仿进行液-固萃取，能有效减轻乳化现象，克服定量测定的困难；或者加入 1g 左右盐析剂 NaCl 后，产生盐析作用，消除乳化现象，使有机相与水相分层。

（李珊）

第七节　化妆品香精中香料成分的检测

香精是化妆品中的重要组成部分，也是一种重要的添加剂，在各种化妆品中起着重要作用。随着生活水平的提高，人们对化妆品中香料需求量和关注度越来越高，如何在满足人们对香精香料的需求时，保证使用者的健康，是化妆品安全评价和检测的重要内容。

一、概述

（一）香料

1. 香料概念　香料是能被嗅觉嗅出香气或味觉尝出香味的物质，是配制香精的原料。目前，世界上发现的有香的物质大约 40 余万种。

2. 香料的分类　香料有多种不同的分类方式。

（1）香料按其来源分类：可以分为天然香料和合成香料。

1）天然香料：天然香料是指天然含香动植物的某些器官（或组织）或分泌物提取出来经加工处理而含有发香成分的物质，是成分复杂的天然混合物，天然香料分为植物性天然香料和动物性天然香料。①植物性天然香料：从植物的枝、叶、根、茎、树皮、树干、果实、花、花蕾和树脂等中提取出来的有机物的混合物，大多数为油状或膏状，少数呈树脂或半固态。根据其形态和制法，分为精油、浸膏、酊剂、净油、香脂、香树脂和油树脂等。香料植物约有 60 科

1500 个品种,一般常用于调香和生产的只有 200 余种。最常用的有薰衣草油、玫瑰油、薄荷油、茉莉浸膏、白兰花油、依兰油和桂花浸膏等。我国植物香料资源十分丰富,如薄荷油、桉叶油和桂油等的年产量已居世界第一。②动物性天然香料:常见的有麝香、灵猫香、海狸香和龙涎香 4 种,均是很好的定香剂,在香料中占有重要地位,主要用于增香、调香,且具有挥发性低、留香持久的作用,因此多作为高级香水和化妆品中的定香剂,使其香气持久。麝香是雄性麝鹿的生殖腺分泌物,主要成分是麝香酮,另外还有麝香吡啶、胆固醇、酚类、脂肪醇以及脂肪、蛋白质和盐类等。麝香属于高沸点难挥发性物质,香气强烈,扩散力强且持久,被视为最珍贵的香料之一。在调香中常作为定香剂,使各种香成分挥发均匀,提高香精的稳定性。灵猫香是雌雄性灵猫囊状分泌腺分泌出来的褐色半流体,浓度高时有恶臭气味,稀释后释放强烈而令人愉快的香气。灵猫香一般溶于乙醇等有机溶剂,难溶于水,一般制成酊剂使用。灵猫香的主要成分是灵猫酮,还有 3- 甲基吲哚、吲哚、乙酸苄酯和四氢对甲基喹啉等。海狸香是从雌雄海狸生殖器附近的梨状腺囊中取得的分泌物,新鲜时呈奶油状,经日晒或熏干后变成红棕色的树脂状物质,稀释后有愉快的香气。海狸香成分比较复杂,含有醇类、酚类和酮类等。龙涎香是抹香鲸胃肠道中形成的结石状病态产物,外貌阴灰或黑色的固态蜡状可燃物质,主要成分是龙涎香醇和甾醇。龙涎香醇本身并不具有香味,但经自然氧化分解后,产生的龙涎香醚和紫罗兰酮是重要的香气物质。所以,龙涎香一般制成酊剂后,还需经过 1~3 年的熟化后,才具有香味。龙涎香的留香能力比麝香强 20~30 倍,可达数月之久。龙涎香在 4 种动物性香料中是腥臭味最少的香料,其香料品质最高、香气最优美、价格最贵,多用于名牌高档香精中。

2)合成香料:单体香料是指具有某些化学结构的单一香料物质,包括单离香料和合成香料。单离香料(perfumery isolate)是指采取物理或化学的方法从天然香料中分离出来的单体香料化合物,如从山苍籽油分离的柠檬醛,从柏木油中分离的柏木脑等。合成香料(synthetic perfume)是指采用各种化工原料或天然原料,通过化学合成方法制备的化学结构明确的单体香料。合成香料原料的来源主要有天然动植物精油、煤炭化工产品和石油化工产品等。由单离香料或精油中的萜烯化合物经化学反应衍生而得的称半合成香料,如从柠檬醛制得的紫罗兰酮,从蒎烯合成的松油醇等。用化工原料合成的称全合成香料,如香豆素、苯乙醇以及自乙炔、丙酮合成的芳樟醇等;半合成香料品种大多也可用全合成法制得,但香气质量有微妙差异。

(2)香料按其化学结构分类:可分为萜类化合物、芳香族化合物、脂肪族化合物和含氮或硫化合物 4 大类。

1)萜类化合物:天然性植物香料的大部分含香成分是萜类,在某些精油中含量很高。香茅醇(3,7- 二甲基 -6- 辛烯醇)具有甜的花香,类似玫瑰花香,存在于许多精油中。芳樟醇(3,7- 二甲基 - 辛 -1,6- 二烯 -3- 醇)是重要的单萜烯醇之一,呈无色液体,具有似鲜花气及香柠檬和薰衣草的香气。

2)芳香族化合物:天然性植物香料中,芳香族化合物的存在仅次于萜醇类,并且其在合成香料中占有重大作用。苄醇分子式 C_7H_8O,有极其微弱的愉快香气,存在茉莉香和晚香玉油等天然精油中,主要用于精油和香精的调配,充当溶剂的作用。肉桂醇呈白色针状或块状结晶,有弱的风信子的幽雅香气。

3)脂肪族化合物:脂肪族化合物香料包括醇、酯、醛、酮、酸和内酯等,在植物性香料中也广泛存在,但是含量和作用不如前两类。

醇类香料:根据醇分子中的羟基与所连接的烃基结构的不同,可分为饱和醇、不饱和醇、脂环醇和萜醇。例如,正丁醇、巴豆醇、环己醇、苯甲醇和薄荷醇等。

脂肪族醇类香料:各类脂肪族化合物在天然界存在十分广泛,但由于随着碳原子数的增大,香味逐渐减弱,所以作为香料物质使用的数目比较少。另外,由于其香气比较轻,主要用途是作为合成酯类的原料。

酯类香料:酯类化合物很多具有花香、水果或酒香香气,广泛存在于自然界中,是鲜花、水果成分的重要组成部分,在化妆品香料配制中占有重要的位置,约占香料总数的20%。

醛类香料:醛类香料广泛存在于多种天然精油中,所以合成的醛类香料受到人们广泛的关注。芳香族醛类:苯甲醛(C_7H_6O)具有强烈苦杏仁气味的液体,以苷的形式存在于苦杏仁油、樱桃油以及橙花油、广藿香油等天然体系中。苯乙醛(C_8H_8O)是许多天然精油和食品的挥发性组分,赋予风信子和玫瑰香韵。肉桂醛(3-苯基丙烯醛)分子式为C_9H_8O,分子量为132g/mol,在天然肉桂油等天然体系中存在,具有强烈的桂皮香型和辛辣味。香兰素(香草醛)有类似天然香荚兰的香气,能升华而不分解。

4)含氮或硫化合物:含氮或硫化合物在植物性香料中的存在和含量极少,但是其气味特别强烈,因此不容忽视,如橙花油中的邻氨基苯甲酸甲酯和花生中的二甲基吡嗪等。

(二)香精

1. 香精概念 天然香料和合成香料都属于香原料,通常很少单独使用,一般都是调配成香精以后,再加到各种加香制品中。香精是由数种乃至数十种香料,按照一定的配比调和成具有某种气味或香韵及一定用途的调和香料。

2. 香精的组成 香精的调配可由如下组成:香基是显示出香型特征的主体;合香剂是以调和各种成分的香气为目的的成分;修饰剂是香精变化格调的成分;定香剂本身是不易挥发,并能抑制其他易挥发香料的挥发度,使其挥发减慢的成分;稀释剂是适当地把香味淡化及对结晶香料和树脂状香脂作溶解和稀释作用,本身属于无臭、稳定和安全,而且价格低的成分。香精广泛用于香水、润肤乳、香皂、冷霜、雪花膏、发乳、发蜡、洗发精、护肤美容品和牙膏等化妆品中。

(三)香料香精的安全性

香料香精的应用范围日益扩大,使得人们在生活中与其接触的机会越来越多;另外,化妆品现在的使用率越来越高,使用量越来越大,且长时间与皮肤接触,香料香精的稳定性和安全性对人们的安全性和身体健康是至关重要的。

因此,世界各国建立许多有关香料香精的安全性评价的机构,并制订了一系列规范标准指导香精的安全使用。国际日用香料香精协会(International Fragrance Association,IFRA)IFRA规定日用香料香精要做如下实验:急性口服毒性试验、急性皮肤毒性试验、皮肤刺激性实验、眼睛刺激性实验、皮肤接触过敏试验、光敏中毒和皮肤光敏化作用实验。IFRA实践法规将日用香料分为3类:一是禁用物质,即其由于对人体或环境有害,或由于缺乏足够的资料证明其可安全使用,故被禁止作为日用香料使用;二是限量使用的日用香料,即其应用范围和在最终消费品中的最高允许浓度受到限制;三是某些香料,尤其是天然香料,由于含有某些有害杂质会对人体造成不良影响,只有当其纯度达到一定要求后方可作为日用香料使用。IFRA不仅制定实践法规,还对实践法规的实施进行监督。我国日用香料香精的法规和标准主要是《化妆品卫生规范》和《日用香精》。中国颁布的《化妆品卫生规范》是以欧盟化妆品指令为蓝本,结合中国实际情况作了增删而制定的。《日用香精》(GB/T22731-2008)国家标准是为了规范日用香精的生产和使用,经过充分调查和研究国际上相关法规和标准的立法背景及工作内容,在原行业标准的基础上制订的。该标准提出了日用香精的安全性要求,并规定了75种在日用香精中禁用的香料和50种限用香料。

二、香料香精的检测

香料香精的检测一般包括感官检查、理化性质检验和成分分析。香料香精的感官检查和物化性质检验一般包括色泽、香气、折光指数、相对密度、重金属限量(以 Pb 计)、含砷量、pH 值和乙醇中的溶解度等,检验标准及检验方法一般引用香料的检验方法,具体检测方法可参照我国国家标准《香料通用试验方法》(GB/T 14454-2008)。对化妆品用香精,还要按照《化妆品卫生标准》要求进行禁用物质和限用物质的检验。

香料香精严格意义上讲是制备化妆品的原料,作为加香制剂加在不同类型的化妆品中,因此香料香精的感官检查和物化性质检测内容本节不作详细描述,本节的主要内容是有关化妆品中香料的性能指标检测和香料成分检测及分析。

(一)香料香精的主要性能指标检测

香料香精的酯值、羰基化合物含量和含酚量是其评价和反映香料香精质量的重要化学参数和性能指标,是香料香精常规的 3 个主要性能检测指标。

1. 香料中酯值或含酯量的测定　香料中的酯值是指:中和 1g 香料中的酯在水解时产生酸所需氢氧化钾的质量,单位为 mg/g。酯值是香料重要的性能指标,通过酯值的测定可了解香料产品的质量。香精中酯值或含酯量的测定可参考国家标准《香精酯值或含酯量的测定》(GB/T 14454.6-2008)。

(1)测定原理:在规定的条件下,氢氧化钾乙醇溶液加热水解香料中的酯,盐酸溶液滴定过量的碱。反应式如下:

$$RCOOR'+H_2O \longrightarrow RCOOH+R'OH$$
$$RCOOH+KOH \longrightarrow RCOOK+H_2O$$
$$KOH+HCl \longrightarrow KCl+H_2O \tag{6-9}$$

(2)测定步骤:称量约 2g 的精油或合成香料,将试样放入皂化瓶,加 25ml 氢氧化钾溶液,沸水浴加热回流 1 小时,冷却后,加入 20ml 水和 5 滴酚酞指示剂,过量的氢氧化钾用盐酸标准溶液滴定,记录消耗算的体积,进行计算。

2. 香料中含酚量的测定　酚羟基是发香基团之一,酚含量的多少直接对香料的香气品质有直接影响。香精中含酚量的测定可参考国家标准《香料含酚量的测定》(GB/T 14454.11-2008)。

(1)测定原理:把已知容量的香料与强碱作用,香料中不溶于水的酚类物质转化为可溶性的酚盐,测定未被溶解的香料的体积,两者相减可计算出含酚量的体积分数。

(2)测定步骤:移液管移取经酒石酸脱色的酚类精油 10ml 于醛瓶中,加入 75ml 氢氧化钾溶液,在沸水浴中加热,多次振荡,然后沿瓶壁缓缓加入氢氧化钾溶液,再加热摇匀,直到使未溶解的油层完全上升到醛瓶有刻度的颈部。静止、分层和冷却至室温,读取油层的体积。如有不溶解的乳浊液,可加入一定量的二甲苯消除乳浊液,但是应注意减去加入的二甲苯的体积。香料中含酚量的体积分数按下式计算:

$$\varphi = \frac{V-V_1}{V} \tag{6-10}$$

式中,V:酚类精油原体积,ml;V_1:未被溶解的体积,ml。

3. 香料中含羰基化合物含量的测定　羰值是指中和 1g 香料与盐酸羟胺经肟化反应释放出的盐酸时所需的氢氧化钾的质量,单位为 mg/g。肟是羰基化合物和羟胺反应的产物。醛和酮类等羰基化合物是天然精油的重要芳香成分,羰基化合物含量的多少直接影响精油的香气特征。香料中羰基的测量方法有:中性亚硫酸钠法、盐酸羟胺冷肟化法、盐酸羟胺热肟化法和游离羟胺法等。具体采用哪种检测方法,要依据有关香料的产品标准。本节简单介绍一下盐酸羟胺法,具体步骤参照国家标准《香料羰值和羰基化合物含量的测定》(GB/T 14454.13-2008)。

测定原理:羰基化合物与盐酸羟胺反应转化为肟。反应式如下:

$$\begin{array}{c}\diagdown\\ \diagup\end{array}C = O + H_2N-OH\cdot HCl \longrightarrow \begin{array}{c}\diagdown\\ \diagup\end{array}C = N-OH + HCl \qquad (6\text{-}11)$$

用氢氧化钠标准溶液滴定上述反应生成的盐酸,计算羰基化合物的含量。对于颜色比较深的溶液,采用电位滴定法确定反应终点。

(二)香精中香料的成分分析

目前,化妆品中使用的大多数香精是众多香料经过调香师的配制而成,成分比较复杂,含量不均匀,物理化学性质各异。因此,化妆品香精香料的检测主要是对多种香料同时检测,很少检测单一香料成分。香精中香料成分的检测分析与其他物质分析的基本步骤一样,包括样品采集和预处理、香料成分的提取、浓缩、分离、鉴定和定量分析、综合评价等步骤。香料检测一般是混合物的分离检测,因此,香料分析通常采用色谱法,包括气相色谱法、高效液相色谱法、毛细管电色谱法、气相色谱 - 质谱法、液相色谱质谱法和薄层色谱法等。由于香料的成分多为易挥发物质,所以气相色谱法应用最为广泛。我国专门制定了一系列精油毛细管柱气相色谱法(GB/T11538-2006/ISO7906:1985)和香料填充管柱气相色谱法(GB/T11539-2008/ISO7359:1985)的通用分析方法。

超临界流体色谱能同时检测挥发性和非挥发性香料成分,在香料分析中的应用越来越广泛。质谱法不仅能够定量检测香料成分的含量,还能得到其具体的化学结构,与色谱联用,能在很短时间内对复杂混合物进行分离测定,因此气相色谱质谱联用技术成为目前香料成分分析中的最常用分析技术。另外,色谱法联合傅里叶红外光谱以及磁共振波谱仪,也可以用于香料的成分分析。

1. 香料中功能成分物质的检测

(1)气相色谱法测定化妆品中柠檬醛、肉桂醇、茴香醇、肉桂醛和香豆素的方法(GB/T 24800.9-2009):用无水乙醇超声提取化妆品中的 5 种香料成分,经高速离心后,上清液以微孔滤膜过滤,滤液用气相色谱进行分析,外标法定量,气相色谱 - 质谱(电子轰击源,EI)确认,检测限为 2.5~3.0mg/kg。

(2)气质联用检测化妆品中 19 种香料的方法(GB/T24800.10-2009):柠烯、苄醇、芳樟醇、2- 辛炔酸甲酯、香茅醇、香叶醇、羟基香茅醛、丁香酚、异丁香酚、α- 异甲基紫罗兰酮、丁苯基甲基丙醛、戊基肉桂醛、羟基异己基 -3- 环己烯甲醛、戊基肉桂醇、金合欢醇、己基肉桂醛、苯甲酸苄酯、水杨酸苄酯和肉桂醛苄酯等 19 种香料的检测。固体、膏状和乳液类样品:称取 1.0g 试样于 10ml 具塞比色管中,加入甲醇超声提取,取上清液于具塞离心管中,高速离心后,加入一定量的无水硫酸钠脱水,再经 0.45µm 滤膜过滤后,作为待测液。液体样品经甲醇提取后,不需离心,经过滤后可以直接检测。气相色谱分离后,电子轰击源质谱检测质谱信号,进行定性和定量分析。检出限均为 3mg/kg,定量下限为 10mg/kg。

2. 化妆品香精中禁用香料物质的检测　国标《日用香精》(GB/T 22731-2008)中规定日用香精中禁用物质共有 75 种,见表 6-13,主要有香豆素类、含苯基的化合物和一些植物中提取的香料成分等几大类。香精中的大多数香料物质都是易挥发物质,采用气相色谱和气相色谱串联质谱仪进行检测为主。

表 6-13　日用香料禁用物质表

序号	名称	序号	名称	序号	名称
1	山嵛香	26	马来酸二乙酯	51	马索亚内酯
2	乙酰异戊酰	27	二氢香豆素	52	香蜂花油
3	土木香根油	28	2,4- 二羟基 -3- 甲基苯甲醛	53	7- 甲氧基香豆素
4	庚炔羧酸烯丙酯	29	4,6- 二甲基 -8- 叔丁基香豆	54	1-(4- 甲氧基苯基)-1- 戊烯 -3- 酮
5	异硫氰酸烯丙酯	30	3,7- 二甲基 -2- 辛烯 -1- 醇	55	6- 甲基香豆素
6	2- 戊基 -2- 环戊烯 -1- 酮	31	顺式甲基丁烯二酸二甲酯	56	7- 甲基香豆素
7	茴香叉基丙酮	32	二苯胺	57	巴豆酸甲酯
8	顺式和反式 - 细辛脑	33	2- 辛炔酸酯类(庚炔羧酸甲酯和丙烯酯除外)	58	4- 甲基 -7- 乙氧基香豆素
9	苯	34	2- 壬炔酸酯类(辛炔羧酸甲酯除外)	59	对甲基氢化肉桂醛
10	苄氰	35	丙烯酸乙酯	60	甲基丙烯酸甲酯
11	苄叉丙酮	36	乙二醇单乙醚和乙酸酯	61	3- 甲基 -2-(3)- 壬烯酯
12	桦木裂解产物	37	乙二醇单甲醚和乙酸酯	62	伞花麝香
13	3- 溴 -1,7,7- 三甲基二环 [2.2.1]- 庚烷 -2- 酮	38	无花果叶净油	63	葵子麝香
14	溴代苯乙烯	39	糠叉基丙酮	64	西藏麝香
15	对叔丁基苯酚	40	香叶腈	65	硝基苯
16	刺柏焦油	41	反式 -2- 庚烯醛	66	2- 戊叉基环己酮
17	香芹酮氧化物	42	六氢香豆素	67	秘鲁香膏粗品
18	土荆芥油	43	反式 -2- 己烯醛二乙缩醛	68	苯基丙酮
19	肉桂叉丙酮	44	反式 -2- 己烯醛二甲缩醛	69	苯甲酸苯酯
20	松香	45	氢化枞醇	70	假性紫罗兰酮
21	兔儿草醇	46	氢醌单乙醚(4- 乙氧基苯酚)	71	假性甲基紫罗兰酮
22	1,3- 二溴 -4- 甲氧基 -2- 甲基 -5- 硝基苯(α- 麝香)	47	氢醌单甲醚(4- 甲氧基苯酚)	72	黄樟素、异黄樟素、二氢黄樟素
23	2,6- 二溴 -3- 甲基 -4- 硝基茴香醚(KS- 麝香)	48	异佛尔酮	73	山道年油
24	2,2- 二氯 -1- 甲基环丙基苯	49	6- 异丙基 -2- 十氢萘酚	74	甲苯
25	马来酸二乙酯	50	香厚壳桂皮油	75	马鞭草油

双香豆素（dicumarol）和环香豆素（cyclocou-marol）是具有代表性的化妆品禁用物质。这两类香料属香豆素类物质，具有草香味，曾被广泛应用。但双香豆素和环香豆素具有光毒性，易与紫外线产生作用而变质，对肝脏有损害，也影响生物体代谢，例如 8- 甲氧基补骨脂素能够增强皮肤对紫外线的敏感性，加速黑色素的生成，易引起皮炎甚至光致突变和致癌。由于香豆素类化合物具有共同的母体，并具有相似的危害性，因此《化妆品卫生规范》中，将双香豆素、二氢香豆素（3,4-dihydrocoumarin）、7- 甲基香豆素（7-methylcoumarin）、7- 甲氧基香豆素（7-methoxycoumarin）、醋硝香豆素（acenocoumarol）、7- 乙氧基 -4- 甲基香豆素（7-ethoxy-4-methyl-2H-chromen-2-one）、3-(1- 萘基)-4- 羟基香豆素、4,4'- 二羟基 -3,3'-(3- 甲基硫代亚丙基) 双香豆素、苯丙香豆素、库美香豆素和呋喃香豆素（8- 甲氧基补骨脂素）列入化妆品香料的禁用物质范围。

化妆品中香豆素类物质的检测主要是高效液相色谱法、气相色谱法和色谱质谱联用法。尽管气相色谱质谱法可同时检测化妆品中的多种物质，但对沸点较高的香豆素成分，易受色谱柱流失产生的噪音信号的干扰，且对沸点相近的香豆素无法较好地分离。而高效液相色谱法能弥补气相色谱质谱检测法的缺陷，并能准确和灵敏地检测更多种的香豆素，所以高效液相色谱法常用于香料中香豆素类物质的检测分析。

中华人民共和国出入境检验检疫行业标准《进出口化妆品中双香豆素和环香豆素测定的液相色谱法》（SN/T2104-2008）采用高效液相色谱法测定双香豆素和环香豆素。样品用乙腈 - 氢氧化钠溶液（0.1mol/L，体积比 9∶1）提取溶液超声提取，过滤，取 10μl 样品注入高效液相色谱仪，二极管阵列检测器扫描检测，并在 306nm 波长进行分析，保留时间定性，外标法定量，并且采用液质联用（LC-MS/MS）确证。双香豆素和环香豆素定量下限为 1ng。

第八节　化妆品中其他禁限用物质的检验

化妆品中常见的禁限用物质，如重金属、防晒剂、防腐剂和美发剂等在前几节已有介绍，本节着重介绍糖皮质激素、性激素、抗生素、二噁烷、α- 羟基酸、甲醇和挥发性有机溶剂等化妆品中常见的其他禁限用物质及其检测方法。

一、糖皮质激素检测

（一）概述

糖皮质激素（glucocorticoids，GCS）又名肾上腺皮质激素，是由肾上腺皮质中束状带分泌的或人工合成的一类甾体激素。糖皮质激素对皮肤病有良好的消炎作用，抑制纤维细胞增生，减少 5- 羟色胺的形成，使用后面部粉刺和脓包很快消失，面部血管膨胀和黑色素也消失，使皮肤白皙、红润，因此被广泛添加到嫩肤、美白化妆品中。但长期使用糖皮质激素可导致皮肤干燥脱皮、红血丝和色素沉着，甚至出现激素依赖性皮炎，停用后皮肤发红、发痒，出现红斑、皮疹等多种激素变化，很难治愈。因此，我国《化妆品卫生规范》明确规定此类物质为化妆品中的禁用物质。

（二）糖皮质激素的检测方法

糖皮质激素的测定方法较多，应用于化妆品中糖皮质激素的检测方法多为液相色谱法和液相色谱 - 质谱联用法。但化妆品的基质成分复杂，干扰目标物的检测，使得高效液相色谱在选择性方面存在着很大的局限性，因此目前常用和推荐的方法是液相色谱 - 质谱联用技术。

我国检测化妆品中 41 种糖皮质激素的标准方法是液相色谱串联质谱法(GB/T 24800.2-2009)。

1. **方法原理**　膏霜类化妆品用饱和氯化钠溶液分散,精油类化妆品用正己烷分散,乙腈提取溶液中的激素类物质,分别用亚铁氰化钾和醋酸锌沉淀溶液中的大分子物质,固相萃取小柱净化后,用反相高效液相色谱法串联质谱法对激素类物质进行定性和定量分析。

2. **样本处理**　称取一定量的试样于离心管中,霜膏类化妆品加入氯化钠分散溶液,精油类样品加入正己烷分散精油部分。乙腈溶液反复提取 2 次,合并乙腈提取液,依次加入去离子水,亚铁氰化钾和乙酸锌除去溶液中的大分子物质,混匀后离心,作为待净化液。利用固相萃取小柱净化处理待净化液,收集含糖皮质激素成分洗脱溶剂,氮气吹干,重新溶解定容,滤膜过滤后待测。

3. **实验条件**　液相色谱条件:超高效液相 C18 色谱柱分离:柱温为室温;进样量:5μl,流动相:含 0.1% 甲酸的水溶液和含 0.1% 甲酸的乙腈溶液;梯度洗脱分离,流动相流速为 0.3ml/min。质谱条件:电喷雾离子源,正离子模式扫描;检测方式:多反应监测。

4. **样本分析**　在相同的实验条件下,样品溶液中检出的色谱峰的保留时间与标准溶液中的某一成分的保留时间一致且所选择的两对子离子的质荷比一致,可判断该样品中含有该组分。根据样品中某一种糖皮质激素的含量用外标法定量。

5. **注意事项**　化妆品的基质成分相当复杂,目前糖皮质激素样品的预处理方式主要是萃取后离心分离,超声波溶解再经 HLB 净化。

二、性激素检测

(一)概述

性激素指由动物体的性腺以及胎盘、肾上腺皮质网状带等组织合成的甾体激素,主要有雄激素、雌激素及孕激素 3 类,具有促进性器官成熟、副性征发育及维持性功能等作用。化妆品中添加性激素能够在短时间内促进毛发生长(育发类)、丰乳、防止皮肤老化、除皱、增加皮肤弹性等作用。因此,性激素在化妆品工艺中常被违规添加在抗皱、生发和抗衰老等化妆品中。但长期应用添加性激素的化妆品可导致面部皮肤黑斑、萎缩变薄、骨质疏松、肌肉萎缩、代谢紊乱、早熟、女性男性化和男性女性化等问题,严重可引起癌症的发生。国际癌症研究中心(International Agency for Research on Cancer,IARC)已证明,已烯雌酚能引起细胞癌、子宫内膜癌和乳腺癌等癌症。因此,我国《化妆品卫生规范》规定性激素为化妆品中的禁用物质。

(二)检测方法

性激素目前常用的检测方法主要有酶联免疫法、比色法、分光光度法、荧光分析法、色谱法和色谱质谱联用法。

酶联免疫吸附测定法是将激素与血清蛋白或其他载体耦联形成抗原,制备单克隆抗体并研制 ELISA 试剂盒,检测性激素残留,此法操作简单,灵敏度高,但特异度不高。性激素分子结构中存在苯环和酚羟基等结构,有特定的紫外吸收,可用紫外分光光度法测定。但分光光度法灵敏度低、特异性不强及对结构相近的物质无法辨别,不能满足多种残留组分同时检测的要求,已逐渐被淘汰。荧光分析法是用盐酸水解样品中的甾体化合物,乙醚提取后用硫酸处理,检测荧光强度进行定量分析。

色谱法是目前性激素测定的主要方法,包括气相色谱和液相色谱法。性激素对热不稳定且不易挥发,用气相色谱或气相色谱质谱联用方法分析,需要将性激素衍生化,生成热稳定性及挥发性都较好的衍生化物质。但是,衍生化气相色谱法所需时间较长,不能满足快速分析的要求。与气相色谱法相比,液相色谱法不需要衍生处理,样品前处理相对简单,只要适当应用各种试剂及净化方法,与质谱检测器结合,可实现对多种物质的定性定量分析。超高效液相色谱串联质谱法样品前处理的方法简单、灵敏度高、分析快速、分辨率高、能够准确定性及同时测定多种性激素残留等优点,成为目前应用最广泛的测定性激素的方法。

1. 高效液相色谱法

(1) 方法原理:乙腈提取试样,经正己烷脱脂,氮吹仪吹干提取液中的乙腈后,用8%的碳酸氢钠水溶液溶解,再用乙醚反萃取,蒸干乙醚,用流动相定容,采用C_{18}色谱柱进行分离,应用二极管阵列检测器和荧光检测器的串联技术对样品中的7种性激素进行测定。雌三醇、雌二醇、雌酮、己烯雌酚和黄体酮最低检出限分别为0.034、0.038、0.045、0.026和0.053μg/ml。

(2) 样品处理:①溶液状样品:准确称取样品于10ml具塞比色管中,在水浴上馏除乙醇等挥发性有机溶剂,用甲醇稀释到10ml,备用。②膏状和乳状样品:准确称取一定量样品于100ml锥形瓶中,加入饱和氯化钠溶液和硫酸,振荡溶解后转移至100ml分液漏斗。以环己烷萃取化妆品中的待测成分,合并环己烷并在水浴上蒸干。10ml甲醇溶解残留物,混匀后滤膜过滤,滤液备用。

(3) 样本分析:色谱柱:C_{18}柱分离;流动相:甲醇 + 水 =60+40;流速:1.3ml/min;检测波长:二极管阵列检测器(雌性激素204nm,雄性激素245nm)或荧光检测器(激发波长280nm,发射波长310nm)。

2. 气相色谱 - 质谱法　化妆品中的激素分子中有极性基团,不易挥发,衍生化可提高挥发性,改善极性物质的色谱行为,提高其选择性检测能力。激素衍生主要用酰化衍生法,常用三氟乙酸酐、五氟丙酸酐和七氟丁酸酐等作衍生试剂。

准确称取混匀试样于试管中,用乙醚提取振荡提取多次,合并提取液,氮气吹干后,加入乙腈超声提取移出,再用乙腈振荡洗涤,合并乙腈用氮气吹干。甲醇加超声溶解残渣后,用C_{18}柱做吸附小柱洗脱净化,洗脱液最终收集于衍生化小瓶中,氮气吹干待衍生化。加七氟丁酸酐衍生后,进样检测。气相色谱分离,EI源质谱仪检测。

3. 液相色谱 - 质谱联用法　超高效液相色谱 - 串联电喷雾四极杆质谱在多反应监测模式下,测定特殊功效类化妆品中7种性激素的残留,样品依次经提取、去脂和C_{18}固相萃取小柱净化,目标物以乙腈 / 水为流动相,经C_{18}色谱柱上进行梯度洗脱分离。在超高效液相色谱串联质谱分析过程中以保留时间和离子对(母离子和两个碎片离子)信息比较定性,以母离子和响应值高的碎片离子进行定量。方法检出限为0.002~0.2μg/g。与气相色谱质谱联用相比,该法样品前处理方法简单,不需衍生,选择性强,适合对化妆品中7种性激素(雌三醇、雌酮、己烯雌酚、雌二醇、睾酮、甲基睾丸酮、黄体酮)的含量测定。与普通液相色谱相比,灵敏度高,定性准确。

三、抗生素及其他抗菌物质

(一) 概述

抗生素是由细菌、真菌或其他微生物在生活过程中所产生的具有抗病原体或其他活性的一类物质或人工合成的类似物。不仅能杀灭细菌,而且对霉菌、支原体、衣原体、螺旋体和立克次体等其他致病微生物也有良好的抑制和杀灭作用。

化妆品中添加抗生素和其他抗菌药物,如甲硝唑能抑制微生物的生长,暂时祛痘明显,但会诱发皮肤表面的菌群失调,极易引起接触性皮炎和抗生素过敏等症,长期使用还会导致严重的内脏损伤,危及生命。因此,我国《化妆品卫生规范》规定抗生素及其他抗菌药物为化妆品中的禁用物质。

(二)检测方法

抗生素的检测方法可概括为微生物检测法、酶联免疫法和理化检测法。

1. 微生物检测法 微生物检测法是较为广泛应用的最经典方法,测定原理是根据抗生素对微生物的生理功能及代谢的抑制作用来定性确定样品中抗微生物药物残留。微生物检测法主要包括纸片法、TTC法、管蝶法和试剂盒法等。微生物检测法优点是操作简单、可靠,费用低,但检测方法时间较长,要求操作人员需有一定的专业知识且实验过程中菌液的制备时间长,易出现假阳性,不能实现定量检测等缺点。

2. 免疫分析法 免疫分析法包括放射免疫测定法(RIA)、酶联免疫吸附测定法(ELISA)和固相免疫传感器等。免疫学分析法操作简单快速、灵敏,与常规的理化分析技术相比,无需对样品进行任何的处理,其分析成本低且取样量少,仪器化程度低,应用比较广泛。但免疫测定法也有其局限性,特异性比较低,对于可疑假阳性或假阴性样品还需要色谱法进行再确定。

3. 理化分析法 理化检测法是依据抗生素分子具有的物理化学性质,借助实验仪器对其分离检测的一种方法。分离技术包括色谱和电泳等,检测技术包括紫外分光光度法、荧光分光光度法、质谱法和化学发光等。

抗生素的理化检测方法主要是分光光度法和色谱法。由于抗生素分子结构中存在有特定的紫外吸收的分子结构,可用紫外分光光度法测定检测抗生素的含量,但紫外分光光度法灵敏度低、特异性不强及对结构相近的物质无法辨别等缺点,不能满足多残留分析检测的要求,已逐渐被淘汰。

与微生物检测法和免疫分析法相比,色谱法特别是色谱质谱联用技术发展迅速,已逐渐取代其他检测方法,成为抗生素残留测定的主要检测方法。色谱法包括薄层色谱法、气相色谱法、气相色谱-质谱、液相色谱法和液相色谱-质谱。由于抗生素的相对分子质量较大、挥发性低且有一定极性,高效液相色谱分离效率高、检测灵敏、结果稳定、重复性好和精确可靠,因此成为检测抗生素残留的常用方法。其中,以高效液相色谱法和高效液相色谱质谱联用法应用最为广泛,也最有发展前景。中国药典2000年版到2005年版,抗生素检验已转向以高效液相检验为主,2005年版药典收载抗生素品种284个,其中205个用高效液相色谱法进行检测。

(1)高效液相色谱法

1)氯霉素等6种抗生素和甲硝唑:《化妆品卫生规范》规定了祛痘除螨类化妆品中盐酸米诺环素胶囊、二水土霉素、盐酸四环素、盐酸金霉素、盐酸多西环素、氯霉素和甲硝唑含量的测定的高效液相色谱法。

方法原理:氯霉素等6种抗生素和甲硝唑在268nm处有紫外吸收,可用反相高效液相色谱分离,并根据保留时间定性,峰高或峰面积定量。

样品前处理:准确称取样品约1g于10ml具塞比色管中,加入甲醇+盐酸(0.1mol/L)=1+1的混合溶液至刻度,振摇,超声提取20~30分钟。经滤膜过滤,滤液作为待测溶液备用。

色谱条件:色谱柱:C$_{18}$柱;二极管阵列检测器,检测波长 268nm;流动相为 0.01mol/L 草酸溶液(磷酸调节水溶液的 pH 值至 2.0)+ 甲醇 + 乙腈 =67+11+22;流量为 0.8ml/min。盐酸米诺环素胶囊和甲硝唑的检出限达到 50ng/ml,其他的检出限为 1ng/ml,能够满足实际需要。

2)磺胺类药物:国标《化妆品中二十一种磺胺的测定 高效液相色谱法》(GB/T24800.6-2009)规定了测定化妆品中 21 种磺胺的高效液相色谱法。样品经提取和反萃取后,用高效液相色谱仪进行分析检测,二极管阵列检测器的检测波长为 268nm,保留时间定性,峰高或峰面积定量,21 种磺胺的检出限均为 0.1~0.2μg/g。超高效液相色谱(UPLC)/ 二极管阵列检测器也可以用于测定化妆品中常见的磺胺类药物。与高效液相检测磺胺的灵敏度基本一样,但超高效液相色谱法分析时间明显缩短,有利于大规模样品的检测。另外,超高效液相色谱流速小,节省溶剂且易于质谱串联,有利于磺胺药物的定性分析。

(2)液相色谱 - 质谱联用法:应用固相萃取(SPE)及液相色谱串联质谱(LC–MS/MS)技术,建立了四环素类、磺胺类、大环内酯类、喹诺酮类和 β– 内酰胺类 5 类多种不同类别抗生素的同时定量检测方法。样品通过 HLB 萃取小柱富集后,以 C$_{18}$ 反相色谱柱为分析柱,乙腈 -0.1% 甲酸溶液为流动相,采用 LC–MS/MS 进行定量分析。选择电喷雾正电离源(ESI$^+$),多反应监测模式(MRM),内标法定量。

高效液相色谱法结合光学检测器能够满足某一类别抗生素的检测,但是目前抗生素种类多、来源广和性质差别较大,多以痕量存在。因此,检测化妆品中的抗生素难度大,对多种或不同类别的抗生素同时检测,可能存在一定困难。而高效液相色谱质谱联用技术具有高的灵敏度和定性能力,可很好解决以上难题,建立以液相色谱 - 质谱联用技术为基础的检测方法是将来抗生素尤其是多种抗生素残留检测的新方向。

四、二噁烷检测

(一)概述

二噁烷别名二氧六环和 1,4- 二氧己环,无色液体,主要用做溶剂、乳化剂和去垢剂等。二噁烷通过吸入、食入或经皮吸收进入体内,有麻醉和刺激作用,在体内可蓄积;对皮肤、眼部和呼吸系统有刺激性,并可能对肝脏、肾脏和神经系统造成损害,甚至发生尿毒症。急性中毒时,可能导致死亡,对人类可能存在致癌性,对动物为明确的致癌性,被列为致癌物质,因此,二噁烷被列为化妆品中的禁用物质。但是,沐浴露和香波中主要的表面活性剂在制造过程中烷基氧化时,生产过程中的副产物是二噁烷,且在生产工艺技术上是不可避免的,可随原料进入化妆品中,尤其是清洗类化妆品。因此,目前化妆品中的二噁烷大多数是在生产过程中微量残留的副产物,并不是人为添加的。在日常消费品中,二噁烷的理想限值是 30ppm,含量不超过 100ppm 时,在毒理学上是可以接受的,认为对人体基本无害的,因此化妆品中二噁烷的限量是不超过 30mg/kg。

(二)检测方法

二噁烷的检测方法主要有气相色谱法和气相色谱质谱联用。其中,气相色谱 - 质谱联用(GC-MS)法检测二噁烷是最常用的定性定量用检测方法。气相色谱法可有效分离二噁烷,适于准确定量检测;质谱法具有高选择性、高灵敏性,可实现在线检测等优势。

1. 方法原理 气相色谱串联质谱法鉴别并测定化妆品中二噁烷含量的方法,适用于膏霜、乳和液类化妆品中二噁烷含量的测定。采用顶空进样,经气相色谱质谱联用对二噁烷的 m/z88 的分子离子峰及 m/z43、58 的碎片峰进行确认。标准曲线法定量分析,检出限为 2μg,

定量下限为 6μg。

2. 检测方法

（1）样品处理：准确称取样品，置于顶空进样瓶中，加入氯化钠固体和去离子水，分别精密加入二噁烷系列浓度标准工作溶液，密封后超声，轻轻摇匀，作为标准系列工作溶液。置于顶空进样器中，待测。

（2）顶空进样器：汽化室温度：70℃；定量管温度：150℃；传输线温度：200℃；汽液平衡时间：40 分钟；进样时间：1 分钟。

（3）气相色谱 - 质谱（GC/MS）条件：色谱柱：交联 5% 苯基甲基硅烷毛细管柱（30m×0.25mm×0.25μm）。电离方式：EI；选择离子监测方式（SIM），选择监测离子（m/z）。

（4）定性测定：用气相色谱 - 质谱仪对样品定性测定，如果检出的色谱峰的保留时间与二噁烷标准品相一致，并且在扣除背景后样品的质谱图中，所选择的监测离子均出现，而且监测离子比与标准样品的离子比相一致，则可以判断样品中存在二噁烷。

（5）定量测定：以检测离子（m/z）88 为定量离子，以二噁烷峰面积为纵坐标，二噁烷标准加入量为横坐标建立标准曲线，计算样品中二噁烷的含量。

五、α- 羟基酸检测

（一）概述

α- 羟基酸是羟基位于 α 位（与羧基碳原子直接相连的碳原子）的一类羧酸，如酒石酸、乙醇酸、苹果酸和柠檬酸，属于小分子的有机酸，可被皮肤迅速吸收，具有较好的保湿作用。一定浓度的 α- 羟基酸可引起角质脱落和角质溶解，对皮肤干燥、细微皱纹和斑点有显著的改善作用，可使皮肤变得光滑、柔软，富有弹性，以及抗氧化、除皱纹、去死皮及调控皮肤表面的功效；因此，在抗衰老、护肤和美白等化妆品中得到广泛的应用。但高浓度的 α- 羟基酸，酸度较高，对皮肤有一定的刺激性，因此我国《化妆品卫生规范》明确规定 α- 羟基酸是化妆品中的限用物质，使用总量不能超过 6%，同时使用状态下 pH 值不得小于 3.5。

（二）检测方法

α- 羟基酸是一类小分子的有机酸，为了更好地分离检测，α- 羟基酸的常用测定方法是色谱法，主要包括高效液相色谱法、离子色谱法和气相色谱法。如小分子有机酸，易挥发，可用气相色谱法检测；能溶于水，可用高效液相色谱法检测；能以离子形式存在，所以也可能离子色谱法进行。由于 3 种方法均可以满足化妆品中 α- 羟基酸的检测，因此，我国《化妆品卫生规范》中 α- 羟基酸测定采用高效液相色谱法、离子色谱法和气相色谱法。

1. 高效液相色谱法

（1）方法原理：以水提取化妆品中的多种 α- 羟基酸组分，高效液相色谱仪进行分离分析，保留时间定性，峰面积定量。

（2）样品检测：样品预处理准确称取适量化妆品样品于 10ml 具塞刻度试管中，水定容至刻度，振摇，超声提取。经 0.45μm 滤膜过滤，滤液作为待测样液。样品测定在设定色谱条件下，C$_{18}$ 色谱柱分离，进行 HPLC 分析。根据保留时间定性（必要时用二极管阵列检测器的紫外吸收光谱定性），峰面积定量。标准曲线分别得出 5 种 α- 羟基酸组分的质量浓度。

2. 离子色谱法

（1）方法原理：以水溶液或淋洗液溶解化妆品中的 α- 羟基酸，离子色谱仪分离检测，保留时间定性，峰面积定量分析。

（2）样品检测：准确称取样品于 50ml 比色管中，加水或淋洗液溶解，高速振荡后超声波振荡器充分混溶，定容至刻度，静置，经 0.45μm 滤膜过滤，进样测定。选用盐酸（0.4mol/L）淋洗液，5mol/L 氢氧化钠再生液，离子色谱仪分离检测化妆品中的 6 种 α- 羟基酸：丙酮酸、酒石酸、柠檬酸、苹果酸、乙醇酸及乳酸。电导检测器检测各种羧酸的电信号定量分析。测定方法的相关性较好（r>0.9990），线性范围广、检出浓度较低及精密度较高，样品加标回收率 91.5%~105.0%，能满足同时对多种 α- 羟基酸物质的测定和确保测定的准确性。

六、化妆品中甲醇等有毒挥发性有机溶剂检测

（一）概述

化妆品生产中普遍使用有机溶剂，通常用于溶解和分散香精、杀菌防腐剂、油脂、表面活性剂、营养剂及颜料等组分。另外，在化妆品原材料加工过程中亦可能会带入一些有毒的有机溶剂。化妆品组分中有毒挥发性有机溶剂既可从原材料中带入造成残留，亦可是化妆品生产者为改善产品的性能而人为地加入造成残留，从而形成了对消费者潜在的危害。因此，我国《化妆品卫生规范》中明确规定：甲醇、苯、氯仿、四氯化碳、二氯乙烷类、二氯乙烯类和四氯乙烯等多种有机溶剂禁止用于化妆品生产。但是，目前国内化妆品中挥发性有机溶剂的标准测定方法仍处于验证研究阶段，主要是利用气相色谱法检测化妆品中的挥发性有机溶剂。例如，化妆品中甲醇的检测方法是气相色谱法，具体实验步骤可参考我国《化妆品卫生规范》。本节简单介绍一个利用气相色谱仪检测 15 种挥发性有机溶剂的方法。

（二）检测方法

1. 方法原理 样品用水稀释后，经顶空处理达到气 - 液平衡后，气相色谱仪分离，氢火焰离子化检测器检测信号强度，保留时间定性分析，峰面积外标法定量分析。

2. 样品测量 色谱柱采用程序升温；进样口温度：150℃；检测器温度为 160℃；氮气流速：45.0ml/min；氢气流速：40.0ml/min；空气流速：450.0ml/min。顶空进样系统条件顶空水浴温度：60℃；定量环温度：70℃；传输线温度：80℃；水浴平衡时间：40 分钟；进样量：1.0ml。准确吸取标准系列溶液于顶空瓶内，盖上瓶盖摇匀后检测。经顶空 - 气相色谱仪测定，以保留时间定性，峰面积定量，绘制标准曲线。准确称取样品于 100ml 棕色容量瓶中，用纯水定容至刻度；准确吸取此样品溶液于已加氯化钠的顶空瓶内，利用具 FID 检测器的气相色谱仪进行分析检测，计算化妆品中各挥发性溶剂的含量。该方法线性范围宽、精密度好、准确度好、快速灵敏，适用于化妆品中苯、甲苯、乙苯、二甲苯、苯乙烯、异丙苯、二氯甲烷、三氯甲烷、1,1-二氯乙烷、1,2-二氯乙烷、1,2-二氯乙烯、三氯乙烯、四氯乙烯等 15 种挥发性有机溶剂的测定。

小 结

化妆品卫生化学检验的目的是利用化学分析、仪器分析和物性测试等手段来确定化妆品的化学成分与含量、安全性等是否符合国家规定的质量、卫生和安全标准。化妆品卫生化学检验主要检验化妆品中的禁限用物质、活性成分及其含量，主要包括有害重金属、防晒剂、防腐剂、美白祛斑成分、染发剂、香料成分、维生素、氮芥、激素、抗生素、二噁烷、α- 羟基酸和甲醇等的检验。

化妆品中有害重金属卫生化学测定方法主要有冷原子吸收法、氢化物发生 - 原子吸收法、氢化物发生 - 原子荧光光度法、分光光度法、火焰原子吸收分光光度法、微分电位溶出法

和双硫腙萃取分光光度法等。

防晒剂按其性质及化学结构的不同,可分成化学防晒剂(紫外线吸收剂和紫外线屏蔽剂)及天然防晒剂。防晒剂的卫生化学检验根据待测物结构的不同,一般采用原子吸收法、紫外可见分光光度法、高效液相色谱法和气相色谱-质谱联用等方法,其中高效液相色谱法应用最为广泛。化妆品抗 UVA 能力的仪器测定方法为关键波长法。PFA 等级反映对 UVA 晒黑的防护效果,PFA 等级越高,化妆品防晒效果越强。

化妆品中防腐剂的检测方法主要有仪器分析法中的色谱法、质谱法、光谱法、电分析化学新方法及其他分离分析新方法等几大类。目前测定则以液相色谱-紫外可见分光光度法、高效液相色谱法、毛细管电泳和毛细管电色谱法以及气相色谱-质谱法为主。

化妆品中美白祛斑类物质分为 7 类,主要代表物质有:熊果苷、维生素 C 及其衍生物、氢醌、甘草提取物、果酸和曲酸等。美白祛斑成分的常用检验方法主要有高效液相色谱法、气相色谱法、红外分光光度法、紫外可见分光光度法、溶出伏安法以及化学滴定法等。熊果苷、维生素 C 及其衍生物、曲酸和氢醌等多采用高效液相色谱法测定,氢醌和苯酚等也可采用气相色谱法测定。

发用化妆品中的禁、限用物质通常出现在染发类化妆品、烫发类化妆品和育发类化妆品中,如染发剂中氧化型染料、烫发类脱毛类化妆品中巯基乙酸、育发类化妆品中氮芥和斑蝥素等。测定方法主要有高效液相色谱法、气相色谱法、离子色谱法、极谱法以及化学滴定法等。

化妆品香料香精的检测一般包括感官检查、物化性质检验和成分分析。香料香精的酯值、羰基化合物含量和含酚量是其评价和反映香料香精质量的重要化学参数和性能指标,是香料香精常规的 3 个主要性能检测指标。香料分析通常采用色谱法,包括气相色谱法、高效液相色谱法、毛细管电色谱法、气相色谱-质谱法、液相色谱质谱法、薄层色谱法和质谱法等。由于香料的成分多为易挥发物质,所以气相色谱质谱联用技术应用最为广泛。

化妆品中其他禁、限用物质的检验主要包括糖皮质激素、性激素、抗生素、二噁烷、α-羟基酸、甲醇和挥发性有机溶剂等的检测。检测方法多为色谱法和色谱-质谱联用法。

习题

1. 简述化妆品卫生化学检验的目的、内容和主要方法。

2. 化妆品中有害重金属的卫生化学检验方法有哪些?

3. 防晒剂是如何分类的? 简述其相应的卫生化学检验方法。

4. 如何用仪器测定法检验化妆品抗 UVA 的能力?

5. 我国《化妆品卫生规范》列出了多少种在化妆品中限量使用的防腐剂?

6. 化妆品中防腐剂的检测方法主要有仪器分析法中哪几大类? 目前测定以哪些方法为主?

7. 美白祛斑类化妆品常用的检测方法有哪些? 高效液相色谱法测定氢醌、苯酚应注意哪些问题?

8. 染发剂中禁、限用物质测定有哪些方法? 样品处理时为什么加入抗氧化剂?

9. 简述碘量法测定巯基乙酸的原理,说明实验中应注意哪些条件?

10. 试述高效液相色谱法和高效液相色谱串联质谱法检测多农药残留的方法的比较。

11. 试述离子色谱法和高效液相色谱法检测 α- 羟基酸的原理与优缺点。

12. 香料中禁用物质香豆素类物质的检测方法有哪些？试比较各自的优缺点。

13. 香料和香精的区别，香料成分分析的通用检测方法是什么？

（王茂清）

第七章 化妆品微生物检验

化妆品多含有适于微生物生长的生境特征，如富含水、蛋白质、氨基酸和适宜的 pH 等，在生产、储藏和使用过程中可能会受到微生物的污染。微生物对化妆品的污染，不仅会影响产品本身的质量，而且污染的病原菌或条件致病菌可对人体健康造成危害。因此，了解化妆品微生物的种类、性质、污染来源及其可能对使用者造成的危害，掌握化妆品的微生物检验方法，对保证化妆品质量、效能和安全性至关重要。

第一节 化妆品微生物概述

化妆品属于化学工业品，但其安全性除了与其所含化学物质有关外，还与化妆品可能污染的多种微生物密切相关。这些污染微生物对化妆品质量的影响可表现在 2 个方面：①微生物对使用者健康的直接危害；②化妆品的物理化学性质变化。化妆品微生物学主要研究化妆品中常见的污染微生物、污染来源、影响因素、卫生安全性的检测和评价指标，为制定化妆品微生物学标准及预防措施提供科学依据。

一、化妆品中常见污染微生物及其对健康的危害

化妆品中污染的微生物种类很多，根据各国调查资料综合分析，主要有以下种类。

（一）化妆品中常见的细菌

从化妆品中检出的细菌主要有：埃希菌属、假单胞菌属、变形杆菌属、克雷伯菌属、肠杆菌属、枸橼酸杆菌属、沙雷菌属、哈夫尼菌属、葡萄球菌属、芽胞杆菌属和链球菌属等 11 个属的细菌。这些细菌通过化妆品使用途径，可导致面部疖肿、红斑、炎性水肿和眼结膜充血，甚至引起败血症和破伤风等，微生物代谢产物可引起刺激性或过敏性皮炎。

（二）化妆品中的霉菌和酵母菌

从化妆品中常分离出霉菌和酵母菌，以霉菌多见。青霉菌属有类地青霉、草酸青霉、婴青霉、纯丝青霉、圆弧青霉、微紫青霉、简青霉和牵连青霉等。曲霉属有白曲霉、黄曲霉、烟曲霉、杂色曲霉、土曲霉、构巢曲霉、灰绿曲霉和棕曲霉等。交链孢霉属有细交链孢霉和互隔交链孢霉。芽枝霉属有蜡叶芽枝霉。螺孢霉属有单专螺孢霉。毛壳霉属有球毛壳霉和绳生毛壳霉。丝核霉属有花丝核霉。苗霉属有出芽苗霉。根霉属有黑根霉。此外，还有地霉属、毛霉属和粉孢霉属。以青霉、曲霉和交链孢霉居多。检出的酵母菌有红酵母属、园酵母属、隐球酵母属和假丝酵母属。化妆品中的霉菌可通过使用部位感染，如眼结膜、角膜和指甲感染。霉菌的分解代谢能力很强，在化妆品中产生的代谢产物或转化产物对皮肤有刺激作用，可造成接触性或过敏性皮炎。

（三）化妆品中的病毒

病毒的生物学特性决定其在化妆品中不易存活，所以一般认为病毒不会对化妆品产生影响，也不会通过化妆品带来健康问题，但某些病毒可借助化妆品作为"传播媒介"感染使用者。美国一项研究发现，商场化妆品专柜试用妆和其他试用产品中潜藏多种细菌和病毒。如果消费者在某些情况下共用口红就有传播某些病毒（如肝炎病毒及呼吸道病毒）的风险，如果使用者中有皮肤或黏膜破损，则导致病原体传播的几率会大大增加。

自从人们认识到了疯牛病的致病特点和病因，由朊病毒污染化妆品带来的潜在危害即被重视。化妆品传播"疯牛病"的可能性是在 1990 年被首次提出。疯牛病是由朊病毒感染所致的一种危害严重的人畜共患传染病；朊病毒是一种非寻常类病毒，也称朊粒，是不含核酸和脂类的疏水性蛋白，这种朊蛋白对热有很强的抵抗力，能抵抗蛋白酶 K 的消化作用，可引起人和动物的传染性海绵状脑病。若化妆品中含有来源于牛脑、牛骨、牛眼睛及羊胎素等牛、羊的组织成分，包括清蛋白、纤连蛋白、胶原质、脑提取物、脑脂、胆固醇、鞘脂、油脂及油脂衍生物等，这些成分中都可能含有来自病畜的朊病毒。科学家认为，朊病毒可以在化妆品中存活，动物实验证明朊病毒可以通过皮肤、口唇、黏膜和眼结膜感染；假如皮肤或黏膜有微小损伤，则病毒更易入侵。因此，在含有牛、羊源性成分的化妆品中，如果污染有朊病毒，就存在感染的潜在危险。但截止到目前，世界上还没有发生一起因为使用化妆品而感染疯牛病的病例。

二、微生物对化妆品物理化学性质的影响

化妆品有微生物赖以生存、繁殖的物质基础，同时其中的抑菌物质尤其是防腐剂能在一定程度上限制微生物生长；但如果存放时间过长或微生物污染量大，在适宜的条件下，微生物会在化妆品中大量繁殖，致使受污染的化妆品发生一系列物理性状和化学成分改变，导致化妆品变质，出现异味、产气、变色、霉斑、变稀和分层等表现。微生物使化妆品变性主要在以下几方面。

1. 异味　原来具有芬芳香气的化妆品，由于微生物在化妆品中的生产繁殖，分解其中的含氮类、脂类及淀粉类等物质所产生的胺、硫化物、醛酮类、酸类等挥发性产物，使化妆品变味，出现腐臭或酸臭味。

2. 产气　微生物可分解化妆品中的有机酸或淀粉类物质产气，化妆品中出现气泡。

3. 变色　一些细菌在繁殖过程中可产生脂溶性或水溶性色素，从而使化妆品变色，如金黄色葡萄球菌和藤黄八叠球菌可产生黄色脂溶性色素，铜绿假单胞菌、荧光假单胞菌和类蓝色假单胞菌能产生绿色和蓝色水溶性色素，黏质沙雷菌可产生粉红色色素。另外，如果滋生霉菌，可因代谢产物的作用或菌丝与孢子的缘故，使得化妆品产生黄色、黑色或白色等霉斑。

4. 物理性状的改变　由于微生物代谢酶的作用，使化妆品中的脂类、蛋白类及淀粉类等水解，乳状液破乳，出现分层、变稀和渗水等现象，透明液状化妆品出现混浊或沉淀等物理性状的变化。

三、化妆品中微生物生长与繁殖的影响因素

1. 水　水是微生物生存繁殖不可缺少的物质，可作为溶剂、细胞内外物质转运的媒介、生化反应物及热导体。水是化妆品生产的重要原料，是决定微生物是否生长和影响生长速

度的重要因素。大多数化妆品,如膏霜、乳液和香波等,都含有一定比例的水分,有利于微生物生长。

2. 营养物质　化妆品原料的种类繁多,如天然的动物脏器提取物与分解物、各种酶类、天然或合成的胶质、蛋白质、氨基酸、淀粉、花粉、蜂王浆和人参等,此外维生素类作为化妆品的特殊添加剂,在化妆品中的应用越来越广,这些原料在一定程度上构成了微生物的培养基成分,为微生物的生长和繁殖提供了必需的碳源、氮源、矿物质和维生素等。

3. pH　化妆品的 pH 在 4~7 之间,适宜细菌和霉菌的生长。多数细菌适宜生长在中性及微碱性(pH6~8)环境,酵母菌和霉菌可在中性及酸性环境(pH4~6)条件下生长。

4. 温度　化妆品的某些生产环节、贮藏和使用温度大多在 20~30℃的常温下,此温度范围正是多数环境微生物的适宜生长温度,尤其是嗜温菌及霉菌和酵母菌更适宜。

5. 防腐剂与抑菌剂　化妆品的生产和使用过程中不可避免地会受到微生物的污染,为限制微生物在化妆品中的生长繁殖,往往在化妆品中加入一定剂量、不同种类的防腐剂,用于抑制微生物的生长。但抑菌不是杀菌,而且这种抑菌能力和范围也是有限度的。化妆品中的某些成分本身即是抑菌剂。

四、化妆品微生物污染

(一)国内外化妆品微生物污染相关报道

化妆品微生物污染,国外早有报道。1968 年,Wolven 检测了美国市场上的 200 种化妆品,发现约有 25% 的产品受各种微生物污染。同期,美国 FDA 开始调查,发现在 169 种产品中有 20% 污染了微生物。Wilson 等发现,眉目化妆品中细菌的污染率为 43%,真菌为 12%,在睫毛墨中发现有引起人角膜真菌症的茄病镰刀菌的污染。Morse 等从 26 种擦手油中发现 15% 污染有细菌,污染浓度为 $4.4 \times 10^5 \sim 7.5 \times 10^6$ CFU/ml。除从使用前的产品检出细菌外,从正在使用的化妆品中也检出了多种细菌。20 世纪 70 年代后,由于发达国家制定了化妆品卫生法规和限量标准,以后在文献上极少见发达国家化妆品微生物污染的报道。而在其他一些发展中国家存在严重污染,如埃及 Abddaziz 等(1989 年)报道,眼部化妆品细菌的污染率为 45%,并从中分离出铜绿假单胞菌、弗劳地枸橼酸杆菌和肺炎克雷伯杆菌;膏霜类中 85% 的样品真菌污染 $>10^3$ CFU/g,细菌污染 $>10^4$CFU/g;洗发香波细菌和真菌污染率分别为 43% 和 24%,并从中检出了金黄色葡萄球菌和铜绿假单胞菌。

我国化妆品工业化起步较晚,20 世纪 80 年代开始重视对国产化妆品进行微生物污染调查,1985 年对生产化妆品最多的 7 个省、市抽检 740 份样品,细菌的总污染率为 47.2%,菌落总数 $>10^4$CFU/g 的约占 15%,其中 3.5% 的样品检出了粪大肠菌群,1.9% 的样品检出了铜绿假单胞菌,0.4% 的样品检出了金黄色葡萄球菌;60% 的样品有霉菌污染,其中霉菌数 >100CFU/g 的占 15%。1987 年我国颁布了化妆品卫生标准及化妆品微生物标准检验方法,1990 年出台了化妆品卫生监督管理条例,加强了卫生监督和检测。90 年代后,我国化妆品微生物的污染率明显下降,细菌和霉菌的超标率分别降至 5% 和 36% 以下。

(二)不同种类化妆品的染菌情况

由于化妆品的营养成分和剂型的不同,因此各种类化妆品污染微生物的程度也不同。

1. 护肤类　此类化妆品包括各种润肤霜、营养霜及蜜乳类等。这类化妆品营养丰富,具备微生物生长繁殖需要的水、pH、碳源和氮源等。某些营养性膏霜还添加了各种营养剂,如人参、当归、蜂王浆和维生素等,此类化妆品为大多数细菌和霉菌提供了良好的生长条件,是一类最容易污染的化妆品,并且检出的细菌种类也较多,常被检出的有粪大肠菌群、铜绿假单胞菌、金黄色葡萄球菌、蜡样芽胞杆菌、克雷伯菌属、肠杆菌属和枸橼酸杆菌属等。

2. 清洁类 此类化妆品包括洗发香波、护发素、浴液和洁面乳等。此类化妆品不但富含水,而且也含有微生物生长所需的营养物质,如水解蛋白、多元醇和维生素等,是一类较容易污染微生物的化妆品,污染率仅次于护肤类。常可检出铜绿假单胞菌、金黄色葡萄球菌、变形杆菌和荧光假单胞等。这类产品在使用后虽然很快就被冲洗掉,但若流入眼睛、口腔或残留在皮肤上,尤其是损伤的皮肤,可能造成感染。动物试验表明,用铜绿假单胞菌和金黄色葡萄球菌污染的洗发膏稀释液滴眼,均可引起化脓性炎症。

3. 粉类 此类化妆品包括香粉、粉饼、爽身粉和痱子粉等,含水量低,是一类微生物污染率较低的化妆品。其原料主要是滑石粉、高岭土和皂土等,常带有土壤源微生物。从粉类化妆品中检出的抵抗力较强的需氧芽胞菌较多,如蜡样芽胞杆菌和枯草芽胞杆菌等。

4. 美容类 此类化妆品包括唇膏、烟脂、眼影膏、睫毛油和眉笔等。这类化妆品在生产过程中大多经过高温融熔等特殊处理,是染菌量最低的一类。但若在使用过程中造成微生物污染,将会引起严重后果,尤其是眼部和唇部化妆品。国外有报道,从眼部化妆品可分离出铜绿假单胞菌、金黄色葡萄球菌和霉菌等。

(三)化妆品微生物的来源

化妆品中的微生物可来自两个方面,一是化妆品在生产过程中污染微生物,二是在运输、贮藏、销售以及人们使用过程中造成的污染,前者为一次污染,后者为二次污染。

1. 化妆品的一次污染 微生物主要来自于生产原料、水、空气、操作人员、生产设备及包装容器等。

(1)原料:化妆品生产原料是微生物最主要的来源。越是天然的原料,带来的微生物污染问题越多见。一些具有美白、保湿、抗皱及祛斑等效果的化妆品原料和添加剂大都来自动物器官、内脏和胎盘提取物,如胎盘素、羊水、胶原蛋白及骨胶原多肽水解物等,可能会带有动物源性微生物。植物来源的有当归、芦荟、甘草、人参及其提取物等,往往带有土壤源的微生物。这些原料来源于自然界且营养成分丰富,极易受外界微生物污染。化妆品增稠剂、成膜剂、滑石粉、高岭土和皂土等,其微生物种类和数量取决于原料的自然环境。有些原料微生物污染较少,如油脂、高级脂肪酸、醇类、蜡类、香料、酸和碱等。只要不存在水,这些原料不能支持微生物的生长,其中某些原料本身具有杀菌作用。

(2)水:水作为化妆品原料及其他用途是化妆品微生物的另一重要来源。Malcon 等发现,洗发膏中的污染菌大多数是水栖性细菌,认为污染来源与生产过程中使用的水有关。假单胞菌属在自然水体中的抵抗力较强,是化妆品中较常见的污染菌。化妆品生产中主要采用离子交换水,因无防腐处理,所以易被细菌污染。

(3)生产设备:如输送泵、研磨机、搅拌机、乳化机、储存锅和灌装机等设备,尤其是其角落和接头处,常常是微生物聚集之处,如不及时清理和消毒,将成为化妆品微生物的另一主要污染源。

(4)厂房空气:空气环境虽然不是微生物生长繁殖的良好环境,但厂房空气中仍有相当数量耐干燥的细菌、酵母菌和霉菌孢子。空气尘埃粒子上所吸附的微生物会降落在整个生产过程中,成为化妆品微生物污染来源之一。如果室内墙壁用料及设计不合理,均可吸附灰尘;如果存在潮湿和霉变,会加重空气微生物污染。化妆品生产车间要求空气洁净,如灌装车间的空气净化度应在 10 000 级以下。

（5）生产人员：在健康机体的体表及与外界相通的腔道中存在大量正常菌群，生产人员可通过讲话、唾沫、咳嗽或打喷嚏等方式将菌带到产品中去。要求生产人员在操作间内必须穿戴清洁的工作衣、帽、鞋、手套和口罩。生产人员如果携带某些致病菌，如沙门菌、志贺菌和表皮癣菌等，可能会带来更严重的卫生问题。因此，卫生规范要求生产人员需定期进行健康体检，对患有皮肤病、化脓性疾病、肠道传染病及活动性肺结核患者应及时调离工作岗位。

（6）包装材料：目前，采用的包装材料有塑料制品、玻璃、瓷制品及纸制品等，如果包装材料本身污染微生物，也会给产品带来污染。这些包装材料往往由于用带菌的水冲洗或在堆放和运输过程中受到污染。

2. 化妆品的二次污染　如果包装有泄漏或破损可造成化妆品出厂后的微生物污染，但通常主要是消费者本身在使用化妆品的过程中将微生物带进化妆品，尤其是涂抹用的小刷子和粉扑等反复使用，会将皮肤上的微生物带到化妆品中，空气中的微生物也可不断落入造成污染。

五、化妆品微生物学检验

化妆品微生物学检验的目的主要是检测化妆品原料及产品的微生物状况，了解化妆品生产过程中的污染环节，并为化妆品的安全性评价及卫生标准和预防措施的制定提供理论和实验依据。

（一）检验指标

化妆品不要求无菌，但必须做到在使用期内能确保消费者安全使用。化妆品中污染微生物主要包括细菌和霉菌。其中，主要是腐败菌的污染，可引起化妆品质量下降或变质，但最危险的还是病原微生物的存在，可使消费者健康受到威胁。因此，化妆品的微生物安全评价指标应该从两方面考虑，即反映一般卫生状况的菌落总数指标和与健康密切相关的病原微生物指标。

1. 菌落总数　菌落总数包括细菌及真菌的菌落总数。化妆品的一般卫生状况可以通过细菌及真菌的总数来反映，而活菌数更能反映化妆品当前的污染状况和变化趋势，通常选择细菌菌落总数和霉菌及酵母菌总数作为检测和评价指标。但菌落总数的检测不能全面反映化妆品危险性的存在，还应检测病原微生物的污染情况。

2. 特定菌　在进行化妆品安全评价时，要求化妆品中不得含有致病菌。污染化妆品的致病菌及条件致病菌种类很多，不可能一一进行检测。因此，根据微生物污染来源、对环境的抵抗力及其致病特点，选择数种细菌作为指示微生物，间接反映病原微生物存在的可能性大小，化妆品检测中称之为特定菌（special microorganisms），即化妆品中不得检出的特定微生物，包括致病菌和条件致病菌。关于特定菌的种类，目前国际上无统一规定，各国有所不同（表7-1）。

（二）检验原则

1. 无菌操作　采样和检测的全过程均应遵守无菌原则，所用的工具和器皿均应处于无菌状态，并按无菌操作规程操作。化妆品成品一般包装量小，可取其完整包装，并严格保持原有的包装状态，维持样品的污染原状。容器没有破裂，在检验前不得启开，以防再污染。采集化妆品原料时应无菌采样，密封送检。检验操作应在无菌环境下进行。打开包装前应严格消毒，将各类包装的样品外包装消毒后送入无菌操作室；并将瓶内样品振摇混匀，打开外盖后再消毒内盖，取出内容物。

表 7-1 各国对化妆品特定菌的选定

国家	特定菌
中国	粪大肠菌群、铜绿假单胞菌、金黄色葡萄球菌
WHO	大肠菌群、铜绿假单胞菌、金黄色葡萄球菌
日本	大肠菌群、铜绿假单胞菌、金黄色葡萄球菌
瑞士	大肠埃希菌、铜绿假单胞菌、金黄色葡萄球菌
丹麦	大肠埃希菌、铜绿假单胞菌、金黄色葡萄球菌
德国	大肠埃希菌、克雷伯菌、铜绿假单胞菌、金黄色葡萄球菌
美国	大肠埃希菌、克雷伯菌、沙门菌、铜绿假单胞菌、嗜麦芽假单胞菌、多嗜假单胞菌、变形杆菌、无硝不动杆菌、黏质沙雷菌、金黄色葡萄球菌

2. 样本应有代表性 一般视每批化妆品数量大小,随机抽取相应量的包装单位。每批样品应分别从 2 个以上大包装单位中随机抽取 2 个以上包装单位(瓶或盒)送检。生产批量大,可适当增加采样量,包装量小于 20g 的样品,采样量应适当增加。检验时,应分别从两个包装单位的样品中取 10g 或 10ml 作为检样量。

3. 记录完整 采样后,及时记录样品名称、采样地点、时间、数量和采样人。检验室接到样品后,应立即登记,编写检验序号,记录检验日期、项目、结果及检验人。

4. 样品运送与保存 样品应在常温下送检,无需冷藏,并按检验要求尽快检验。如不能及时检验,样品应放在室温阴凉干燥处,不要冷藏或冷冻。

5. 去除防腐剂的干扰 化妆品中通常都含有防腐剂,使被污染的微生物处于受抑制状态,干扰微生物的检出,甚至出现假阴性结果。因此,应采取措施去除防腐剂对检测结果的影响,同时保证不损伤微生物、不破坏培养基理化性能。去除防腐剂的方法通常有以下几种。

(1)中和法:该方法使用最普遍,通常采用的中和剂是吐温 80 和卵磷脂,可将残留的防腐剂中和掉,使其不再持续抑制微生物。由于防腐剂种类不同,所用的中和剂也应不同,尤其随着化妆品工业的发展,化妆品中使用的防腐剂种类也越来越多,如何选用合适的中和剂,还有待进一步探讨,但目前化妆品中常用的防腐剂大多可被吐温 80 和卵磷脂中和。《化妆品卫生规范》中规定,在细菌菌落计数培养基中加入吐温 80 和卵磷脂。为了使化妆品各项微生物检测指标均不受防腐剂的干扰,有学者建议:①可在样品处理时加入中和剂,如采用卵磷脂吐温 80 大豆消化酪蛋白(soybean casein digest lecithin polysorbate 80, SCDLP)液体培养基替代生理盐水,或用含有吐温 80 和卵磷脂的生理盐水处理样品;②如果前处理未使用中和剂,那么检测各项指标的初始培养基中应加入适量中和剂。

(2)稀释法:用稀释液稀释样品,降低防腐剂的浓度,以去除其对微生物的抑制作用。本法的优点是任何种类的防腐剂均可应用,但过度稀释将导致微生物浓度下降,从而降低了检测的灵敏度。

(3)薄膜过滤法:该法是将制备好的供试液样本通过微孔滤膜,再加稀释液冲洗,直至去除残留防腐剂的抑菌作用。由于化妆品的剂型大多为乳状、膏状和固体状,且有些样品难溶于水,所以此法在化妆品检验中的应用受限。

(4)离心沉淀法:该法是将样品稀释为供试液,采用差速离心法,将供试液中的不溶物去除,再将供试液中微生物沉于管底,在去除防腐剂干扰作用的同时浓缩待检菌。但该法可能会失去一部分微生物,且不适用于难溶于水的化妆品剂型。

6. 符合检验条件 污染化妆品的微生物种类多,可能同时存在细菌、霉菌和酵母菌等,每一类微生物又有各自的培养条件。就细菌而言,不同细菌对气体、温度、酸碱度环境及培养时间的要求也不尽相同,但检验污染总数时只能提供一定范围的条件。如化妆品细菌总数的测定条件只适于能在37℃左右、中性偏碱、需氧或兼性厌氧环境及营养琼脂培养基中生长的细菌。因此,所检验的结果只是反映在一定条件下化妆品的染菌数量。如需测定上述范围之外的其他污染菌,就必须选用其他培养条件。

7. 供试品应均匀一致 化妆品剂型较多,有亲水性和疏水性的,有液体、半固体、固体及膜剂等,检验时应采取相应办法使之尽可能均匀一致,如亲水性样品可直接稀释,疏水性样品在稀释剂中不能均匀分散,必须先用少量乳化剂乳化后再稀释,增加其与水的亲和力,从而能与稀释剂均匀混合,使污染的微生物也随之均匀分散在供试液中。常用的乳化剂有液状石蜡和吐温80。

8. 样品与菌种的处理 样品与菌种的处理原则包括两方面:①若只有1份样品而同时需要做微生物、理化和毒理学多项检查,则宜先取出部分样品作微生物检验,再将剩余样品做其他分析,避免外来微生物污染;②如检出粪大肠菌群或其他致病菌,自报告发出日起,菌种及被检样品应保存1个月备用。

(三)不同种类化妆品的微生物检验要求

不同种类化妆品的成分不同,有的成分有助于微生物的生存,而有的成分对微生物有抑制作用,甚至是杀灭作用,从而决定了不同种类化妆品所含微生物状况不同。因此,可根据化妆品的主要成分决定是否需要做微生物检验。

1. 香水类 此类化妆品的主要成分有酒精和香料,且酒精浓度均在70%以上,不利于细菌生长。调查结果显示其含菌量极低。因此,当此类化妆品酒精浓度≥75%时,可不作微生物检验。

2. 烫发和染发类 烫发化妆品的主要成分是巯基乙酸,其碱性较强,不利于细菌生长;染发类化妆品的主要成分是对苯二胺和氧化剂,前者不适于微生物的生长,后者特别是强氧化剂本身即为杀菌剂。故通常情况下此类化妆品可不做微生物检验,但有些烫发和染发化妆品中附有护发和洗发成分时,应做微生物检验。

3. 除臭类 此类化妆品的主要成分是抑菌剂和抑制汗腺分泌的收敛剂,均不利于细菌生长,通常情况下可不做微生物检验。

4. 脱毛类 此类化妆品为强碱性,可不做微生物检验。

5. 育发类 此类化妆品的成分多数为中草药,容易污染微生物,但在配制过程中多用酒精提取,其染菌的可能性取决于酒精浓度。因此,当其酒精浓度≥75%时,可不做微生物检验。

6. 指甲油卸除液 其主要成分为丙酮,对细菌有抑制作用,不必做微生物检验。

7. 其他化妆品 除上述几种特殊用途化妆品外,其余的化妆品均需微生物检验。

(宋艳艳)

第二节 化妆品微生物指标及检测方法

根据中华人民共和国2007年版《化妆品卫生规范》,微生物学检验指标主要包括菌落总数、霉菌和酵母菌数及特定菌(粪大肠菌群、铜绿假单胞菌和金黄色葡萄球菌)的检验。

目前,中国化妆品微生物学标准为:眼部化妆品及口唇等黏膜用化妆品以及婴儿和儿童用化妆品菌落总数 <500CFU/ml(g);其他化妆品菌落总数 <1000CFU/ml(g);每克或每毫升产品中不得检出粪大肠菌群、铜绿假单胞菌和金黄色葡萄球菌;化妆品中霉菌和酵母菌总数不得大于 100CFU/ml(g)。

一、菌落总数的测定

(一)概述

化妆品菌落总数(aerobic bacterial count)是指化妆品检样经过处理,在一定条件下培养后(如培养基成分、培养温度、培养时间、pH 值、需氧性质等),1g(1ml)检样中所含菌落的总数。菌落计数结果只包括一群该规定条件下生长的嗜中温需氧性菌落总数,而不包括霉菌和酵母菌总数。琼脂平板上出现的菌落不一定都是由单个微生物细胞形成,可能由非单个细胞分裂增殖堆积而成,而且由于培养基成分、培养温度、培养时间和培养气体环境等的限制,不可能培养出所有待测微生物,不宜报告细菌总数,而应报告单位重量(g)或体积内(ml)的菌落形成单位数(colony-forming unit, CFU)。

菌落总数的测定能了解化妆品的原料、工具设备、工艺流程和操作者的卫生状况,便于判明样品被细菌污染的程度,是对样品进行卫生学总评价的综合依据,也是化妆品的卫生限量标准。

(二)微生物学检查

1. 样品的稀释 用灭菌吸管吸取 1:10 稀释的检液 2ml,分别注入到 2 个灭菌平皿内,每皿 1ml。另取 1ml 注入到 9ml 灭菌生理盐水试管中(注意勿使吸管接触液面),更换一支吸管,并充分混匀,制成 1:100 检液。吸取 2ml,分别注入到 2 个灭菌平皿内,每皿 1ml。如样品含菌量高,还可再稀释成 1:1000 或 1:10 000 等,每种稀释度应换 1 支吸管。

2. 倾注与培养 将融化并冷至 45~50℃的卵磷脂吐温 80 营养琼脂培养基倾注到平皿内,每皿约 15ml,随即转动平皿,使样品与培养基充分混合均匀,待琼脂凝固后翻转平皿,置(36±1)℃培养箱内培养(48±2)小时。另取一个不加样品的灭菌空平皿,加入约 15ml 卵磷脂吐温 80 营养琼脂培养基,待琼脂凝固后,翻转平皿,置(36±1)℃培养箱内培养(48±2)小时,为空白对照。

3. 菌落的鉴别 为便于区别化妆品中的颗粒与菌落,可在每 100ml 卵磷脂吐温 80 营养琼脂中加入 1ml 0.5%的氯化三苯四氮唑(TTC)溶液。如有细菌存在,培养后菌落呈红色,而化妆品的颗粒颜色无变化。

4. 菌落计数方法 先用肉眼观察,点数菌落数,然后再用放大 5~10 倍的放大镜检查,以防遗漏。记下各平皿的菌落数后,求出同一稀释度各平皿生长的平均菌落数。若平皿中有连成片状的菌落或花点样菌落蔓延生长时,该平皿不宜计数。若片状菌落不到平皿中的一半,而其余一半中菌落数分布又很均匀,则可将此半个平皿菌落计数后乘以 2,以代表全皿菌落数。

5. 菌落计数及报告方法

(1)首先选取平均菌落数在 30~300 个之间的平皿,作为菌落总数测定的范围。当只有一个稀释度的平均菌落数符合此范围时,即以该平皿菌落数乘其稀释倍数(表 7-2 中例 1)。

(2)若有 2 个稀释度,其平均菌落数均在 30~300 个之间,则应求出 2 个菌落总数之比值来决定,若其比值小于或等于2,应报告其平均数;若大于2,则报告其中稀释度较低的平皿的菌落数(表7-2中例2及例3)。

(3) 若所有稀释度的平均菌落数均大于300个,则应按稀释度最高的平均菌落数乘以稀释倍数报告(表7-2中例4)。

(4) 若所有稀释度的平均菌落数均小于30个,则应按稀释度最低的平均菌落数乘以稀释倍数报告(表7-2例5)。

(5) 若所有稀释度的平均菌落数均不在30~300个之间,其中一个稀释度大于300个,而相邻的另一稀释度小于30个时,则以接近30或300的平均菌落数乘以稀释倍数报告(表7-2中例6)。

(6) 若所有的稀释度均无菌生长,报告数为每克或每毫升小于10CFU。

(7) 菌落计数的报告:菌落数在10以内时,按实有数值报告;大于100时,采用二位有效数字,在二位有效数字后面的数值,应以四舍五入法计算。为了缩短数字后面零的个数,可用10的指数来表示(表7-2报告方式栏)。在报告菌落数为"不可计"时,应注明样品的稀释度。

表7-2 菌落计数结果及报告方式

例次	不同稀释度平均菌落数			两稀释度菌数之比	菌落总数 CFU/ml 或 CFU/g	报告方式 CFU/ml 或 CFU/g
	10^{-1}	10^{-2}	10^{-3}			
1	1267	143	20	–	14 300	14 000 或 1.4×10^4
2	2748	255	42	1.5	338 000	34 000 或 3.4×10^4
3	2780	258	62	2.4	25 800	26 000 或 2.6×10^4
4	不可计	4756	493	–	493 000	490 000 或 4.9×10^5
5	28	12	7	–	280	280 或 2.8×10^2
6	不可计	310	15	–	31 000	31 000 或 3.1×10^4
7	0	0	0	–	$<1 \times 10$	<10

二、粪大肠菌群

(一) 概述

粪大肠菌群(fecal coliforms)系一群需氧及兼性厌氧革兰阴性无芽胞杆菌,在44.5℃培养24~48小时能发酵乳糖产酸并产气。该菌来自人和温血动物肠道中的一大群菌,是反映粪便污染的一种重要卫生指示菌。

1. 大肠菌群和粪大肠菌群 在食品和水质等卫生检验国家标准中,常用大肠菌群和粪大肠菌群作为粪便污染的卫生指示菌,而在化妆品检验中只用粪大肠菌群作为卫生指示菌。大肠菌群和粪大肠菌群既有联系又有区别。大肠菌群并非细菌学分类命名,而是卫生细菌领域的用语,不代表某一个或某一属细菌,而指的是具有某些特性的一组与粪便污染有关的细菌。大肠菌群是一群能在35~37℃、24小时内发酵乳糖产酸产气的、需氧或兼性厌氧的及革兰阴性的无芽胞杆菌。大肠菌群存在人和温血动物肠道,主要包括埃希菌属、肠杆菌属、克雷伯菌属和枸橼酸杆菌属等4个属的菌,还有沙雷菌属和变形杆菌属的一些菌种。根据生长温度的差异,将能在 37℃生长的称为总大肠菌群,而在 44.5℃仍能生长的大肠菌群称为耐热大肠菌群,又称粪大肠菌群。粪大肠菌群的主要组成菌属与大肠菌群相同,但主要属于埃希菌属,其他菌属的菌所占的比例较少。

2. 卫生学意义　总大肠菌群来自人畜粪便及自然环境(土壤和水源等),可间接反映粪便污染,但不能确定污染来源,而粪大肠菌群主要包括埃希菌属和耐热克雷伯菌属的细菌,直接来自于人和温血动物的粪便,易在自然界中死亡,其存在更能直接反映化妆品被粪便近期污染的情况。粪便是肠道排泄物,可来自健康者、肠道病患者或带菌者,所以粪便中既有正常肠道菌,也可能有肠道致病菌(如沙门菌、志贺菌、霍乱弧菌)和引起食物中毒的病原菌(如副溶血弧菌)。因此,化妆品中若检出粪大肠菌群,表明该化妆品已被粪便污染,有可能存在其他肠道致病菌或寄生虫等病原体,就有可能对使用者造成潜在的危害。因此,粪大肠菌群被认为是重要的卫生指示菌,目前已被国内外广泛应用于化妆品的卫生监测。

(二)微生物学检查

1. 乳糖发酵试验　取 10ml 的 1∶10 稀释检液,加到 10ml 双倍浓度的乳糖胆盐培养基中,置(44±0.5)℃培养箱中培养 24~48 小时,如不产酸也不产气,则报告为粪大肠菌群阴性。

2. 分离培养　经上述试验,如产酸产气,取培养液划线接种到伊红美蓝琼脂平板上,置 37℃培养 18~24 小时。同时,取该培养液 1~2 滴接种到蛋白胨水中,置(44±0.5)℃培养 24 小时。经培养后,观察上述平板上有无典型菌落生长。粪大肠菌群在伊红美蓝琼脂培养基上的典型菌落呈深紫黑色,圆形,边缘整齐,表面光滑湿润,常具有金属光泽;也有的呈紫黑色,不带或略带金属光泽,或粉紫色,中心较深的菌落,亦常为粪大肠菌群,应注意挑选。

3. 革兰染色　挑取上述可疑菌落,涂片作革兰染色镜检。

4. 靛基质试验　在蛋白胨水培养液中,加入靛基质试剂,观察靛基质反应。阳性者液面呈玫瑰红色,阴性反应液面呈试剂本色。

5. 检验结果报告　根据发酵乳糖产酸产气,平板上有典型菌落,并经证实为革兰阴性短杆菌,靛基质试验阳性,则可报告被检样品中检出粪大肠菌群。

三、铜绿假单胞菌

铜绿假单胞菌(Pseudomonas aeruginosa)俗称绿脓杆菌,属于假单胞菌属,为革兰阴性杆菌,是临床上一种常见的条件致病菌,也是化妆品中不得检出的特定菌。

(一)生物学特性

1. 形态结构　铜绿假单胞菌为革兰阴性直或稍弯、两端钝圆的杆菌,菌体大小约(1.5~3.0)μm×(0.5~1.0)μm,长短不一,呈球杆状或长丝状,无芽胞,有荚膜,单端有 1~3 根鞭毛,运动活泼。临床分离株常有菌毛。铜绿假单胞菌革兰染色形态见图文末彩图 7-1。

2. 培养特性　铜绿假单胞菌为专性需氧或兼性厌氧菌。在普通培养基、血琼脂平板或十六烷基三甲基溴化铵等平板上生长良好。普通培养基上的菌落大小不一,平均直径 2~3mm,扁平,边缘不整齐,且常呈相互融合状态。由于本菌产生水溶性色素,使培养基被染成蓝绿色或黄绿色。在血琼脂平板上菌落较大,有金属光泽和生姜气味,菌落周围形成透明溶血环。在肉汤中形成菌膜,肉汤澄清或微混浊,菌液上层呈绿色。最适宜生长温度为 35~37℃,铜绿假单胞菌在 42℃时仍能生长,4℃不生长,据此可与荧光假单胞菌等进行鉴别(见文末彩图 7-2)。

3. 生化反应　铜绿假单胞菌分解蛋白质能力强,而发酵糖能力较低。氧化酶阳性,可氧化分解葡萄糖和木糖,产酸不产气,不分解甘露醇、乳糖及蔗糖。能液化明胶和还原硝酸盐,分解尿素,靛基质反应阴性。

4. 抗原构造　铜绿假单胞菌有 O 和 H 抗原。O 抗原包括两种成分,一种是内毒素脂多糖,另一成分是原内毒素蛋白(original endotoxin protein,OEP)。OEP 是一种高分子抗原,具有强免疫原性,其抗体对同一血清型或不同血清型细菌都有保护作用。OEP 广泛存在于一些其他种类的革兰阴性菌,包括假单胞菌、大肠埃希菌和霍乱弧菌等,是一种有意义的类属抗原。

5. 抵抗力　铜绿假单胞菌对外界环境抵抗力较强,在潮湿处能长期生存,对紫外线不敏感,55℃湿热 1 小时才被杀灭。铜绿假单胞菌具有多重耐药的特性,能天然抵抗多种抗菌药物。在长期服用各种抗菌药物治疗过程中可能会发生耐药,因此临床最好根据药物敏感实验指导用药。

(二)致病性和卫生学意义

1. 致病性　铜绿假单胞菌主要致病物质是内毒素,此外尚有菌毛、荚膜多糖、绿脓菌素、蛋白酶、毒素和磷脂酶等多种致病因子。

(1)菌毛:菌毛的神经氨酸酶分解上皮细胞表面的神经氨酸而促进细菌侵入及黏附作用。

(2)荚膜多糖:除抗吞噬细胞的吞噬外,多糖层锚泊在细胞表面,与呼吸道感染有关。

(3)绿脓菌素:由铜绿假单胞菌 RpoS 基因编码产生的绿色色素,具有氧化还原活性,能催化超氧化物和过氧化氢产生有毒氧基团,引起组织损伤,在致病中起重要作用。

(4)弹性蛋白酶:降解弹性蛋白,引起肺实质损伤和出血,与细菌的扩散有关,也能降解补体和白细胞蛋白酶抑制物,加重急性感染的组织损伤;亦可与相应抗体形成复合物,沉积于感染组织中。

(5)内毒素和外毒素:内毒素致发热、休克和弥散性血管内出血(DIC)等;外毒素 A 类似白喉毒素,抑制蛋白质合成,主要在烧伤或慢性肺部感染中介导组织损伤;外毒素 S 干扰吞噬杀菌作用。

(6)磷脂酶 C:能分解卵磷脂和脂质,损伤组织细胞。

2. 卫生学意义　铜绿假单胞菌是人体正常菌群之一,能在肠道繁殖,是环境的主要污染源,在自然界分布甚广,在空气、水和土壤中均有存在,在潮湿处可长期生存,对外环境的抵抗力较强。目前,该菌已是化妆品、水及和药品等必须严加控制的重要病原菌之一,我国化妆品卫生标准规定在化妆品中不得检出铜绿假单胞菌。由于《化妆品卫生规范》正式实施,目前化妆品中铜绿假单胞菌很少检出,合格率较高。2008 年白雪梅报道,广东、山东、江西、深圳和浙江等地抽检的化妆品中铜绿假单胞菌合格率为 97%~100%。若人们使用被铜绿假单胞菌污染的化妆品,有可能引起局部化脓性炎症,如角膜炎、中耳炎、胃肠炎、尿道炎、心内膜炎和脓胸等,严重时引起菌血症和败血症等。

(三)微生物检验

1. 增菌培养　取 1∶10 样品稀释液 10ml 加到 90ml SCDLP 液体培养基中,置 37℃ 培养 18~24 小时。如有铜绿假单胞菌生长,在培养液表面形成一层薄菌膜,培养液常呈黄绿色或蓝绿色。如采用普通营养肉汤增菌,应每 1000ml 普通肉汤中加 1g 卵磷脂、7g 吐温 −80。

2. 分离培养　从增菌培养液的薄膜处挑取培养物,划线接种在十六烷基三甲基溴化铵选择性琼脂平板上,置37℃培养18~24小时,观察可疑菌落。铜绿假单胞菌在此培养基上,其菌落扁平无定型,向周边扩散或略有蔓延,表面湿润,菌落呈灰白色,菌落周围培养基常扩散有水溶性色素;而大肠埃希菌不能生长,革兰阳性菌生长较差。在缺乏十六烷三甲基溴化铵琼脂时,也可用乙酰胺培养基进行分离,在乙酰胺培养基上生长良好,菌落扁平,边缘不整,菌落周围培养基略带粉红色,而其他菌不生长。

3. 染色镜检 挑取可疑的菌落,涂片进行革兰染色,镜下观察为革兰阴性杆菌者,应继续进行氧化酶、绿脓菌素、硝酸盐还原、明胶液化及42℃生长等试验进行确证。

4. 氧化酶试验 取一小块洁净的白色滤纸片放在灭菌平皿内,用无菌玻璃棒挑取铜绿假单胞菌可疑菌落涂在滤纸片上,然后在其上滴加一滴新配制的1%二甲基对苯二胺试液,在15~30秒之内,出现粉红色或紫红色时,为氧化酶试验阳性;若培养物不变色,为氧化酶试验阴性。

5. 绿脓菌素试验 取可疑菌落2~3个,分别接种在绿脓菌素测定培养基上,置37℃培养24小时,加入氯仿3~5ml,充分振荡使培养物中的绿脓菌素溶解于氯仿液内,待氯仿提取液呈蓝色时,用吸管将氯仿移到另一试管中并加入1mol/L的盐酸1ml左右,振荡后静置片刻。如上层盐酸液内出现粉红色到紫红色时为阳性,表示被检物中有绿脓菌素存在。

6. 硝酸盐还原产气试验 挑取可疑的铜绿假单胞菌纯培养物,接种在硝酸盐蛋白胨水培养基中,置37℃培养24小时,观察结果。凡在硝酸盐蛋白胨水培养基内的小倒管中有气体者,即为阳性,表明该菌能还原硝酸盐,并将亚硝酸盐分解产生氮气。

7. 明胶液化试验 取铜绿假单胞菌可疑菌落的纯培养物,穿刺接种在明胶培养基内,置37℃培养24小时,取出放冰箱10~30分钟,如仍呈溶解状时即为明胶液化试验阳性,如凝固不溶者为阴性。

8. 42℃生长试验 挑取可疑的铜绿假单胞菌纯培养物,接种在普通琼脂斜面培养基上,放在41~42℃培养箱中,培养24~48小时,若铜绿假单胞菌能生长为阳性,而荧光假单胞菌则不能生长。

9. 检验结果报告 被检样品经增菌分离培养后,在分离平板上有典型或可疑菌落生长,经证实为革兰阴性杆菌,氧化酶及绿脓菌素试验皆为阳性者,即可报告被检样品中检出铜绿假单胞菌;如绿脓菌素试验阴性,而液化明胶、硝酸盐还原产气和42℃生长试验三者皆为阳性时,仍可报告被检样品中检出铜绿假单胞菌。

四、金黄色葡萄球菌

金黄色葡萄球菌(Staphylococcus aureus)为革兰阳性球菌,是葡萄球菌中对人类致病力最强的一种,能引起人体局部化脓性病灶,严重时可导致败血症等,是化妆品中不得检出的特定菌。

(一)生物学特性

1. 形态结构 金黄色葡萄球菌直径0.5~1.5μm,呈单个、成双、短链(液体或脓汁中)或成簇排列成呈葡萄串状,无芽胞和鞭毛,体外培养时一般不形成荚膜。而衰老、死亡、陈旧培养物或被中性粒细胞吞噬后的菌体,常转为革兰阴性,部分菌株能形成荚膜(见文末彩图7-3)。

2. 培养特性 这种球菌大多为兼性厌氧菌。对营养要求不高,最适生长温度为37℃,最适pH为7.4~7.6。在普通基础培养基上生长良好,形成直径为2~3mm圆形、突起、表面光滑、湿润和不透明的菌落,并产生脂溶性色素,使菌落呈金黄色。在血琼脂平板上菌落周围有透明的溶血环(β溶血)。在 Baird Parker 平板上形成灰色到黑色菌落,且周围为一混浊带(见文末彩图 7-4)。

3. 生化反应　金黄色葡萄球菌能分解葡萄糖、蔗糖和麦芽糖,产酸不产气,分解甘露醇产酸。触酶试验阳性,可与链球菌区分。金黄色葡萄球菌能产生大量核酸酶,耐热核酸酶同血浆凝固酶都是检测葡萄球菌致病性最重要的酶。

4. 抗原构造　这种球菌种类繁多,已发现的抗原在 30 种以上,其中以葡萄球菌 A 蛋白较为重要。葡萄球菌 A 蛋白(staphylococcal protein A, SPA)是存在于菌细胞壁的一种表面蛋白,与胞壁肽聚糖共价结合。90% 以上的金黄色葡萄球菌含有此抗原,属完全抗原,SPA 可与人类、豚鼠和小鼠等多种哺乳动物的 IgG Fc 段结合,结合后的 IgG 分子 Fab 段仍能与抗原发生特异性结合。采用含 SPA 的葡萄球菌作为载体,结合特异性抗体后建立的协同凝集试验(coagglutination),广泛应用于多种微生物抗原的检出。SPA 与 IgG 结合后的复合物具有抗吞噬、促细胞分裂、引起超敏反应和损伤血小板等多种生物学活性。

5. 抵抗力　金黄色葡萄球菌对外界因素的抵抗力强于其他无芽胞菌。在干燥脓汁和痰液中存活 2~3 月,加热 60℃经过 1 小时或 80℃经过 30 分钟才被杀死。耐盐性强,在含 10%~15% NaCl 的培养基中仍能生长。近年来,由于广泛应用抗生素,耐药菌株迅速增多,对青霉素 G 的耐药菌株达到 90% 以上,尤其是耐甲氧西林金黄色葡萄球菌(methicillin-resistant *S.aureus*, MRSA)已经成为医院内感染最常见的致病菌。

(二)致病性和卫生学意义

1. 致病性　金黄色葡萄球菌产生的毒素及酶较多,故其毒力较强,其毒力因子包括:①酶:凝固酶、纤维蛋白溶酶、耐热核酸酶、透明质酸酶和脂酶等;②毒素:葡萄球菌溶素、杀白细胞素、肠毒素、表皮剥脱毒素和毒性休克综合征毒素 -1 等。

(1)血浆凝固酶(coagulase):大多致病菌能产生血浆凝固酶,是鉴别葡萄球菌有无致病性的重要指标。金黄色葡萄球菌能产生两种凝固酶:即游离凝固酶(free coagulase)和结合凝固酶(bound coagulase)。游离凝固酶是细菌分泌到菌体外的凝固酶,被人或兔血浆中的协同因子(cofactor)激活为凝血酶样物质后,使液态的纤维蛋白原变成固态的纤维蛋白,从而使血浆凝固。而结合凝固酶结合于菌体表面并不释放,是菌株表面的纤维蛋白原受体,能与血浆中的纤维蛋白原发生交联而使细菌凝聚。游离凝固酶采用试管法检测,结合凝固酶则以玻片法测定。

凝固酶和葡萄球菌的致病力关系密切。凝固酶阳性株进入机体后,使周围血液或血浆中的纤维蛋白等沉积于菌体表面,阻碍体内吞噬细胞的吞噬;即使被吞噬也不易被杀死。同时,凝固酶集聚在细菌四周,亦能保护病菌不受血清中杀菌物质的破坏。金黄色葡萄球菌引起的感染易于局限化和形成血栓,这与凝固酶的生成有关。

(2)葡萄球菌溶素(staphylolysin):金黄色葡萄球菌能产生多种溶素,包括 α、β、γ 和 δ 等,对白细胞、血小板、肝细胞、成纤维细胞和血管平滑肌细胞等均有损伤作用,而对人类有致病作用的主要是 α 溶素。

(3)杀白细胞素(leukocidin):又称 Panton-Valentine 杀白细胞素(PVL)。此毒素分为快(F)和慢(S)两种组分,当两者各自单独存在时,并无杀伤活性,必须协同才有作用。PVL 只损伤中性粒细胞和巨噬细胞,导致中毒性炎症反应及组织坏死等病变。

(4)肠毒素(enterotoxin):约 1/2 临床分离株可产生肠毒素。根据抗原性和等电点不同,可分为 A、B、C1、C2、C3、D、E、G 和 H 等 9 个血清型,均能引起食物中毒即急性胃肠炎,以 A 和 D 型多见,B 和 C 型次之。葡萄球菌肠毒素是一组热稳定的可溶性蛋白质,分子量 26~30kDa,能在 100℃耐热 30 分钟,并具有超抗原的活性及能抵抗胃肠液中蛋白酶的水解作用。

(5) 表皮剥脱毒素(exfoliative toxin, exfoliatin):主要由噬菌体 II 群金黄色葡萄球菌产生。有两个血清型:A 型耐热,100℃经 20 分钟不被破坏;B 型不耐热,60℃经 30 分钟即破坏。表皮剥脱毒素引起烫伤样皮肤综合征(staphylococcal scalded skin syndrome, SSSS),又称剥脱性皮炎,多见于新生儿、幼儿和免疫功能低下的成人。患者皮肤呈弥漫性红斑和水泡形成,继以表皮上层大片脱落,受损部位的炎症反应轻微。

(6) 毒性休克综合征毒素 -1(toxic shock syndrome toxin 1, TSST-1):由噬菌体 I 群金黄色葡萄球菌产生的 TSST-1,可引起机体发热、休克及脱屑性皮疹。TSST-1 能增加机体对内毒素的敏感性,感染产毒菌株后可引起机体多个器官系统的功能紊乱或毒性休克综合征(TSS)。

2. 卫生学意义　金黄色葡萄球菌广泛分布于自然界,如空气、水、土壤、物品以及人和动物的皮肤及与外界相通的腔道中。金黄色葡萄球菌是化妆品、食品、水质和奶粉等检验中不得检出的限制性微生物,也是评价化妆品卫生安全最重要的指标之一。2008 年,白雪梅报道,在广东、山东、江西、深圳和浙江等地,化妆品中金黄色葡萄球菌检出率较低,合格率较高(98%~100%)。若使用被金黄色葡萄球菌污染的化妆品,可引起皮肤黏膜和多种组织器官的化脓性炎症,严重时导致败血症或脓毒血症;此外,还可引起食物中毒、烫伤样皮肤综合征和毒性休克综合征等疾病。

(三)微生物检验

1. 增菌培养　取 1:10 稀释的样品 10ml 接种到 90ml 的 SCDLP 液体培养基或 7.5% 氯化钠肉汤中,置 37℃培养箱,培养 24 小时。

2. 分离培养　取上述增菌培养液,划线接种在血琼脂或 Baird Parker 平板上,置 37℃培养 24~48 小时。在血琼脂平板上菌落呈金黄色,大而突起,圆形,不透明,表面光滑,周围有溶血圈。在 Baird Parker 平板上菌落为圆形,光滑,凸起,湿润,直径为 2~3mm,颜色呈灰色到黑色,边缘为淡色,周围为一混浊带,在其外层有一透明带。用接种针接触菌落似有奶油树胶的软度。偶然会遇到非脂肪溶解的类似菌落,但无混浊带及透明带。挑取单个菌落分纯在血琼脂平板上,置 37℃培养 24 小时。

3. 染色镜检　挑取分纯菌落,涂片进行革兰染色镜检。金黄色葡萄球菌为革兰阳性菌,排列成葡萄状,无芽胞,无夹膜,致病性葡萄球菌,菌体较小,直径约为 0.5~1μm。

4. 甘露醇发酵试验　取上述分纯菌落接种到甘露醇发酵培养基中,在培养基液面上加入 2~3mm 的灭菌液状石蜡,置 37℃培养 24 小时,金黄色葡萄球菌应能发酵甘露醇产酸使培养基变紫色,为阳性结果。

5. 血浆凝固酶试验　用试管法测定分泌型血浆凝固酶。吸取 1:4 新鲜血浆 0.5ml,放入灭菌小试管中,加入待检菌 24 小时肉汤培养物 0.5ml。混匀,放 37℃恒温箱或恒温水浴中,每半小时观察一次,6 小时之内如呈现凝块即为阳性。同时,以已知血浆凝固酶阳性和阴性菌株肉汤培养物及肉汤培养基各 0.5ml,分别加入灭菌 1:4 血浆 0.5ml,混匀,作为对照。

6. 检验结果报告　经增菌培养后,在分离平板上有典型或可疑菌落生长,经染色镜检,证明为革兰阳性葡萄球菌,并能发酵甘露醇产酸,血浆凝固酶试验阳性者,可报告被检样品检出金黄色葡萄球菌。

（邓仲良）

五、霉菌和酵母菌数测定

化妆品的营养状况、酸碱度、湿度和保存温度十分适合霉菌和酵母菌等真菌的生长繁殖，所以霉菌和酵母菌是化妆品污染的主要原因之一。常见的污染菌如曲霉、根霉、镰刀菌和酵母菌等对人均有致病性，可侵犯皮肤、黏膜及深部组织。真菌性角膜炎可由曲霉菌、镰刀菌和白色念珠菌等引起，甚至可引起角膜溃疡。污染菌所产生某些真菌毒素可引起过敏性皮炎。因此，对化妆品中霉菌和酵母菌的检测成为化妆品生物安全评价指标之一。

1. 定义　霉菌和酵母菌数测定（determination of molds and yeast count）是指化妆品检样在孟加拉红（又称虎红）培养基上，（28±2）℃，需氧培养72小时后，1g或1ml化妆品中所污染的活的霉菌和酵母菌数量。

2. 卫生意义　霉菌和酵母菌数可作为判明化妆品被霉菌和酵母菌污染程度的指标，反映化妆品的一般卫生状况，有助于判定化妆品的污染程度以及生产单位所用原料、工具、设备、包装材料和操作者的卫生状况。

3. 检验方法

（1）样品稀释：与菌落总数测定相同。

（2）加样与培养：根据污染情况取1:10、1:100和1:1000的检液各1ml分别注入灭菌平皿内，每个稀释度各加2个平皿，注入融化并冷至（45±1）℃左右的孟加拉红培养基，充分摇匀。凝固后，翻转平板，置（28±2）℃培养（72±2）小时，计数平板内生长的霉菌和酵母菌数。若有霉菌蔓延生长，为避免影响其他霉菌和酵母菌的计数时，应于（48±2）小时及时将此平板取出计数。在加样及倾注培养基的同时，以稀释液代替加样液，作为阴性对照。

（3）计数与报告：先计数每个平板上生长的霉菌和酵母菌菌落数，求出每个稀释度的平均菌落数。判定结果时，应选取菌落数在5~50个范围之内的平皿计数，分别计数霉菌的菌落数和酵母菌的菌落数，菌落数乘以稀释倍数即为1g或1ml检样中所含的霉菌和酵母菌数。其他范围内的菌落数报告参照细菌菌落总数的报告方法报告。

（4）计量单位：以CFU/g（ml）表示。

4. 说明

（1）菌落特征：本方法是根据霉菌和酵母菌特有的菌落形态和培养特性计算所生长的霉菌和酵母菌数，所以需要分清两类菌在孟加拉红琼脂平板上的菌落特征。霉菌为多细胞丝状菌，其菌落形态具有放射状或树枝状，可见不同颜色、不同质地和不同大小的菌落。酵母菌为单细胞真菌，其菌落特征近似细菌菌落，在孟加拉红琼脂平板表面多数为圆形突起，边缘整齐，表面光滑湿润，不透明乳脂状，乳白色或粉红色，少数表面粗糙或褶皱；位于培养基深部的菌落可呈椭圆形饼状、三角形或多角形。

（2）培养基：霉菌和酵母菌数测定除可用孟加拉红培养基外，还可采用察氏培养基和马铃薯葡萄糖培养基，但孟加拉红培养基上的霉菌菌落典型、清晰，易于观察，因此大多采用孟加拉红培养基。培养基中均加入抗生素，以抑制细菌的生长。

（3）培养与观察：因培养时间长，应注意保湿，一般湿度不低于70%，过低会影响霉菌的发育，但过湿霉菌会蔓延生长，而影响菌落观察。培养过程中，霉菌很快形成孢子，成熟的孢子落在培养基上又可形成新的霉菌菌落。因此,在培养结束前观察时,勿反复翻转平板,以免形成次生菌落影响结果的准确性。

六、霉菌和酵母菌的鉴定

在对化妆品进行微生物安全评价时,按国家卫生标准及化妆品标准检测方法的要求只需检测霉菌和酵母菌的总数。但要想确切了解化妆品中污染真菌种类及污染来源,还需对菌落进行鉴定。

霉菌的鉴定主要依靠形态特征,包括菌落特征和镜下特征。而其形态特征在菌种之间各有不同,且常因发育的不同阶段和培养条件的不同而有较大差异。因此,对霉菌进行鉴定时,需接种鉴定培养基。一般,鉴定青霉和曲霉用察氏琼脂培养基、镰刀菌和其他霉菌用马铃薯琼脂培养基,以及酵母菌用麦芽汁等。

1. 接种鉴定培养基　将初步分离出来的霉菌菌落,转种在斜面培养基上,进行纯培养。根据菌落的形态特征,大致将菌落分成几类,如青霉、曲霉、镰刀菌或其他霉菌。然后,再将其分别接种在鉴定培养基上。

2. 平板的点植培养及菌落观察　为了便于观察,应培养一个完整的较大菌落,即将上述纯培养物点植于鉴定培养基平板上,25~28℃温箱中培养,每隔一定时间观察以下菌落特征。

(1)生长速度:培养一定天数,量取菌落直径。描述时,可用生长极慢、慢、中等和快等来加以说明;也可用局限生长表示生长速度慢,蔓延生长表示生长速度快。

(2)菌落颜色:包括菌落表面和菌落反面的颜色、菌落周围培养基的颜色及不同生长阶段的颜色变化。

(3)菌落质地:可见绒状、絮状、绳状、粉粒状和束状。质地和菌丝的长短与疏密以及孢子的有无及多少有关。"绒状"指很少有气生菌丝,生长物多为埋伏菌丝体或紧贴于基质的菌丝层上生出的分生孢子梗,分布均匀,外观很像丝绒而得名;"絮状"指较多的松散气生菌丝,分生孢子梗主要从这些气生菌丝生出;"绳状"指大部分气生菌丝集结成一缕一缕的绳索状,在低倍镜下易于辨认;"束状"指分生孢子梗大部分由基质生出,但并非均匀分布,而是或多或少地成簇,使菌落呈现粒状或粉状外观。

(4)菌落表面:可见菌落疏松或紧密、扁平或隆起以及边缘整齐性、表面放射状沟纹或同心环等特征性外观变化。

(5)渗出物:有的菌种常在菌落表面出现带颜色的液体渗出物,记录其颜色和分泌量。

3. 制片镜检　显微镜下观察霉菌菌丝有无隔膜、菌核、壳细胞、营养菌丝、气生菌丝、繁殖菌丝和颜色等是霉菌分类鉴定的依据。

(1)制片

1)压片:从平板或斜面上取少许霉菌培养物放于另一张滴有乳酸苯酚的载玻片上,用接种针轻轻撕开分散,加盖一盖玻片,盖玻片下不得有气泡。

2)小培养制片:可采用简单易行的琼脂块小培养法,将灭菌的载玻片放于灭菌的平皿内,迅速滴加融化的培养基数滴于载玻片,待培养基凝固后,将要鉴定的霉菌接种在培养基上,在接种点边缘斜插加盖一灭菌盖玻片,将培养皿放在湿盒中,于25~28℃培养,每天取出在显微镜下进行观察,最后可用镊子轻轻取下盖玻片,放于另一张滴有乳酸苯酚的载玻片上。此法优点是能够详细观察霉菌自然生长状态下的生态结构。

（2）镜检：需观察的镜下特征包括霉菌的菌丝、孢子和孢子梗的形态和特征，并作详细记录：①菌丝：可见粗或细、有隔或无隔及分支结构等特征；②孢子：分为有性和无性孢子两类，无性孢子在霉菌鉴定中更有意义，包括分生孢子、孢子囊孢子和叶状孢子；③孢子梗：观察其长度和光滑程度等。

4. 报告　根据菌落形态及镜检结果，参照霉菌分类检索表，鉴定到属或种。

七、其他常见微生物的检验

有些化妆品的原料特殊，可能污染有某些致病菌或条件致病菌，必要时可进行针对性检验。

（一）需氧芽胞杆菌和蜡样芽胞杆菌的检验

1. 概述　芽胞杆菌属为革兰阳性大杆菌，需氧，能产生芽胞，抵抗力强，在自然界分布广泛，空气和土壤中尤为多见。蜡样芽胞杆菌能引起眼和软组织化脓性感染。美颜化妆粉类最常见的是香粉和粉饼，主要是由大量多种粉末原料配制而成。由于大多数粉类制品含水量极低，所以不适宜化妆品卫生规范规定的指标菌的生长，但需氧芽胞杆菌可存活。建议对粉类制品做需氧芽胞杆菌和蜡样芽胞杆菌检验。

2. 检验的基本步骤　①将制备好的供试液加入 SCDLP 液体培养基中增菌培养；②将增菌培养物接种血平板分离培养，室温放置 2 天，取多个菌落进行涂片、染色和镜检，也可再次纯培养后镜检；③将革兰阳性、需氧并能产生芽胞的大杆菌定为需氧芽胞杆菌；④将溶血阳性、不透明、扁平、边缘不正和表面粗糙似融蜡状的菌落转种普通琼脂平板和甘露醇卵黄多粘菌素琼脂平板上，培养后菌落较大，除具有血平板上的基本特征外，在甘露醇卵黄多黏菌素琼脂平板上可见菌落周围有淡粉色的沉淀晕；⑤挑取可疑菌落进行生化鉴定，确证是否蜡样芽胞杆菌。

（二）沙门菌的检验

1. 概述　沙门菌属是肠杆菌科中的一个重要菌属，寄生于人和动物肠道中，是肠道致病菌。化妆品中的沙门菌大多来源于生物性原料，如动物的内脏及其提取物。因此，对于含有这一类生物性原料的化妆品可考虑检测沙门菌。通常该菌含量较少，且由于加工过程及防腐剂作用使其受到损伤而处于亚致死状态。

2. 检验的基本步骤　①用无选择性的培养基进行短时前增菌，使处于亚致死状态的沙门菌恢复活力；②将前增菌培养物转种选择性增菌培养基，使沙门菌得以增殖；③将选择增菌培养物转种选择性平板，分离沙门菌；④选择可疑菌落进行生化试验鉴定和血清学鉴定。

（三）产气荚膜梭菌的检验

1. 概述　产气荚膜梭菌为专性厌氧，卵形芽胞不大于菌体，无鞭毛，革兰阳性粗大杆菌；分解能力强，分解乳糖呈"汹涌发酵"，能还原硝酸盐和亚硫酸盐，产卵磷脂酶；抵抗力强，能在外环境中存活较长时间。在自然界分布广泛，常存在于土壤、空气尘埃、水体、食品以及人和动物的肠道中，通常作为粪便污染的指标菌，用于水污染的检测。化妆品中产气荚膜梭菌检验是定量检测，通过该菌的检出数量了解化妆品的污染的程度。

2. 检测的基本步骤　①用蛋白胨水将供试液 10 倍系列稀释；②按倾注法原理将每一稀释度液体与鉴定计数培养基混匀，厌氧培养；③计数可疑菌落，并选择数个菌落依据形态染色特征与生化试验进行确证；④根据确证结果计算每克（毫升）化妆品中所含产气荚膜梭菌的数量。

（四）破伤风梭菌的检验

1. 概述　破伤风梭菌为革兰阳性杆菌,多有鞭毛,无荚膜,芽胞位于顶端、圆形、大于菌体;该菌为专性厌氧菌,一般不发酵乳糖,能液化明胶,产硫化氢,大多数菌株吲哚阳性,不还原硝酸盐,分解蛋白质的能力弱。破伤风梭菌寄居于人和动物的肠道中,由粪便污染土壤,形成芽胞后可在土壤中长期存在,可通过伤口感染机体,导致破伤风。有些化妆品原料含有各种动植物成分和矿物质,尤其在由土壤矿物质加工而成的原料中,往往含有芽胞杆菌和破伤风梭菌等,使化妆品受到污染。因此,有必要对化妆品的粉状矿物原料进行破伤风梭菌检验。

2. 检验的基本步骤　①将检样加入葡萄糖庖肉培养基进行增菌产毒培养;②若供试品管出现浑浊、产气,碎肉被消化成黑色并有臭气产生,为可疑阳性;③取培养液进行革兰染色镜检;④取可疑阳性培养物做小鼠毒力试验;⑤毒力试验阳性者,不论镜检是否阳性,均报告检出破伤风梭菌。

八、化妆品原料的微生物检验

化妆品原料是微生物污染的主要来源之一,因此检测原料的初始污染状态非常重要。

（一）微生物检测指标

化妆品原料的性质各异,其污染微生物的程度和种类也各不相同,因此可选择相应的微生物检测指标。

1. 一般原料　一般原料及水的微生物检测指标同化妆品成品,即菌落总数、霉菌和酵母菌总数、粪大肠菌群、铜绿假单胞菌和金黄色葡萄球菌。

2. 动物源性原料　这类原料往往来自动物内脏及提取物,容易污染肠道致病菌,因此这类原料可增加检测沙门菌。

3. 粉类原料　粉类原料大多数来自土壤矿物质,土壤是天然的菌种库,微生物含量高,容易污染矿物质原料,尤其芽胞菌存活时间长,是常见的污染菌,因此在粉类原料中可增加检测需氧芽胞杆菌、产气荚膜梭菌和破伤风梭菌。

4. 不支持微生物生长的原料　有些油脂性原料不含水分,微生物不易存活,有些原料本身具有抑菌或杀菌作用,这类原料可不做微生物检测。但加水稀释后,可按一般原料对待。

（二）样品前处理与检验方法

化妆品原料的前处理与检验方法与化妆品成品的处理与检测原则相同,所不同的是不必考虑防腐剂的干扰,检验过程中无需加入中和剂,其稀释液和培养基中均不用加入卵磷脂和吐温 80。

九、包装容器的检验

包装材料有瓶、袋和管等,当容器表面积较小,如小于 $100 cm^2$,取全部内面积,常将一定量无菌生理盐水注入包装瓶内,盖上盖子,充分振摇,目的是将瓶内壁的污染菌充分洗脱下来,以此洗脱液作为检样。当容器表面积大于 $100 cm^2$,用涂抹法采集内壁 $100 cm^2$ 范围制备检样,采用倾注平板计数法检测检样液中活菌菌落总数,计算包装容器的染菌量,按下式计算。

包装容器内壁污染菌落总数（CFU/ 个）= 平均菌落数 × 稀释度 × 采样液量　　　（7-1）

化妆品包装容器细菌菌落总数不应超过 10CFU/ 个。

十、生产环境空气微生物检测

对生产环境空气微生物检测的目的是了解生产场所空气中的微生物情况。化妆品生产车间的空气洁净度直接关系到化妆品的质量,因此应建立常规的空气质量监测系统,保证合格的空气质量。空气中细菌总数是评价空气质量的主要指标,可采用自然沉降法和撞击式采样器法。

(一) 自然沉降法

空气中的微粒由于重力的作用,在一定时间内可自然沉降而吸附到平皿内营养琼脂培养基表面,在适宜条件下培养,即可见到菌落生长现象。

1. 采样点选择　室内面积≤30m², 在一条对角线上取 3 点,即中心 1 点、两端各距墙 1m 处各取 1 点;室内面积 >30m², 设东、南、西、北和中 5 点,其中东、南、西和北点均距墙 1m。采样点应离开门窗一定距离,高度 1.2~1.5m 或按生产操作台高度;同时,应在室外设置 1 个对照点。每个采样点设 2 个平行样品。

2. 采样与培养　将营养琼脂平板置于采样点,于同一时间揭开平皿盖,使培养基表面暴露于空气中 5~20 分钟。盖上平皿盖,将平板倒转,置于 37℃恒温培养箱培养 48 小时,计算各平板菌落总数及平均菌落数,结果按 CFU/ 皿报告。

(二) 固体撞击式采样器法

固体撞击式采样器法是通过抽气动力,使空气高速通过狭缝或小孔,悬浮在空气中的带菌粒子因惯性作用而撞击,并吸附到培养基平板上经 37℃、48 小时培养后计数平板上的菌落数,结合抽气泵流量和采样时间,计集每立方米空气中所含的细菌菌落数。采样点的选择同自然沉降法,结果按 CFU/m³ 报告。

有多种固体撞击式采样器可供选用,有筛孔式、裂隙式及离心式的,有单级和多级的,按使用说明操作。多级采样器法(2~6 级)不仅可检出菌落总数,还可获取粒子大小的分布情况。

十一、生产设备及物体表面的微生物检测

(一) 生产设备微生物检测

生产设备微生物检测的主要部位是设备与产品及原料接触的部位,可采用涂抹采样法或冲洗的办法。对储存罐、搅拌机及灌装机等,用 5cm × 5cm 规格板在设备内侧相对面各采 25cm² 面积范围,用灭菌棉拭子蘸取无菌生理盐水,在规格板空缺处来回均匀涂抹;同时转动拭子,将棉拭子插入 10ml 生理盐水采样管内,剪去手接触部位,将采样管在手心上振打 80 次,或用振荡器震荡 20 秒,将棉签上的菌充分洗脱下来,以此采样液作为检样,采样平板计数法进行菌落总数检测。对于较细的输送管道,可用灭菌生理盐水反复冲洗管道内壁,以此洗液作为检样。如采样部位在机器的沟缝和接口处时,将机器拆卸开,用棉拭子涂抹采样,涂抹面积大小按其几何图形计算。

根据污染程度将检样液适当稀释,采用倾注平板计数法检测菌落总数,按式 7-2 计算生产设备表面污染细菌的数量。

$$菌落总数(CFU/cm^2) = \frac{平均菌落数 \times 稀释度}{采样面积(cm^2)} \times 10 \tag{7-2}$$

采样液若采用 Luria-Bertani 肉汤（LB 肉汤）替代生理盐水，也可直接培养采样后的 LB 肉汤管，如果出现浑浊，说明设备与产品接触面未达到无菌。

（二）操作台的微生物检测

重点检查工人操作处。用无菌 25cm² 面积的规格板在台面对角线设 2 个采样点，即各 25cm²，用灭菌生理盐水棉拭子来回涂抹采样，同时转动拭子，后续操作同生产设备微生物检测法。按式 7-2 计算操作台表面污染细菌的数量。

也可根据需要检测生产设备和操作台上的其他微生物指标，如致病菌，方法同前。

十二、生产人员的微生物检验

直接从事化妆品生产的人员如果操作不当，可将自身携带的微生物散播到化妆品或原料中。因此，生产的人员必须取得预防性健康体检合格证，且上岗前必须洗净、消毒双手，正确穿戴工作服、帽和鞋，操作人员手部有外伤时不得接触化妆品和原料。为保证这一生产环节严格卫生，应对生产人员手和工作服的染菌情况进行定期检查。

（一）手的采样与检测

采用涂抹法采样。被检人五指并拢，用灭菌生理盐水棉拭子采集双手手指曲侧面，从指尖到指根来回涂 2 次，同时转动拭子，将棉拭子放入 10ml 生理盐水试管内，剪去手接触部位后，振打 80 次或震荡 20 秒，以此采样液作为检样，用倾注平板计数法检测手表面污染细菌的数量，按下式计算。

$$手表面污染细菌菌落总数(CFU/只) = \frac{平均菌落数 \times 稀释度}{2} \times 10 \tag{7-3}$$

（二）工作服的采样与检测

采样部位选择工作服上部左右两侧各 25cm² 的面积范围，采样与检测的方法同操作台表面的微生物检测，工作服表面污染菌落总数计算同式 7-2。

（三）卫生要求

工人手表面细菌菌落总数不应超过 300CFU/只；工作服的细菌菌落总数不超过 300CFU/cm²。

小　结

多数化妆品及其原料都具备细菌和霉菌的生存条件，容易污染各种微生物。微生物的污染来源有多方面，不同种类的化妆品及原料为微生物提供的生长条件不同，因此污染微生物的可能性和程度也会不同。污染的微生物可导致化妆品质量下降或变质，同时还可能危害使用者的健康。因此，我国《化妆品卫生规范》规定通过各项微生物检测指标及相关的卫生标准对化妆品进行安全性评价。本章重点介绍了化妆品微生物检验的卫生意义、微生物污染来源与影响因素、检验原则、检验指标与意义，以及化妆产品、原料及各生产环节的微生物检验指标、要求与方法。

思考题

1. 为什么要进行化妆品微生物检验？化妆品微生物的污染来源和数量消长受哪些因素影响？

2. 简述我国化妆品微生物检测指标及卫生标准，各项指标的卫生意义、检验要点和评判标准。

（宋艳艳）

第八章 化妆品安全性评价

化妆品安全性与人体健康密切相关,化妆品原料的安全性决定着化妆品产品的安全性,化妆品毒理学检验是化妆品安全性评价中极其重要的内容,人体安全性评价适用于化妆品成品的安全性与功效性评价。近年来,从动物保护和科学方法的发展角度,提出了动物试验替代方法的应用,本章节将从化妆品原料及其产品的安全性、化妆品常规毒理学检验方法、人体安全性评价方法和化妆品替代毒理学评价等几个方面进行介绍。

第一节 化妆品原料及其产品的安全性要求

一、化妆品原料管理

(一)国外化妆品原料管理

1. 欧盟化妆品原料管理 欧盟化妆品成分的安全性是基于《欧盟化妆品指令76/768》和《欧盟化妆品法规1223/2009》2种法规框架要求实施的。欧盟法规中对化妆品成分的安全性管理,通过建立禁用、限用物质成分名单以及化妆品功能的准用清单来控制。这些清单分别被称为禁用清单、限用清单或准用清单。

《欧盟化妆品指令76/768》包括以下清单:①禁用清单(附录Ⅱ);②限用清单(附录Ⅲ);③准用清单,又分为着色剂清单(附录Ⅳ)、防腐剂清单(附录Ⅵ)和防晒剂清单(附录Ⅶ)。

禁用物质是指不得用于生产化妆品的成分。附录Ⅱ目前包含1369种化妆品中禁止使用的物质。应该指出的是,《欧盟化妆品指令》和《欧盟化妆品法规》禁止在化妆品中有意添加附录Ⅱ的成分,但如果按照良好生产规范(GMP)标准操作,技术上仍无法避免存在痕量禁用物质,并且不对消费者健康产生危害,是可以接受的。在特定的限制条件下,允许使用的成分为限用物质。禁用物质名单的制定更多地考虑了该化学物质固有的毒性和危害性,与是否会使用于化妆品没有直接关系;或者说,在实际的化妆品生产中根本不会使用到禁用清单中的某些成分。限用物质名单规定了适用的范围、终产品中的最大浓度限值及使用条件等其他限制和要求,需要标明的警示用语等内容在限用清单中也有说明。对准许使用物质,着色剂、防腐剂和紫外线吸收剂3类物质的名单规定了成分的适用范围、浓度限制和警示要求等。此外,未制定原料成分名单的大多数原料成分可以自由使用。化妆品生产商对产品的安全性负责任,要对成分在产品中的安全性进行评价。

欧盟具有非常严格而完备的化妆品危险性评价体系。为保证化妆品的安全,欧盟还制定了化妆品危险性评价指南,作为评价的技术依据。

2. 美国化妆品原料管理 在美国,与化妆品有关的法规就是《FD&C法案》。食品药品监督管理局(FDA)是美国卫生与公众服务部的下属机构。规章的实施是由FDA的科学家们来完成的。在美国,没有针对化妆品的事前注册许可程序,FDA 不对化妆品的安全性、有效性及其标签审批。生产者对其化妆品的安全性、产品成分以及产品是否符合规章负有完全的责任。制造商有责任保证他们的产品成分对使用者是安全的。能够用来制造化妆品的成分是经常使用并被广为人知的。美国个人护理用品协会(PCPC)出版的《化妆品原料国际命名词典》中列出了数以万计的可用于化妆品制造的成分,该词典给出了成分的结构、功能和命名的信息,但不包括成分的安全性评价。

美国《联邦规章法典》中禁止在化妆品中使用的成分只有 9 种,分别是:硫双二氯酚、氯氟烃推进剂、氯仿、六氯酚、卤化水杨酰苯胺、二氯甲烷、氯乙烯、喷雾产品中含锆络合物和汞化合物(在没有其他选择时可用于眼部化妆品,且浓度不得超过 65ppm)。这与欧盟对化妆品原料的管理中列出了大量的禁用物质的情况有所不同。美国禁用的这 9 种成分,都曾经使用于化妆品中,并被发现有毒或危害性。除了化妆品的禁用成分外,美国对色素的使用管理严格,只有那些可接受色素添加剂清单中的色素且纯度和规格符合要求才可被用于化妆品。被明确禁止使用或未被评价过的色素严禁用于化妆品,新的色素添加剂成分要经过美国食品药品监督管理局 FDA 对其资料审核,通过后方可加入清单中。

美国化妆品成分评估委员会(CIR)以一种公开的、公平的方式提供针对化妆品成分的全面安全性评价,从成立至今,已经完成了 1000 多种成分的评价,其中不到 1% 的原料被评价为不可用于化妆品。

3. 韩国化妆品原料管理　韩国对化妆品原料的管理有其相应规定,依据该国《化妆品法》第四条第三项规定,通过食品医药品安全厅长指定、告示过的原料,可直接用于化妆品生产,不需要再审核;此外,韩国食品药品安全厅(KFDA)在 2009 年发布了关于化妆品原料的规定。依据该规定,化妆品原料标准中收载的原料、大韩民国化妆品原料词典或国际化妆品原料词典或欧盟化妆品原料词典收载的原料,食品公典(标准及规格)和食品添加剂公典(限于天然添加剂)收载的原料,以及 KFDA 认定的能用于化妆品制造(进口)的原料,均可用于化妆品而不需要审核。不属于在 KFDA 指定告示内的原料,国内首次引进的原料,需要按新原料审批。除此以外,韩国对防腐剂、防晒剂和色料的使用均有相应的规定。使用含有动植物加工品的化妆品原料,进口时需要审核。

4. 日本化妆品原料管理　在日本有《药事法》《药事法实施令》《药事法实施规则》和《关于化妆品的公平竞争公约》等法律与化妆品有关。另外,在日本,还有欧美,没有医药部外品制度,与中国化妆品产品分类相似。在日本存在两类化妆品,一类称为化妆品,与中国的非特殊类化妆品类似;另一类称为医药部外品,类似于中国的特殊类化妆品。

关于化妆品生产所使用的原料,要遵循 3 个目录,即否定目录、许可目录及限制目录。2001 年 4 月 1 日起,根据修改的规定,可配方的成分由原来的约 2700 种增加到 2 万种。尽管这种否定目录和许可目录的形式类似于欧美,但成分的数量及内容有很大差别。可以配合在医药部外品中的原料基本为《医药部外品原料规格 2006》所收录,但即使被收录,也不是能在所用的医药部外品中无限制地使用。没有被《医药部外品原料规格 2006》收录的原料,不能以原料单独申请,应该以医药部外品来申请,接受审批。对于医药部外品,日本还公开了《有效成分目录》和《医药部添加物目录》。

对于新的化妆品原料,日本实行严格的审批制度。

(二)中国化妆品原料管理

我国化妆品原料管理主要参照欧盟的管理方式,同时考虑到中国的实际特点而制定了化妆品原料的规定。《化妆品卫生规范》(2007年版)对原料的规定包括了禁用的化妆品原料,限制使用的化妆品原料,允许使用的防腐剂、防晒剂、着色剂和暂时允许使用的染发剂。

根据《化妆品卫生监督条例》的明确规定,使用化妆品新原料生产化妆品,必须经过国务院卫生行政部门批准,化妆品新原料是指在国内首次使用于化妆品生产的天然或人工原料。《化妆品卫生规范》和《化妆品行政许可申报受理规定》等相关规章和技术法规均对化妆品新原料的行政许可提出相应的资料要求,指导化妆品原料的安全性评价,明确化妆品原料行政许可审评要求,提高化妆品新原料行政许可可操作性,保证化妆品产品卫生质量安全,国家食品药品监督管理局组织制定了《化妆品新原料安全评价指南》,该指南的各部分主要内容包括:化妆品新原料定义、化妆品新原料安全性要求、申请化妆品新原料行政许可资料的具体要求及化妆品新原料的审评原则。

二、化妆品原料及其产品的安全评价

(一)化妆品原料的安全性评价

化妆品的安全性与其原料安全性密切相关,其原料是保证化妆品产品安全性的关键因素。对于每一种原料的使用,均需详细检查是否是现行法规所收录的,其用法用量是否符合规定。不应使用以下成分:①所在地或国际性法规禁用的成分;②超出允许条件和限量的限用成分;③毒理学资料对拟用浓度和条件的成分不予支持;④缺乏充足的毒理学资料或缺少使用安全性经验的资料;⑤没有合适的特征描述的成分。

化妆品原料的安全性是决定化妆品产品安全性的重要前提条件,毒理学试验资料是进行原料安全性评价的基本依据。因此,我国化妆品行政管理部门,国家食品药品监督管理局制定了《化妆品新原料申报与审评指南》。《化妆品新原料申报与审评指南》中对化妆品安全性提出了总体要求,化妆品新原料在正常以及合理的、可预见的使用条件下,不得对人体健康产生危害。作为一种构成化妆品组分的新原料,必须对其进行系统全面的毒理学试验,对其安全性做出综合评价。

化妆品的新原料,一般需进行下列毒理学试验:①急性经口和急性经皮毒性试验;②皮肤和急性眼刺激性/腐蚀性试验;③皮肤变态反应试验;④皮肤光毒性和光敏感性试验(原料具有紫外线吸收特性需做该项试验);⑤致突变试验(至少应包括1项基因突变试验和1项染色体畸变试验);⑥亚慢性经口和经皮毒性试验;⑦致畸试验;⑧慢性毒性/致癌性结合试验;⑨毒物代谢及动力学试验。

《化妆品新原料申报与审评指南》规定毒理学试验资料为原则性要求,可以根据该原料理化特性、定量构效关系、毒理学资料、临床研究和人群流行病学调查以及类似化合物的毒性等资料情况,增加或减免试验项目。

(二)化妆品原料安全性风险评估

1. 化妆品原料的安全性风险评估的基本概念

(1)无可见有害作用水平(no observed adverse effect level,NOAEL):在规定的试验条件下,用现有的技术手段或检测指标未观察到任何与受试样品有关的毒性作用的最大染毒剂量。

(2)最低可见有害作用水平(lowest observed adverse effect level,LOAEL):在规定的试验条件下,受试样品引起实验动物形态、功能和生长发育等发生有害改变的最低染毒剂量。

（3）全身暴露量（system exposure dose，SED）：原料的全身暴露量系指经体表皮肤或外部黏膜吸收，进入血液循环的量。

（4）安全边际（margin of safety, MOS）：安全边际是衡量人体暴露量（SED）与动物试验中获得的未观察到有害作用的剂量（NOAEL）之间间隔大小的指标。

（5）实际安全剂量（virtual safe dose，VSD）：实际安全剂量又称可接受危险性剂量。为无阈值的致癌物引起致癌率低于可忽略不计的或可接受的危险性的剂量水平。

2. 化妆品原料的安全性风险评估的基本程序　化妆品原料的安全性风险评估的基本程序应遵循化妆品安全性风险评估的程序进行，基本程序如下。

（1）危害识别：危害识别是化妆品风险评估的定性阶段，该阶段基于已知的资料和可能的作用模式评价化妆品成分对人可能产生的有害作用，危害识别的资料包括4类：化学物理性质测定、定量结构-反应关系理论分析、体外试验和人体志愿者研究。危害识别最重要的目的是确定化学物的毒作用性质是否是靶器官毒物、致癌物、致畸物或致突变物。通常认为，外源化学物的器官毒性和致畸作用的剂量-反应关系是有阈值的，遗传毒性致癌物和致突变物的剂量-反应关系是无阈值的。在此环节，要根据化妆品中选用原料的理化特性、毒理学试验数据、临床研究、人群流行病学调查和定量构效关系等资料，确定该物质是否对人体健康存在潜在的危害。

（2）剂量-反应关系评定：又称危害表征，是危险性评估的定量阶段。通过剂量-反应关系评定来确定外源化学物暴露水平与有害效应发生频率之间的关系，分析评价化妆品原料的毒性反应与暴露间的关系。对有阈值的化学物，确定"无可见有害作用水平（NOAEL）"或"最低可见有害水平（LOAEL）"。对于无阈值的致癌剂，可根据试验数据用合适的剂量反应关系外推模型来确定该物质的实际安全剂量（VSD）。

（3）暴露评定：暴露评估的目的是表征人群暴露于某种外源物质的自然情况以及模拟暴露范围、频率和持续时间。因此，在此阶段要确定化妆品的产品类型和使用方法、人体对评价原料的暴露水平以及安全边际（MOS）或暴露边际（MOE）等；确定人体暴露于该原料的量及频度（包括可能的高危人群，如儿童、孕妇等）。

有关暴露水平研究的数据，多来自于欧盟等国外机构，中国目前缺少系统的针对中国人的暴露水平研究数据。因此，在进行风险评估时可参考国外权威组织的数据，较为全面和常用的数据来源是欧盟消费者安全科学委员（SCCS）的指南，目前最新版本为《The SCCS'S Notes of Guidance for The Testing of Cosmetic Substances and Their Safety Evaluation 8th Revision》。

化妆品全身暴露量计算，需要将上述外部成品值转化为内部剂量或所谓全身暴露剂量。因此，成品中化学物的浓度及其皮肤吸收量要一起考虑。由于皮肤吸收可用%或$\mu g/cm^2$表示，SCCP提出2种全身暴露剂量的计算公式。

1）以百分率表示经皮吸收结果的方法，见下式。

$$SED = A \times \frac{C(\%)}{100} \times \frac{DAa(\%)}{100} \tag{8-1}$$

式中，SED：系统暴露量，mg/kg BW/d；A：估算的每天使用化妆品产品的暴露量（以每公斤体重计），mg/kg BW/d；C（%）：在使用部位化妆品终产品中受试成分的浓度；DAp（%）：皮肤吸收率。

2）以$\mu g/cm^2$表示经皮吸收结果的方法，见下式。

$$SED = \frac{DAa \times 10^{-3} \times SSA \times F}{60} \qquad (8\text{-}2)$$

式中,SED:系统暴露量,mg/kg BW/d;DAa:皮肤吸收量,μg/cm²;SSA:接触受试化妆品终产品的皮肤表面积,cm²;F:每天给予化妆品终产品的次数,d⁻¹;60:假设的人体体重,kg;10^{-3}:换算单位。

3)危险性特征:该步骤是将暴露评估和危害识别的信息整合为适用于决策或风险管理的建议,因此要确定化妆品原料对人体健康可能造成危害的概率及范围。对具有阈值的化学物,计算安全边际(MOS)。对于没有阈值作用的物质(如无阈值的致癌剂),应确定暴露量与实际安全剂量(VSD)之间的差异。

对于有阈值的化学物安全边际计算可使用下述公式。

$$MOS = \frac{NOAEL}{SED} \qquad (8\text{-}3)$$

式中,NOAEL:可见有害作用水平,mg/kg BW/d;SED:系统暴露量,mg/kg BW/d。

通常认为 MOS 至少在 100 以上,此化学物是安全的。

(三)化妆品产品安全性评价

中国的化妆品产品管理与其他国家、组织有相似之处,但又有许多不同之处,包括对化妆品的分类有自己的原则;而监管理念方面,生产企业是产品安全的第一责任人,政府实行事前许可和事后监管。在这样的管理模式下,《化妆品卫生监督条例》和《化妆品卫生规范》均规定要对每个化妆品产品进行安全评价,有关化妆品安全性评价的相关内容将在下面详细介绍。

(张宏伟)

第二节 化妆品常规毒理学检验方法

在一般情况下,新开发的化妆品产品在投放市场前,应根据产品的用途和类别必须进行相应的毒理学试验,以评价其安全性。本节将参照《化妆品卫生规范》,对化妆品的常规毒理学检验方法进行介绍。

一、毒理学的基本概念

(一)毒物

毒物(poison)指在较低的剂量下可导致生物体损伤的物质。对于某一种物质是否能损害机体的健康,取决于接触剂量、途径、时间、频度和发生作用时的环境条件等。

(二)毒性

毒性(toxicity)指物质引起生物体有害作用的固有能力,是物质一种内在的、不变的生物学性质,取决于物质的化学结构。毒性按物质作用时间可分为急性毒性、亚慢性毒性和慢性毒性。

(三)毒效应

毒效应(toxic effect)指物质对机体所致的不良或有害的生物学改变,是物质毒性在某些条件下引起机体健康有害作用的表现,改变接触途径就可能影响毒效应。

（四）剂量 - 效应关系或剂量 - 反应关系

剂量 - 效应关系（dose-effect relationship）或剂量 - 反应关系（dose-response relationship）表示随着化学物质的剂量增加，对机体的毒效应的程度增加，或出现某种效应的个体在群体中所占的比例增加。

二、化妆品刺激性和毒性的影响因素

各种化妆品对同一机体产生的毒性和毒效应有很大的差异，一种化妆品对不同机体的毒性作用也不同，既有量的变化，也有质的差异，究其原因十分复杂。概括起来主要有 4 个方面的影响因素：①化妆品原料的物理化学特性、纯度、浓度和溶剂；②使用者的个体差异，如年龄、性别和健康状况等；③环境因素，如温度、湿度、气压、季节和昼夜节律等；④化妆品的使用时间、使用方法、使用频率和处置条件等。

三、化妆品的安全性评价检验项目

在对化妆品进行安全性评价时，所需要检测的检验项目应根据化妆品的种类、使用特性和使用部位的不同而进行选择。

（一）检验项目的选择原则

1. 由于化妆品种类繁多，在选择检验项目时应根据实际情况确定。

2. 每天使用的化妆品需进行多次皮肤刺激性试验，进行多次皮肤刺激性试验者不再进行急性皮肤刺激性试验，间隔数日使用的和用后冲洗的化妆品进行急性皮肤刺激性试验。

3. 与眼接触可能性小的产品不需进行急性眼刺激试验。

（二）非特殊用途化妆品毒理学检验项目

非特殊用途化妆品毒理学检验项目，按表 8-1 的要求进行。

表 8-1　非特殊用途化妆品毒理学检验项目[①②③]

检验项目	发用类	护肤类		彩妆类			指（趾）甲类	芳香类
	易触及眼睛的发用产品	一般护肤产品	易触及眼睛的护肤产品	一般彩妆品	眼部彩妆品	护唇及唇部彩妆品		
急性皮肤刺激性试验[④]	○						○	○
急性眼刺激性试验[⑤⑥]	○		○		○			
多次皮肤刺激性试验		○	○	○	○	○		

注：①○表示需要进行检验的项目。
②修护类指（趾）甲产品和涂彩类指（趾）甲产品不需要进行毒理学试验。
③对于防晒剂（二氧化钛和氧化锌除外）含量≥0.5%（w/w）的产品，除表中所列项目外，还应进行皮肤光毒性试验和皮肤变态反应试验。
④对于表中未涉及的产品，在选择检验项目时应根据实际情况确定，可按具体产品用途和类别增加或减少检验项目。
⑤沐浴类、面膜（驻留类面膜除外）类和洗面类护肤产品只需要进行急性皮肤刺激性试验，不需要进行多次皮肤刺激性试验。
⑥免洗护发类产品和描眉类眼部彩妆品不需要进行急性眼刺激性试验。

（三）特殊用途化妆品毒理学检验项目

特殊用途化妆品的检验项目，按表8-2的要求进行。

表8-2　特殊用途化妆品毒理学检验项目[①②]

检验项目	育发类	染发类	烫发类	脱毛类	美乳类	健美类	除臭类	祛斑类	防晒类
急性眼刺激性试验	○	○	○						
急性皮肤刺激性试验			○						
多次皮肤刺激性试验[③]	○				○	○	○	○	○
皮肤变态反应试验	○	○		○	○	○	○	○	○
皮肤光毒性试验	○							○	○
鼠伤寒沙门氏菌/回复突变试验[④⑥]	○	○[⑤]			○	○			
体外哺乳动物细胞染色体畸变试验	○	○[⑤]			○	○			

注：①○表示需要进行检验的项目。
　　②除育发类、防晒类和祛斑类产品外，防晒剂（二氧化钛和氧化锌除外）含量 ≥ 0.5%（w/w）的产品还应进行皮肤光毒性试验。
　　③对于表中未涉及的产品，在选择试验项目时应根据实际情况确定，可按具体产品用途和类别增加或减少检验项目。
　　④即洗类产品不需要进行多次皮肤刺激性试验，只进行急性皮肤刺激性试验。
　　⑤进行鼠伤寒沙门菌/回复突变试验或选用体外哺乳动物细胞基因突变试验。
　　⑥涂染型暂时性染发剂不进行鼠伤寒沙门菌/回复突变试验和体外哺乳动物细胞染色体畸变试验。

（四）有关致突变试验

1. 育发类、健美类和美乳类产品　鼠伤寒沙门菌/回复突变试验（Ames试验）和体外哺乳动物细胞染色体畸变试验均为阴性，可予以通过；其中1项为阳性，不予通过。

2. 染发类产品　①鼠伤寒沙门菌/回复突变试验和体外哺乳动物细胞染色体畸变试验均为阴性，可予以通过；②鼠伤寒沙门菌/回复突变试验和体外哺乳动物细胞染色体畸变试验均为阳性，不予通过；③体外哺乳动物细胞染色体畸变试验为阴性，鼠伤寒沙门菌/回复突变试验为阳性，可选做体外哺乳动物细胞基因突变试验，结果为阴性，可予以通过；④鼠伤寒沙门菌/回复突变试验结果为阴性，体外哺乳动物细胞染色体畸变试验为阳性，可选做体内哺乳动物细胞染色体畸变试验或体内微核试验，结果为阴性，予以通过。

四、化妆品常规毒理学检验方法

（一）皮肤刺激性/腐蚀性试验

皮肤刺激性/腐蚀性试验（dermal irritation/corrosion test）是确定和评价化妆品原料及其产品对哺乳动物皮肤局部是否有刺激作用或腐蚀作用及其程度的实验方法。该方法是将受试物一次（或多次）涂敷于受试动物的皮肤上，在规定的时间间隔内，观察动物皮肤局部刺激作用的程度并进行评分。

皮肤刺激性（dermal irritation）是指皮肤涂敷受试物后局部产生的可逆性炎性变化。皮肤腐蚀性(dermal corrosion)是指皮肤涂敷受试物后局部引起的不可逆性组织损伤。

1. 受试物的处理　液体受试物一般不需稀释,可直接使用原液。若受试物为固体,应将其研磨成细粉状,并用水或其他无刺激性溶剂充分湿润,以保证受试物与皮肤有良好的接触。使用其他溶剂,应考虑到该溶剂对受试物皮肤刺激性的影响。需稀释后使用的产品,先进行产品原型的皮肤刺激性/腐蚀性试验,如果试验结果显示中度以上刺激性,可按使用浓度为受试物再进行皮肤刺激性/腐蚀性试验。

受试物为强酸或强碱(pH≤2 或≥11.5),可以不再进行皮肤刺激试验。此外,若已知受试物有很强的经皮吸收毒性,经皮 LD_{50} 小于 200mg/kg 体重或在急性经皮毒性试验中受试物剂量为 2000mg/kg 体重,仍未出现皮肤刺激性作用,也无需进行急性皮肤刺激性试验。

2. 实验动物和饲养环境的选择　多种哺乳动物均可被选为实验动物,首选白色家兔。应使用成年、健康和皮肤无损伤的动物,雌性和雄性均可,但雌性动物应是未孕和未曾产仔的。实验动物至少要用 4 只,如要澄清某些可疑的反应,则需增加实验动物数。实验动物应单笼饲养,试验前动物要在实验动物房环境中至少适应 3 天时间。实验动物及实验动物房应符合国家相应规定。选用常规饲料,饮水不限制。

3. 试验步骤　根据染毒时间和次数的不同,试验分急性皮肤刺激性试验和多次皮肤刺激性试验。

(1)急性皮肤刺激性试验:试验前约 24 小时,将实验动物背部脊柱两侧被毛剪掉,不可损伤表皮,去毛范围左、右各约 3cm×3cm 面积。取受试物约 0.5ml(g)直接涂在皮肤上,然后用二层纱布(2.5cm×2.5cm)和一层玻璃纸或类似物覆盖,再用无刺激性胶布和绷带加以固定。另一侧皮肤作为对照。采用封闭试验,敷用时间为 4 小时。对化妆品产品而言,可根据人的实际使用和产品类型,延长或缩短敷用时间。对用后冲洗的化妆品产品,仅采用 2 小时敷用试验。试验结束后,用温水或无刺激性溶剂清除残留受试物。

如怀疑受试物可能引起严重刺激或腐蚀作用,可采取分段试验,将 3 个涂布受试物的纱布块同时或先后敷贴在 1 只家兔背部脱毛区皮肤上,分别于涂敷后 3 分钟、60 分钟和 4 小时取下一块纱布,皮肤涂敷部位在任一时间点出现腐蚀作用,即可停止试验。

清除受试物后的 1、24、48 和 72 小时,观察涂抹部位皮肤反应,按表 8-3 进行皮肤反应评分,以受试动物积分的平均值进行综合评价。根据 24、48 和 72 小时各观察时点最高积分均值,按表 8-4 判定皮肤刺激强度。观察时间的确定应足以观察到可逆或不可逆刺激作用的全过程,一般不超过 14 天。

(2)多次皮肤刺激性试验:试验前将实验动物背部脊柱两侧被毛剪掉,去毛范围各为 3cm×3cm,涂抹面积 2.5cm×2.5cm。取受试物约 0.5ml(g)涂抹在一侧皮肤上;当受试物使用无刺激性溶剂配制时,另一侧涂溶剂作为对照,每天涂抹 1 次,连续涂抹 14 天。从第 2 天开始,每次涂抹前应剪毛,用水或无刺激性溶剂清除残留受试物。1 小时后观察结果,按表 8-3 评分,对照区和试验区同样处理。

4. 结果评价　按下列公式计算每天每只动物平均积分,以表 8-4 判定皮肤刺激强度。

$$每天每只动物平均积分 = \frac{\Sigma 红斑和水肿积分}{受试动物数}/14 \qquad (8-4)$$

表 8-3 皮肤刺激反应评分

皮肤反应	积分
红斑和焦痂形成	
无红斑	0
轻微红斑(勉强可见)	1
明显红斑	2
中度～重度红斑	3
严重红斑(紫红色)至轻微焦痂形成	4
水肿形成	
无水肿	0
轻微水肿(勉强可见)	1
轻度水肿(皮肤隆起轮廓清楚)	2
中度水肿(皮肤隆起约 1mm)	3
重度水肿(皮肤隆起超过 1mm,范围扩大)	4
最高积分	8

表 8-4 皮肤刺激强度分级

积分均值	强度
0～<0.5	无刺激性
0.5～<2.0	轻刺激性
2.0～<6.0	中刺激性
6.0～8.0	强刺激性

(二)急性眼刺激性/腐蚀性试验

急性眼刺激性/腐蚀性试验(acute eye irritation/ corrosion test)是确定和评价化妆品原料及其产品对哺乳动物的眼睛是否有刺激作用或腐蚀作用及其程度的实验方法。受试物以一次剂量滴入每只实验动物的一侧眼睛结膜囊内,以未作处理的另一侧眼睛作为自身对照。在规定的时间间隔内,观察对动物眼睛的刺激和腐蚀作用程度并评分,以此评价受试物对眼睛的刺激作用。观察期限应能足以评价刺激效应的可逆性或不可逆性。

眼睛刺激性(eye irritation)是指眼球表面接触受试物后所产生的可逆性炎性变化。眼睛腐蚀性(eye corrosion)是指眼球表面接触受试物后引起的不可逆性组织损伤。

1. 受试物的处理 液体受试物一般不需要稀释,可直接使用原液,染毒量为 0.1ml。若受试物为固体或颗粒状,应将其研磨成细粉状,染毒量应为 0.1ml 或质量不大于 100mg。

受试物为强酸或强碱(pH≤2 或≥11.5),或已证实对皮肤有腐蚀性或强刺激性时,可以不再进行眼刺激性试验。气溶胶产品需喷至容器中,收集其液体再使用。

2. 实验动物和饲养环境的选择 首选健康成年新西兰大白兔(至少使用 3 只)。在试验开始前的 24 小时内,要对试验动物的两只眼睛进行检查(包括使用荧光素钠检查)。有眼睛刺激症状、角膜缺陷和结膜损伤的动物不能用于试验。试验前,动物要在实验动物房环境中至少适应 3 天。实验动物及实验动物房应符合国家相应规定。选用常规饲料,饮水不限制。

3. 试验步骤 轻轻拉开家兔一侧眼睛的下眼睑,将受试物 0.1ml(100mg)滴入(或涂入)结膜囊中,使上、下眼睑被动闭合 1 秒,以防止受试物丢失。另一侧眼睛不处理作自身对照。滴入受试物后 24 小时内不冲洗眼睛。若认为必要,在 24 小时内可进行冲洗。若上述试验结果显示受试物有刺激性,需另选用 3 只新西兰大白兔进行冲洗效果试验,即给兔眼内滴入受试物后 30 秒,用足量,流速较快,但又不会引起动物眼损伤的水流冲洗至少 30 秒。

4. 临床检查和评分 在滴入受试物后 1、24、48 和 72 小时以及第 4 和 7 天对动物眼睛进行检查。如果 72 小时未出现刺激反应,即可终止试验。如果发现累及角膜或有其他眼刺激作用,7 天内不恢复者,为确定该损害的可逆性或不可逆性,需延长观察时间,一般不超过 21 天,并提供第 7、14 和 21 天的观察报告。除了对角膜、虹膜和结膜进行观察外,其他损害效应均应当记录并报告。在每次检查中均应按表 8-5 眼损害的评分标准记录眼刺激反应的积分。

可使用放大镜,手持裂隙灯、生物显微镜或其他适用的仪器设备进行眼刺激反应检查。在 24 小时观察和记录结束之后,对所有动物的眼睛应用荧光素钠作进一步检查。

表 8-5 眼损害的评分标准

眼损害	积分
角膜:混浊(以最致密部位为准)	
无溃疡形成或混浊	0
散在或弥漫性混浊,虹膜清晰可见	1
半透明区易分辨,虹膜模糊不清	2
出现灰白色半透明区,虹膜细节不清,瞳孔大小勉强可见	3
角膜混浊,虹膜无法辨认	4
虹膜:正常	0
皱褶明显加深,充血、肿胀、角膜周围有中度充血,瞳孔对光仍有反应	1
出血、肉眼可见破坏,对光无反应(或出现其中之一反应)	2
结膜:充血(指睑结膜、球结膜部位)	
血管正常	0
血管充血呈鲜红色	1
血管充血呈深红色,血管不易分辨	2
弥漫性充血呈紫红色	3
水肿	
无	0
轻微水肿(包括瞬膜)	1
明显水肿,伴有部分眼睑外翻	2
水肿至眼睑近半闭合	3
水肿至眼睑大半闭合	4

5. 结果评价　对于化妆品原料,以给受试物后动物角膜、虹膜或结膜各自在 24、48 和 72 小时观察时点的刺激反应积分的均值和恢复时间评价,按表 8-6 眼刺激反应分级判定受试物对眼的刺激强度。对于化妆品产品,以给受试物后动物角膜、虹膜或结膜各自在 24、48 或 72 小时观察时点的刺激反应的最高积分和恢复时间评价,按表 8-7 眼刺激反应分级判定受试物对眼的刺激强度。

表 8-6　化妆品原料眼刺激性反应分级

可逆眼损伤	2A 级 (轻刺激性)	2/3 动物的刺激反应积分均值:角膜浑浊≥1;虹膜≥1;结膜充血≥2;结膜水肿≥2 和上述刺激反应积分在≤7d 完全恢复
	2B 级 (刺激性)	2/3 动物的刺激反应积分均值:角膜浑浊≥1;虹膜≥1;结膜充血≥2;结膜水肿≥2 和上述刺激反应积分在 <21d 完全恢复
不可逆眼损伤		①任 1 只动物的角膜、虹膜和 / 或结膜刺激反应积分在 21d 的观察期间没有完全恢复 ② 2/3 动物的刺激反应积分均值:角膜浑浊≥3 和 / 或虹膜 >1.5

表 8-7　化妆品产品眼刺激性反应分级

可逆眼损伤	微刺激性	动物的角膜、虹膜积分 = 0;结膜充血和 / 或结膜水肿积分≤ 2,且积分在 <7 天内降至 0
	轻刺激性	动物的角膜、虹膜、结膜积分在≤7 天降至 0
	刺激性	动物的角膜、虹膜、结膜积分在 8~21 天内降至 0
不可逆 眼损伤	腐蚀性	①动物的角膜、虹膜和 / 或结膜积分在第 21 天时 > 0; ② 2/3 动物的眼刺激反应积分:角膜浑浊≥和 / 或虹膜 =2

注:当角膜、虹膜和结膜积分为 0 时,可判为无刺激性。

(三) 皮肤变态反应试验

皮肤变态反应试验(skin sensitization and phototoxicity test)是检测重复接触化妆品及其原料对哺乳动物是否可引起变态反应及其程度的实验。采用局部封闭涂皮试验方法,实验动物通过多次皮肤涂抹(诱导接触)后,给予激发剂量的受试物,与对照动物比较,观察实验动物对激发接触受试物的皮肤反应强度。

皮肤变态反应(skin sensitization)又称过敏性接触性皮炎,是皮肤对一种物质产生的免疫源性皮肤反应。在人类这种反应可以瘙痒、红斑、丘疹、水疱和融合水疱为特征。动物的反应则不同,可能只见到皮肤红斑和水肿。诱导接触(induction exposure)指机体通过接触受试物而诱导出过敏状态的试验性暴露。诱导阶段(induction period)指机体通过接触受试物而诱导出过敏状态所需的时间,一般至少 1 周。激发接触(challenge exposure)是指机体接受诱导暴露后,再次接触受试物的试验性暴露,以确定皮肤是否会出现过敏反应。

1. 受试物的处理　水溶性受试物可用水或用无刺激性表面活性剂作为赋形剂,其他受试物可用 80% 乙醇(诱导接触)或丙酮(激发接触)作赋形剂。

2. 实验动物和饲养环境的选择　选用健康、成年雄性或雌性豚鼠,雌性动物应选用未孕或未曾产仔的。试验组至少 20 只动物,对照组至少 10 只。实验动物及实验动物房应符合国家相应规定。选用常规饲料,饮水不限制,需注意补充适量 Vc。

3. 剂量的设计　诱导接触受试物浓度为能引起皮肤轻度刺激反应的最高浓度,激发接触受试物浓度为不能引起皮肤刺激反应的最高浓度。试验浓度水平可以通过少量动物（2~3只）的预试验获得。

4. 试验步骤　采用局部封闭涂皮试验。试验前约24小时,将豚鼠背部左侧去毛,去毛范围为4~6cm²。将受试物约0.2ml(g)涂在实验动物去毛区皮肤上,以2层纱布和1层玻璃纸覆盖,再以无刺激胶布封闭固定6小时。第7和14天以同样方法重复一次,即诱导接触。末次诱导后14~28天,将约0.2ml(g)的受试物涂于豚鼠背部右侧2cm×2cm去毛区,然后用2层纱布和1层玻璃纸覆盖,再以无刺激胶布固定6小时,即为激发接触。激发接触后24和48小时观察皮肤反应,按表8-8评分。

试验中需设阴性对照组,在诱导接触时仅涂以溶剂作为对照,在激发接触时涂以受试物。对照组动物必须和受试物组动物为同一批。在实验室开展变态反应试验初期或使用新的动物种属或品系时,需同时设阳性对照组。

5. 结果评价　当受试物组动物出现皮肤反应积分≥2时,判为该动物出现皮肤变态反应阳性,按表8-9判定受试物的致敏强度。如激发接触所得结果仍不能确定,应于第一次激发后1周,给予第二次激发,对照组作同步处理。

表8-8　变态反应试验皮肤反应评分

皮肤反应	积分
红斑和焦痂形成	
无红斑	0
轻微红斑（勉强可见）	1
明显红斑（散在或小块红斑）	2
中度~重度红斑	3
严重红斑（紫红色）至轻微焦痂形成	4
水肿形成	
无水肿	0
轻微水肿（勉强可见）	1
中度水肿（皮肤隆起轮廓清楚）	2
重度水肿（皮肤隆起约1mm或超过1mm）	3
最高积分	7

表8-9　致敏强度

致敏率（%）	致敏强度
0~8	弱
9~28	轻
29~64	中
65~80	强
81~100	极强

注:当致敏率为0时,可判为未见皮肤变态反应

（四）皮肤光毒性试验

皮肤光毒性试验（skin phototoxicity test）是评价化妆品原料及其产品引起皮肤光毒性的可能性的实验方法。将一定量受试物涂抹在动物背部去毛的皮肤上，经一定时间间隔后暴露于 UVA 光线下，观察受试动物皮肤反应并确定该受试物有否光毒性。

光毒性（phototoxicity）指皮肤一次接触化学物质后，继而暴露于紫外线照射下所引发的一种皮肤毒性反应；或者全身应用化学物质后，暴露于紫外线照射下发生的类似反应。

1. 受试物的处理　液体受试物一般不用稀释，可直接使用原液。若受试物为固体，应将其研磨成细粉状并用水或其他溶剂充分湿润，在使用溶剂时，应考虑到溶剂对受试动物皮肤刺激性的影响。对于化妆品产品而言，一般使用原霜或原液。阳性对照物选用 8- 甲氧基补骨脂。

2. 实验动物和饲养环境的选择　使用成年白色毛家兔或白化豚鼠，尽可能雌雄各半。选用 6 只动物进行正式试验。试验前，动物要在实验动物房环境中至少适应 3~5 天时间。实验动物及实验动物房应符合国家相应规定。选用常规饲料，饮水不限制，需注意补充适量维生素 C。

3. UV 光源　波长为 320~400nm 的 UVA，如含有 UVB，其剂量不得超过 0.1J/cm²。

强度的测定：用前需用辐射计量仪在实验动物背部照射区设 6 个点测定光强度（mW/cm²），以平均值计。

照射时间的计算：照射剂量为 10J/cm²，按下式计算照射时间。

$$照射时间(s) = \frac{照射剂量(10\,000mJ/cm^2)}{光强度(mJ/cm^2/s)} \quad (8-5)$$

注：1mW/cm²=1mJ/cm²/s

4. 试验步骤　进行正式光毒性试验前 18~24 小时，将动物脊柱两侧皮肤去毛，试验部位皮肤需完好，无损伤及异常。备 4 块去毛区（图 8-1），每块去毛面积约为 2cm×2cm。将动物固定，按表 8-10 所示，在动物去毛区 1 和 2 涂敷 0.2ml（g）受试物。所用受试物浓度不能引起皮肤刺激反应（可通过预试验确定），30 分钟后，左侧（去毛区 1 和 3）用铝箔复盖，胶带固定，右侧用 UVA 进行照射。受试结束后，分别于 1、24、48 和 72 小时观察皮肤反应，根据表 8-11 判定每只动物皮肤反应评分。

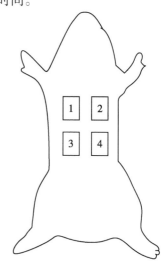

图 8-1　动物皮肤去毛区位置示意图

表 8-10　动物去毛区的试验安排

去毛区编号	试验处理
1	涂受试物，不照射
2	涂受试物，照射
3	不涂受试物，不照射
4	不涂受试物，照射

表 8-11 皮肤刺激反应评分

皮肤反应	积分
红斑和焦痂形成	
无红斑	0
轻微红斑(勉强可见)	1
明显红斑	2
中度~重度红斑	3
严重红斑(紫红色)至轻微焦痂形成	4
水肿形成	
无水肿	0
轻微水肿(勉强可见)	1
轻度水肿(皮肤隆起轮廓清楚)	2
中度水肿(皮肤隆起约 1mm)	3
重度水肿(皮肤隆起超过 1mm,范围扩大)	4
最高积分	8

5. 结果评价 单纯涂受试物而未经照射的区域未出现皮肤反应,而涂受试物后,经照射的区域出现皮肤反应分值之和为 2 或 2 以上的动物数为 1 或 1 只以上时,判为受试物具有光毒性。

(五)鼠伤寒沙门菌/回复突变试验

鼠伤寒沙门菌/回复突变试验(salmonella typhimurium/reverse mutation assay)是利用一组鼠伤寒沙门组氨酸缺陷型试验菌株(his⁻),检测受试物能否诱发其回复突变成野生型(his⁺),以判断受试物的致突变性。鼠伤寒沙门组氨酸缺陷型菌株不能合成组氨酸,故在缺乏组氨酸的培养基上,仅少数自发回复突变的细菌能够生长。如有致突变物存在,则缺陷型的细菌回复突变成野生型,能够在缺乏组氨酸的培养基上生长形成菌落,据此判断受试物是否为致突变物。

某些致突变物需要代谢活化后才能引起回复突变,称为前致突变物,试验中需加入 S9 混合液。S9 是经酶诱导剂处理后制备的肝匀浆,再经 9000g 离心分离所得上清液,加上适当的缓冲液和辅助因子;主要含有混合功能氧化酶(MFO),是国内常规应用于体外致突变试验的代谢活化系统,可用于检测化学物是否为前致突变物。

1. 受试物的处理 如果受试物为水溶性,可用灭菌蒸馏水作为溶剂;如为脂溶性,应选择对试验菌株毒性低且无致突变性的有机溶剂,常用的有二甲基亚砜(DMSO)、丙酮和 95% 乙醇。

2. 剂量的设计 决定受试物最高剂量的标准是对细菌的毒性及其溶解度。自发回变数的减少,背景菌变得清晰,或被处理的培养物细菌存活数减少,都是毒性的标志。

对原料而言,一般最高剂量组可为 5mg/皿。对产品而言,有杀菌作用的受试物,最高剂量可为最低抑菌浓度;无杀菌作用的受试物,最高剂量可为原液。受试物至少应设 4 个剂量组。每个剂量均做 3 个平行平板。

3. 试验步骤　试验采用 TA97、TA98、TA100 和 TA102 一组标准测试菌株。新获得的或长期保存的菌种,在试验前必须进行菌株的生物特性鉴定。取营养肉汤培养基 5ml,加入无菌试管中,将主平板或冷冻保存的菌株培养物接种于营养肉汤培养基内,37℃振荡(100 次/分钟)培养 10 小时,进行增菌培养。该菌株培养物应每毫升不少于(1~2)×10⁹ 活菌数。采用平板掺入法,将含 0.5mmol/L 组氨酸和 0.5mmol/L 生物素溶液的顶层琼脂培养基 2.0ml,分装于试管中,45℃水浴中保温;然后,每管依次加入试验菌株增菌液 0.1ml,受试物溶液 0.1ml 和 S9 混合液 0.5ml(需代谢活化时),充分混匀,迅速倾入底层琼脂平板上,转动平板,使之分布均匀。水平放置待冷凝固化后,倒置于 37℃培养箱里孵育 48 小时。计数每皿回变菌落数。

实验中,除设受试物各剂量组外,还应同时设空白对照、溶剂对照、阳性诱变剂对照和无菌对照。

4. 结果评价　记录受试物各剂量组、空白对照(自发回变)、溶剂对照以及阳性诱变剂对照的每皿回变菌落数,并求平均值和标准差。

如果受试物的回变菌落数是溶剂对照回变菌落数的 2 倍或 2 倍以上,并呈剂量 - 反应关系,则该受试物判定为致突变阳性。

受试物经上述 4 个试验菌株测定后,只要有 1 个试验菌株,无论在加 S9 或未加 S9 条件下均为阳性,则可认为该受试物对鼠伤寒沙门菌为致突变阳性。如果受试物经 4 个试验菌株检测后,无论加 S9 和未加 S9 均为阴性,则认为该受试物为致突变阴性。

(六)体外哺乳动物细胞染色体畸变试验

体外哺乳动物细胞染色体畸变试验(*in vitro* mammalian cell chromosome aberration test)是用于检测培养的哺乳动物细胞染色体畸变情况,以评价受试物致突变的可能性。在加入和不加入代谢活化系统的条件下,使培养的哺乳动物细胞暴露于受试物中。用中期分裂象阻断剂(如秋水仙素)处理,使细胞停止在中期分裂象,随后收获细胞,制片,染色,分析染色体畸变情况。

1. 受试物的处理　固体受试物需溶解或悬浮于溶剂中,用前稀释至适合浓度。液体受试物可以直接加入试验系统和/或用前稀释至适合浓度。受试物应在使用前新鲜配制;否则,就必须证实贮存不影响其稳定性。溶剂必须是非致突变物,不与受试物发生化学反应,不影响细胞存活和 S9 活性。首选溶剂是培养液(不含血清)或水。二甲基亚砜(DMSO)也是常用溶剂,使用时浓度不应大于 0.5%。

2. 剂量的设计　至少应设置 3 个可供分析的受试物浓度,同时设阳性和阴性对照。当有细胞毒性时,受试物浓度范围应包括从最大毒性至几乎无毒性;通常浓度间隔系数不大于 $2\sim\sqrt{10}$。相对无细胞毒性的化合物,最高浓度应是 5μl/ml,5mg/ml 或 0.01mol/L。

3. 试验步骤　试验常用中国地鼠卵巢(CHO)细胞株或中国地鼠肺(CHL)细胞株。试验前 1 天,将一定数量的细胞接种于培养皿(瓶)中,放 CO₂ 培养箱内培养。试验需在加入和不加入 S9 混合液的条件下进行。试验时,吸去培养皿(瓶)中的培养液,加入一定浓度的受试物、S9 混合液(不加 S9 混合液时,需用培养液补足)以及一定量不含血清的培养液,放培养箱中处理 2~6 小时。结束后,吸去含受试物的培养液,用 Hanks 液洗细胞 3 次,加入含 10% 胎牛血清的培养液,放回培养箱,于 24 小时内收获细胞。收获前 2~4 小时,加入细胞分裂中期阻断剂(如秋水仙素)。收获细胞时,用 0.25% 胰蛋白酶溶液消化细胞,待细胞脱落后,加入含 10% 胎牛或小牛血清的培养液终止胰蛋白酶的作用,混匀,放入离心管以

1000~1200r/min 离心 5~7 分钟,弃去上清液,加入 KC1 溶液低渗处理,以新配制的甲醇和冰醋酸液(容积比为 3∶1)进行固定。按常规制片,用姬姆萨染液染色。

作染色体分析时,对每一处理组选 200 个(阳性对照可选 100 个)分散良好的中期分裂象(染色体数为 2n±2)进行染色体畸变分析,计算染色体畸变率和染色体畸变细胞率。

4. 结果评价　对染色体畸变率和染色体畸变细胞率用 χ^2 检验进行统计分析。在下列 2 种情况下可判定受试物在本试验系统中具有致突变性:①受试物引起染色体结构畸变数的增加具有统计学意义,并有剂量相关性;②受试物在任何一个剂量条件下,引起具有统计学意义的增加,并有可重复性。在评价时应把生物学和统计学意义结合考虑。

(贾玉巧)

第三节　人体安全性评价方法

化妆品作为直接与人体接触的化学工业品或精细化工产品,对消费者而言应该是安全有效的,必须避免不良反应的发生。人体安全性评价成为化妆品检验检疫必不可少的环节。我国《化妆品卫生规范》中,规定了化妆品安全性和功效评价的人体检验项目和要求,包括人体皮肤斑贴试验、人体试用试验安全性评价和防晒化妆品防晒效果人体试验等项目。人体安全性评价其基本原则和相关试验的适用范围是:①选择适当的受试人群,并具有一定例数;②化妆品人体检验之前应先完成必要的毒理学检验并出具书面证明,毒理学试验不合格的样品不再进行人体检验;③化妆品人体斑贴试验适用于检验防晒类、祛斑类和除臭类化妆品;④化妆品人体安全性检验适用于检验健美类、美乳类、育发类和脱毛类化妆品;⑤防晒化妆品防晒效果检验适用于防晒指数(sun protection factor,SPF 值)测定、SPF 值防水试验以及长波紫外线防护指数(protection factor of UVA,PFA 值)的测定。这些检验项目适用于化妆品终产品的人体安全性和功效性评价。

一、人体皮肤斑贴试验

人体皮肤斑贴试验(human skin patch test)适用于检测化妆品终产品及其原料对人体皮肤潜在的不良反应,根据试验方法的不同分为皮肤封闭型斑贴试验和皮肤开放型斑贴试验,参照国家《化妆品皮肤病诊断标准及处理原则 总则》(GB17149.1-1997)、《化妆品接触性皮炎诊断标准及处理原则》(GB17149.2-1997)进行诊断和评价。

(一)人体皮肤试验的基本要求

1. 试验对象的选择　化妆品人体试验应符合国际赫尔辛基宣言(全称《世界医学协会赫尔辛基宣言》)的基本原则,要求受试者在自觉自愿的情况下签署知情同意书,并对受试者采取必要的医学防护措施,最大程度地保护受试者的利益。因此,要选择 18~60 岁符合试验要求的志愿者作为受试对象。不能选择有下列情况者作为受试者:

(1)近 1 周使用过抗组胺药或近 1 个月内使用过免疫抑制剂者。

(2)近 2 个月内受试部位使用过任何抗炎药物者。

(3)受试者患有炎症性皮肤病临床未愈者。

(4)胰岛素依赖性糖尿病患者。

(5)正在接受治疗的哮喘或其他慢性呼吸系统疾病患者。

（6）在近6个月内接受过抗癌化疗者。

（7）免疫缺陷或自身免疫性疾病患者。

（8）哺乳期或妊娠妇女。

（9）双侧乳房切除及双侧腋下淋巴结切除者。

（10）在皮肤待试部位由于瘢痕、色素、萎缩、鲜红斑痣或其他瑕疵而影响试验结果的判定者。

（11）参加其他的临床试验研究者。

（12）体质高度敏感者。

（13）非志愿参加者或不能按试验要求完成规定内容者。

2. 试验材料的选择 应用规范的斑试材料进行人体皮肤斑贴试验。以往开展试验常采用简易纱布和透明玻璃纸覆盖固定来进行，为满足试验材料的规范化和简便性要求，现多使用市售斑试器。目前，斑试器主要为国际标准芬兰小室（Finn-chamber）。该斑试器为圆形铝制小室，有数种直径大小供选择，临床上通常使用直径8mm的小室，见图8-2。

图 8-2　斑试器示意图

（二）试验方法

1. 皮肤封闭型斑贴试验 适用于大部分化妆品终产品原物和少部分需要试验前处理的化妆品种类，即洗类皮肤清洁剂和发用类清洁剂应将其稀释成1%水溶液为受试物。实验步骤如下。

（1）选择至少30名符合受试者入选标准的人员参加试验。

（2）选用合格的斑试材料：将受试物放入斑试器内，用量约为0.020~0.025g（固体或半固体）或0.020~0.025ml（液体，可滴加在斑试器所附的滤纸片上，然后置于斑试器内，见图8-3）。受试物为化妆品终产品原物时，对照孔为空白对照（不加任何物质）；受试物为稀释后的化妆品时，对照孔内使用该化妆品的稀释剂。将加有受试物的斑试器用无刺激性胶带贴敷于受试者的背部或前臂曲侧，用手掌轻压使之均匀地贴敷于皮肤上，持续24小时（图8-4）。

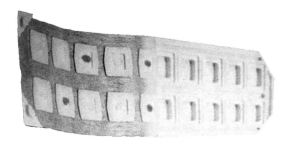

图 8-3　斑试器内样品的添加

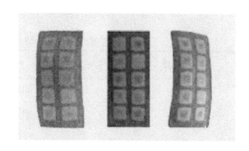

图 8-4　斑试器的敷贴

（3）去除受试物斑试器后30分钟，待压痕消失后观察皮肤反应。如结果为阴性，于斑贴试验后24和48小时分别再观察一次。按表8-12皮肤不良反应分级标准表记录反应结果。

2. 皮肤开放型斑贴试验 适用于不可直接用化妆品原物进行试验的产品以及验证皮肤封闭型斑贴试验的皮肤反应结果,即洗类皮肤清洁剂和发用类清洁剂应将其稀释成5%水溶液为受试物,脱毛剂为10%稀释物。实验步骤如下。

（1）选择至少30名符合受试者入选标准的人员参加试验。

（2）选择前臂屈侧、乳突部或使用部位作为受试部位,面积5cm×5cm,受试部位应保持干燥,避免接触其他外用制剂。

（3）将试验物0.3~0.5g（固体或半固体）或0.3~0.5ml（液体）每天2次均匀地涂抹于受试部位,连续7天,同时观察皮肤反应,在此过程中如出现皮肤反应,应根据具体情况决定是否继续试验。

（4）皮肤反应按开放型斑贴试验皮肤反应评判标准,参见表8-13。

（5）根据化妆品实际使用的浓度和方法确定试验物的浓度,即洗类产品如进行稀释时,应将稀释剂或赋型剂涂抹于受试部位对侧,作为对照。

（三）试验结果判定

1. 皮肤封闭型斑贴试验结果判定 30例受试者中出现1级皮肤不良反应的人数多于5例,或2级皮肤不良反应的人数多于2例（除臭产品斑贴试验2级反应的人数多于5例）,或出现任何1例3级或3级以上皮肤不良反应时,判定该受试物对人体有皮肤不良反应。

表 8-12 皮肤不良反应分级标准

反应程度	评分等级	皮肤反应
−	0	阴性反应
±	1	可疑反应;仅有微弱红斑
+	2	弱阳性反应（红斑反应）:红斑、浸润、水肿,可有丘疹;反应可超出受试区
++	3	强阳性反应（疱疹反应）:红斑、浸润、水肿、丘疹、疱疹;反应可超出受试区
+++	4	极强阳性反应（融合性疱疹反应）:明显红斑、严重浸润、水肿、融合性疱疹;反应超出受试区

2. 皮肤开放型斑贴试验结果解释 在30例受试者中若有1级皮肤不良反应5例（含5例）以上,2级皮肤不良反应2例（含2例）,或出现任何1例3级或3级以上皮肤不良反应1例（含1例）以上,判定该受试物对人体有明显不良反应。

表 8-13 开放型斑贴试验皮肤反应评判标准表

反应程度	评分等级	皮肤反应
−	0	阴性反应
±	1	微弱红斑、皮肤干燥、皱褶
+	2	红斑、水肿、丘疹、风团、脱屑、裂隙
++	3	明显红斑、水肿、水疱
+++	4	重度红斑、水肿、大疱、糜烂、色素沉着或色素减退、痤疮样改变

（四）注意事项

1. 斑试器未取下前请勿洗澡,未贴处可擦拭身体。

2. 试验期间避免运动、流汗,保持受试环境凉爽。

3. 试验期间饮食避免饮酒、辛辣刺激性食物。

4. 不可搔抓斑贴试验部位,若测试期间有剧烈瘙痒,可提前回医院记录皮肤的反应。

5. 受试者需要告知医师平常或目前服用的药物名称,以免影响皮肤反应结果。

6. 依据我国《化妆品检验规定》要求,每个检验样品必须至少提供 2 个包装,用量足够 30 人次的斑贴试验。试验完成期限为 25 天。

二、人体试用试验安全性评价

人体试用试验安全性评价（safety evaluation of using tests of cosmetics on human body）主要检测受试物引起人体皮肤不良反应的潜在可能性。目前,《化妆品卫生监督条例》中定义的特殊用途化妆品,主要包括健美类、美乳类、育发类和脱毛类化妆品,均要进行化妆品人体试用试验安全性评价。

（一）人体试用试验受试对象的选择

选择方法参见"一、人体皮肤斑贴试验"。

（二）人体试用试验皮肤不良反应分级标准

根据皮肤不良反应的临床症状进行分级,结果参见表 8-14。

表 8-14 人体试用试验皮肤不良反应分级标准

皮肤不良反应	分级
无反应	0
微弱红斑	1
红斑、浸润、丘疹	2
红斑、水肿、丘疹、水疱	3
红斑、水肿、大疱	4

（三）试验方法

1. 育发类产品　选择 30 例以上符合人体试用试验受试者标准的脱发患者,按照化妆品产品标签注明的使用特点和方法,让受试者直接使用受试产品。对受试者的皮肤反应,每周进行 1 次观察或电话随访,按表 8-14 皮肤不良反应分级标准记录结果,试用试验的时间期限不得少于 4 周。

2. 健美类产品　选择 30 例以上符合受试者入选标准的单纯性肥胖者,按照化妆品产品标签注明的使用特点和方法让受试者直接使用受试产品。每周 1 次观察或电话随访受试者有无全身性不良反应,如厌食、腹泻或乏力等症状,同时观察涂抹样品部位皮肤的反应,按表 8-14 皮肤不良反应分级标准记录结果,试用试验的时间期限不得少于 4 周。

3. 美乳类产品　选择 30 例以上符合受试者入选标准的正常女性受试者,按照化妆品产品标签注明的使用特点和方法,让受试者直接使用受试产品。每周 1 次观察或电话随访受试者有无全身性不良反应,如恶心、乏力、月经紊乱及其他不适等症状,观察涂抹样品部位的皮肤反应,按表8-3皮肤不良反应分级标准记录结果。试用时间期限不得少于4周。

4. 脱毛类产品 选择30例以上符合受试者入选标准的志愿受试者,按照化妆品产品标签注明的使用特点和方法让受试者直接使用受试产品。试用后由负责医生观察局部皮肤反应,按表8-14皮肤不良反应分级标准记录结果。

(四)试验结果的安全性评价

育发类、健美类和美乳类产品30例受试者中,如果出现1级皮肤不良反应的人数多于2例(不含2例),或2级皮肤不良反应的人数多于1例(不含1例),或出现任何1例3级或3级以上皮肤不良反应时,可以判定该受试物对人体有皮肤不良反应;脱毛类产品30例受试者中,如果出现3例以上(不含3例)1级皮肤不良反应,或2级皮肤不良反应的人数多于2例(不含2例),或出现任何1例3级及3级以上皮肤不良反应时,可以判定该受试物对人体有明显不良反应。

(五)注意事项

依据我国2007年版《化妆品检验规定》要求,育发类化妆品人体试用试验:每个检验样品必须至少提供70人2个月的用量,完成试验人数60人,试验期限为150天;健美类和丰乳类化妆品人体试用试验:每个检验样品必须至少提供60人1个月的用量,完成试验人数50人,试验期限为120天;脱毛类化妆品人体试用试验:每个检验样品必须至少提供4个包装,用量足够30人次的脱毛试验,试验期限为25天。

三、防晒化妆品防晒效果人体试验

强烈的紫外线照射会加速肌肤老化,引起各种皮肤病的发生,甚至导致皮肤癌。因此,人们需要在裸露的皮肤上涂抹防晒化妆品以加强自我保护。为了客观评价化妆品的防晒效果,保护消费者利益,必须对防晒化妆品防晒效果进行功效性评价。防晒化妆品防晒效果人体试验(tests *in vivo* of UV protection efficacy of cosmetic sunscreens)的检验项目包括防晒指数(SPF值)测定、SPF值防水试验以及长波紫外线防护指数(PFA值)的测定。

(一)防晒化妆品防晒指数(SPF值)测定方法

本方法的制订参照了美国食品和药品管理局(FDA)对防晒产品防晒指数的测定方法和国际SPF值测定方法(欧洲COLIPA、南非CTFA和日本JCIA),适用于防晒化妆品SPF值的测定。

1. 基本概念

(1)最小红斑量(minimal erythema dose,MED):引起皮肤红斑,其范围达到照射点边缘所需要的紫外线照射最低剂量(J/m^2)或最短时间(s)。

(2)防晒指数(sun protection factor,SPF):引起被防晒化妆品防护的皮肤产生红斑所需的MED与未被防护的皮肤产生红斑所需的MED之比,为该防晒化妆品的SPF,衡量防晒化妆品对阳光中紫外线UVB的防御能力。可按下式计算:

$$SPF= \frac{使用防晒化妆品防护皮肤的 MED}{未防护皮肤的 MED} \tag{8-6}$$

SPF防晒系数的数值适用于所有人,其含义为:如果紫外线的强度不随时间而改变,一个没有任何防晒措施的人停留在阳光下15分钟后皮肤会变红,当他采用SPF15的防晒化妆品时,表示可延长15倍的时间,也就是在225分钟后皮肤才会被晒红。根据研究,防晒化妆品并不是防晒指数越高保护力越强,最适当的防晒系数是介于SPF15到SPF30之间,因为

SPF15 和 SPF30 的产品分别能够阻挡 93.3% 和 96.6% 的 UVB。并且,防晒系数过高的产品,相对而言质地也会比较油腻、厚重,会容易阻塞毛孔,甚至滋生暗疮和粉刺。且一些属于化学性防晒的高系数防晒品,在经过长波紫外线的照射下,吸收热能后,多半会转换成其他物质,导致肌肤出现过敏的现象。

2. SPF 的测定方法

(1) 光源的选择:所使用的人工光源必须是氙弧灯日光模拟器并配有过滤系统,必须符合下列条件:①紫外日光模拟器应发射连续光谱,在紫外区域没有间隙或波峰;②光源输出在整个光束截面上应稳定、均一(对单束光源尤其重要);③光源必须配备恰当的过滤系统使输出的光谱符合表8-15的要求。光谱特征以连续波段290~400nm的累积性红斑效应来描述。每一波段的红斑效应可表达为与 280~400nm 总红斑效应的百分比值,即相对累积性红斑效应(relative cumulative erythemal effectiveness,%RCEE);④试验前光源输出应由紫外辅照计检查,每年对光源光谱进行一次系统校验,每次更换主要的光学元件时也应进行类似校验。要求独立专家进行这项年度监测工作。

表 8-15　紫外日光模拟器光源输出的 %RCEE 可接受限度

光谱范围(nm)	测量的 %RCEE	
	下限	上限
<290		<1.0
290~300	1.0	8.0
290~310	49.0	65.0
290~320	85.0	90.0
290~330	91.5	95.5
290~340	94.0	97.0
290~400	99.9	100.0

(2) 受试者的选择:选择 18~60 岁健康志愿受试者,性别不限,男女均可,但要符合下列条件:①要求受试者无既往光感性疾病史,近期内未使用影响光感性的药物;②受试者皮肤类型为Ⅰ、Ⅱ和Ⅲ型,即对日光或紫外线照射反应敏感,照射后易出现晒伤而不易出现色素沉着者;皮肤的分型是将皮肤颜色根据对日光照射后的灼伤或晒黑的反应特点分为Ⅰ~Ⅵ型。其中Ⅰ型:常为灼伤,从不晒黑;Ⅱ型:常为灼伤,有时晒黑;Ⅲ型:有时灼伤,有时晒黑;Ⅳ型:很少灼伤,经常晒黑;Ⅴ型:从不灼伤,经常晒黑;Ⅵ型:从不灼伤,总是晒黑;③受试部位的皮肤应无色素沉着、炎症、瘢痕、色素痣和多毛等;④妊娠、哺乳、口服或外用皮质类固醇激素等抗炎药物、或近 1 个月内曾接受过类似试验者,应排除在受试者之外。按本方法规定每种防晒化妆品的测试人数最少例数为 10 例,最大例数为 25 例。

(3) SPF 值标准品的制备

1) 低 SPF 标准品的制备方法:在测定防晒产品的 SPF 值时,为保证试验结果的有效性和一致性,需要同时测定防晒标准品作为对照。防晒标准品为 8% 胡莫柳酯制品,其 SPF 均值为 4.47,标准差为 1.297。所测定的标准品 SPF 值必须位于已知 SPF 值的标准差范围内,即 4.47 ± 1.297,在所测 SPF 值的 95% 可信限内必须包括 SPF 值 4;标准品的制备见表 8-16。

表 8-16 防晒标准品的制备

成分	重量比 %
A 相	
胡莫柳酯（水杨酸三甲环己酯, homosalate）	8.00
羊毛脂（lanolin）	5.00
硬脂酸（stearic acid）	4.00
白凡士林（white petrolatum）	2.50
对羟基苯甲酸丙酯（propylparaben）	0.05
B 相	
纯水（purified water）	74.30
1,2- 丙二醇（propylene glycol）	5.00
三乙醇胺（triethanolamine）	1.00
对羟基苯甲酸甲酯（methylparaben）	0.10
EDTA 二钠（disodium EDTA）	0.05

制备方法：将 A 相和 B 相分别加热至 72~82℃，连续搅拌直至各种成分全部溶解。边搅拌边将 A 相加入 B 相，继续搅拌直至所形成的乳剂冷却至室温（15~30℃），最后得到 100g 防晒标准品。

2）高 SPF 标准品（P2、P3）的制备方法：高 SPF 标准品（P2、P3）的具体配方、生产工艺和质量标准见国际 SPF 值测定方法（International Sun Protection Factor（SPF）Test Method, 2006）的附录Ⅲ。

（4）MED 测定方法：受试者体位可采取前倾位或俯卧位，按 $2mg/cm^2$ 的用量称取样品，使用乳胶指套将样品均匀涂布于试验区内，样品涂布面积不小于 $30cm^2$，等待 15 分钟后开始试验。

1）预测受试者皮肤的 MED：在受试者背部皮肤选择一照射区域，取 5 点用不同剂量的紫外线照射，16~24 小时后观察结果，以皮肤出现红斑的最低照射剂量或最短照射时间为该受试者正常皮肤的 MED。此试验应在测试产品 24 小时以前完成。

2）测定受试样品的 SPF 值：在试验当日需同时测定下列 3 种情况下的 MED 值：①测定受试者未防护皮肤的 MED，应根据预测的 MED 值调整紫外线照射剂量，在试验当日再次测定受试者未防护皮肤的 MED；②测定在产品防护情况下受试者皮肤的 MED，需要将受试产品涂抹于受试者皮肤，然后按预测受试者皮肤 MED 的方法测定在产品防护情况下皮肤的 MED；在选择 5 点试验部位的照射剂量增幅时，可参考防晒产品配方设计的 SPF 值范围：对于 SPF 值≤15 的产品，5 个照射点的剂量递增为 25%；对于 SPF 值 >15 的产品，5 个照射点的剂量递增至少为 12%；③测定标准样品防护下受试者皮肤的 MED，需要在受试部位涂 SPF 标准样品。对于 SPF 值≤15 的产品，可选择低 SPF 值标准品，对于 SPF 值 >15 的产品，最好选择高 SPF 值标准品（P2 或 P3）。测定标准样品防护下皮肤的 MED，方法同预测受试者 MED。

（5）排除标准：进行上述测定时，如 5 个试验点均未出现红斑，或 5 个试验点均出现红斑,或试验点红斑随机出现时,应判定结果无效,需校准仪器设备后重新进行测定。

（6）SPF值的计算:样品对单个受试者的SPF值用公式8-6计算。

计算样品防护全部受试者SPF值的算术均数,取其整数部分即为该测定样品的SPF值。估计均数的抽样误差可计算该组数据的标准差和标准误。要求均数的95%可信区间（95% CI）不超过均数的17%（如果均数为10,95% CI应在8.3和11.7之间）,否则应增加受试者人数（不超过25）直至符合上述要求。

3. 检验报告 国家对防晒化妆品防晒效果检验有着严格的要求,必须给出具体检验结果或结论,不能模棱两可,结论含糊。一份合格的检验报告应包括下列内容:①受试物通用信息（样品编号、名称、生产批号、生产及送检单位、样品物态描述以及检验起止时间等）;②试验目的;③材料和方法;④检验结果和结论。检验结果部分一般用表格表达,应包括受试者一般信息、测试条件、标准对照样品、全部原始测试数据以及统计结果。检验报告应有检验者、校核人和技术负责人分别签字,并加盖检验单位公章才能生效。其中,检验结果以表格形式给出（表8-17）。

表 8-17 标准对照品及样品 SPF 值测定结果

受试者编号	性别	皮肤类型	年龄	标准品 SPF 值	待检样品	SPF 值
01						
02						
03						
04						
05						
06						
07						
08						
09						
10						
平均值 $\bar{x}$						
标准差 SD						
95% CI						

（二）防晒化妆品防水性能测定方法

高 SPF 值的产品具有抗水抗汗性能,即在汗水的浸润或游泳情况下仍能保持一定的防晒效果。具有防水效果的产品通常在标签上标识"防水防汗"和"适合游泳等户外活动"等,为了客观公正地评价防晒化妆品的防水性能,我国参照美国食品和药品管理局（FDA）对防晒产品防晒指数的测定方法制订了相应的检测方法。

1. 检测条件 试验要求在室内水池、旋转或水流浴缸内进行,水温维持在 23~32℃,水质应新鲜。试验人员应同时记录下水温、室温以及相对湿度。

2. 检验方法

（1）防晒产品一般抗水性能的测试:如产品宣称具有抗水性,则所标识的 SPF 值应当是该产品经过下列 40 分钟的抗水性试验后测定的 SPF 值：①在皮肤受试部位涂抹防晒品，等待 15 分钟或按标签说明书要求进行；②受试者在水中进行中等量活动或水流以中等程度旋转 20 分钟；③出水休息 20 分钟（勿用毛巾擦拭受试部位）；④入水再进行中等量活动 20 分钟；⑤结束水中活动，等待皮肤干燥（勿用毛巾擦拭受试部位）；⑥按照前述的 SPF 测定方法进行紫外线照射和测定。

（2）对防晒品优越抗水性的测试：如产品 SPF 值宣称具有优越抗水性（very water resistant），则所标识的 SPF 值应当是该产品经过下列 80 分钟的抗水性试验后测定的 SPF 值：①在皮肤受试部位涂抹防晒品，等待数分钟或按标签说明书要求进行；②受试者在水中进行中等量活动 20 分钟；③出水休息 20 分钟（勿用毛巾擦拭受试部位）；④入水再进行中等量活动 20 分钟；⑤出水休息 20 分钟（勿用毛巾擦拭受试部位）；⑥入水再冒险中等量活动 20 分钟；⑦出水休息 20 分钟（勿用毛巾擦拭受试部位）；⑧入水再中等量活动 20 分钟；⑨结束水中活动，等待皮肤干燥（勿用毛巾擦拭受试部位）；⑩按照前述的 SPF 测定方法进行紫外线照射和测定。

3. 标识判断　宣称防水的防晒类化妆品，应标识洗浴后测定的 SPF 值。若同时标注浴前的 SPF 值，应予以注明；如果洗浴后测定的 SPF 值与浴前测定的 SPF 值相比减少 50% 以上，则该产品不得标识具有防水功能。

（三）防晒化妆品长波紫外线防护指数（PFA 值）测定方法

长波紫外线（UVA）可以深入皮肤的真皮层，损害其中的胶原纤维和弹性纤维，导致皮肤出现褶皱，并可引起皮肤癌。因此，在防晒化妆品市场上，标识和宣传 UVA 防护效果或广谱防晒的产品逐年增多，对相关化妆品功能的检验引起消费者和管理者的重视。其中，针对防晒化妆品标签上 PFA 值或 PA+~PA+++ 表示法的人体试验较为常用，并得到国际上多数国家、化妆品企业以及消费者的认可。我国参照日本化妆品工业联合会《UVA 防止效果测定法基准》的方法，制订了中国防晒化妆品长波紫外线防护指数（PFA 值）测定方法和评价标准。

1. 基本概念

（1）皮肤日晒黑化：由于紫外线辐照引起黑色素氧化的结果，是光线对黑色素细胞直接作用的结果，其反应发生的时间长短分为即时性黑化、持续性黑化和延迟性黑化。

（2）最小持续性黑化量（minimal persistent pigment darkening dose，MPPD）：即辐照后 2~4 小时在整个照射部位皮肤上产生轻微黑化所需要的最小紫外线辐照剂量或最短辐照时间。观察 MPPD 应选择曝光后 2~4 小时之内一个固定的时间点进行，应保证室内光线充足，至少应有两名经过培训的观察者同时完成。

（3）UVA 防护指数（protection factor of UVA，PFA）：引起被防晒化妆品防护的皮肤产生黑化所需的 MPPD 与未被防护的皮肤产生黑化所需的 MPPD 之比，为该防晒化妆品的 PFA 值。可如公式 8-7 表示。

2. 试验方法

（1）受试者的选择：选择 18~60 岁健康自愿受试者，性别不限，男女均可，每次试验受试者的例数应在 10 例以上，最大例数为 20，并且符合下列条件：①受试者皮肤类型为 III 和 IV 型，即皮肤经紫外线照射后出现不同程度色素沉着者；②受试者应没有光敏性皮肤病史；③试验前未曾服用诸如抗炎药和抗组胺药等种类的药物；④试验部位选择后背，受试部位的皮肤色泽均一，没有色素痣或其他色斑等，以免影响试验结果的判定。

（2）样品的涂抹：选择剂量约为 $2mg/cm^2$ 或 $2\mu l/cm^2$ 的样品，按实际使用方式准确、均匀地涂抹在受试部位皮肤上,面积约为 30cm^2 以上;为了减少样品称量的误差,应尽可能扩大样品涂布面积或样品总量,受试部位的皮肤应用记号笔标出边界,对不同剂型的产品可采用不同称量和涂抹方法;涂抹样品后应等待 15 分钟,以使样品滋润皮肤或在皮肤表面干燥。

(3)紫外线光源的选择:应使用满足下列条件的人工光源:①光源输出应保持稳定,在光束辐照平面上应保持相对均一,可发射接近日光的 UVA 区连续光谱;②为避免紫外灼伤,应使用适当的滤光片将波长短于 320nm 的紫外线滤掉,波长大于 400nm 的可见光和红外线也应过滤掉,以避免其黑化效应和致热效应;③由于光源强度和光谱的变化可使受试者 MPPD 发生改变,应用紫外辐照计测定光源的辐照度、记录定期监测结果和每次更换主要光学部件时,应及时测定辐照度以及由生产商至少每年一次校验辐照计等方法对上述条件进行定期监测和维护,必要时更换光源灯泡。

(4)最小辐照面积:单个光斑的最小辐照面积不应小于 0.5cm^2(Φ8mm)。未加样品保护皮肤和样品保护皮肤的辐照面积应一致。

(5)紫外辐照剂量递增:进行多点递增紫外辐照时,增幅最大不超过 25%。增幅越小,所测的 PFA 值越准确。

(6)PFA 值的计算:用下式计算:

$$PFA = \frac{MPPDp}{MPPDu} \tag{8-7}$$

式中,MPPDp:测试产品所保护皮肤的 MPPD;MPPDu:未保护皮肤的 MPPD。

计算样品防护全部受试者 PFA 值的算术均数,取其整数部分即为该测定样品的 PFA 值。以标准品(配制方法见表 8-18)作为对照,估计均数的抽样误差可计算该组数据的标准差和标准误。要求标准误应小于均数的 10%,否则应增加受试者人数(不超过 20)直至符合上述要求。

表 8-18 PFA 标准品配方

成分	重量比 %
A 相	
纯化水(purified water)	57.13
缩二丙二醇(dipropylene glycol)	5.00
苯氧乙醇(phenoxyethanol)	0.30
氢氧化钾(potassium hydroxide)	0.12
EDTA 三钠(trisodium edetate)	0.05
B 相	
三 -2- 乙基己酸甘油酯(glyceryl tri-2-ethylhexanoate)	15.00
十六 / 十八混合醇(cetearyl alcohol)	5.00
丁基甲氧基二苯甲酰基甲烷(butyl methoxydibenzoylmethane)	5.00
矿脂或凡士林(petrolatum)	3.00
硬脂酸(stearic acid)	3.00
甲氧基肉桂酸乙基己基(ethylhexyl methoxycinnamate)	3.00
单硬脂酸甘油酯(glyceryl monostearate,self-emulsifying)	3.00
对羟基苯甲酸甲酯(methylparaben)	0.20
对羟基苯甲酸乙酯(ethylparaben)	0.20

制备工艺:分别称出 A 相中原料,溶解在纯水中,加热至 70℃。分别称出 B 相中原料,加热至 70℃直至完全溶解。把 B 相加入 A 相中,混合、乳化、搅拌和冷却。上述方法制备的标准品,其 PFA 值为 3.75,标准差为 1.01。

3. UVA 防护效果的评价标准 UVA 防护产品的表示是根据所测 PFA 值的大小在产品标签上标识 UVA 防护等级 PA(Protection of UVA)。PF 等级应随产品的 SPF 值一起标识。PFA 值只取整数部分,按表 8-19 所示进行 PA 等级判定。

表 8-19 防晒化妆品长波紫外线防护效果评价标准

PFA 值	UVA 防护等级
PFA 值 <2	无 UVA 防护效果
2≤PFA 值≤3	PA+,有防护作用
4≤PFA 值≤7	PA++,有良好防护作用
PFA 值≥8	PA+++,有最大防护作用

(陈丹)

第四节 化妆品替代毒理学评价简介

一、3R 理论的概念和形成

1957 年,英国动物学家 Russell 发表了《强化人道试验》(The Increase of Humanity in Experimentation)的论文,第一次提出了 3R 的概念。1959 年,Russell 和微生物学家 Burch 在其著作《人类实验技术原理》(Principles of Humane Experimental Technique)一书中,第一次系统地提出了 3R 理论。"正确的科学实验设计应考虑到动物的权益,尽可能减少动物用量,优化完善试验程序或使用其他手段和材料替代动物试验","3R"即减少(reduction)、优化(refinement)和替代(replacement)的简称。

减少原则是指在动物试验中,如某些非人道操作不可避免,可在满足试验要求的前提下,尽可能较少试验动物的数量,不盲目增加各实验组动物数,选择合适方法,用较少量动物获得尽可能多的信息。

优化原则指在必须进行动物整体试验的情况下,应尽可能减少非人道试验操作,如改进试验方法,将样品浓缩以减少灌胃次数,以最大程度的减轻动物可能遭受的痛苦、紧张和悲伤感。

替代原则指在可达到试验目的的前提下,尽可能用认知能力差的低等动物代替认知能力强的高等动物进行试验,如用啮齿动物替代狗和猴,或者用无感知的材料替代有感知的动物,如体外细胞或组织培养替代整体动物,要求不通过与动物相关的试验或过程去获取所需要的知识或信息。

二、动物试验替代方法选择的途径

常常选择的动物试验替代的方法和主要途径包括下面几方面。

1. 体外培养物代替实验动物 体外培养的生物系统,细胞和组织培养物、组织切片、细胞悬液和灌注的器官以及亚细胞结构部分等。这些生物系统常常用于单克隆抗体、病毒疫苗制备、毒理学试验和其他科学研究等。特别是各种类型的人类细胞的广泛使用,不仅是动物试验的良好替代选择,而且极大地缓解了物种外推的困难。随着人类组织库的建立,三维培养模型和细胞培养技术的改进,将大大推动体外试验方法的发展。

2. 低等实验动物代替高等实验动物　利用具有有限知觉的低等生物和脊椎动物早期发育胚胎替代高等动物进行的研究,例如,AMES 试验是被许多法定检验方法接受的利用鼠伤寒沙门菌测定化学物致突变性的体外细菌检测方法。

3. 人群研究资料的利用　采用志愿者、患者以及流行病学的调查资料等。流行病学研究在毒理学安全评价中属于权重最高的确证性研究。这些资料可来源于职业接触人群或消费者调查,此外从产品上市后的监管信息中也可获得有关安全或不良反应的信息。

4. 数学和计算机模型的利用　通过对化合物结构与它们可能具有的生物学活性两者之间关系的研究,利用计算机定向设计出新的化合物,预知许多新型化合物的生物学活性,包括它们的毒性,减少盲目进行大量化合物筛选的动物试验,从而大大减少实验动物的使用量。

5. 物理和化学技术的应用　利用一些物理和化学的方法作为替代动物试验,如菌苗生产过程中,应用亲和层析技术检测毒素和类毒素,不仅特异性好、快速,而且可以定性定量。由于整个系统为程序控制,因而重复性好,而且该方法与动物试验结果的相关性非常好。

三、化妆品中常用动物替代方法

本章节中选取已经验证的部分化妆品常用的替代方法予以介绍。

(一)眼刺激性试验

1. 牛角膜混浊和渗透性试验(bovine corneal opacity and permeability test,BCOP)　采用离体的牛眼球作为测试材料,检测角膜水肿、浑浊及荧光素滞留,并进行组织学观察,评估受试物的眼刺激性。实验时将新鲜的离体眼球,分离眼角膜,放置于水平支架上,并置于特制的角膜混浊度测定仪上,角膜将容器分隔为上下两层空间,在(32±1)℃试验温度下,将受试物加入到角膜表皮层接触的容器上半部分,染毒后测定角膜浑浊度。在上半部分容器中加入荧光素钠溶液,荧光素可以通过角膜层进入容器的另半部分,通过检测这部分溶液的吸光度,可以判定角膜通透性的改变程度,利用角膜混浊度和通透性的检测数据计算体外试验分值,并对受试物的刺激性分级。

牛角膜混浊和渗透性试验适用于测试不同物理性状和溶解度范围较大的受试物。适于鉴定中度、重度和极重度眼刺激性物质,对于区分轻度以下刺激物不敏感。欧盟 ECVAM (The European Centre for the Validation of Alternative Methods,欧洲替代方法验证中心)和美国 ICCVAM(The Interagency Coordinating Committee on the Validation of Alternative Methods,替代方法评价协调委员会)于 2007 年通过对该方法的验证,2009 年该方法成为 OECD (Organization for Economic Co-operation and Development,经济合作与发展组织)正式试验指南 (TG437)。

2. 离体鸡眼试验(isolated chicken eye,ICE)　类似于牛角膜混浊和渗透性试验的方法,实验材料选用完整的新鲜鸡眼球,试验观察终点包括角膜水肿、浑浊度和荧光素滞留,并依据计算结果进行刺激性分级。

ICE 试验是作为替代活体兔眼刺激试验的常规检测方法。法国和德国均认可 ICE 实验用于鉴别严重刺激性物质。荷兰接受其作为鉴别眼严重刺激物的筛选方法,但不能作为区分刺激或非刺激的确认试验。2007年,欧盟ECVAM和美国ICCVAM通过对该方法的验证和认可,2008年被OECD列为新的实验指南草案。2002年欧盟接受用于眼严重刺激物(R41)的鉴定和标识方法,2008年美国认可其作为组合试验策略中检测眼腐蚀性和严重眼刺激物的筛选方法。2009年OECD认可为试验指南TG438。

(二)皮肤刺激和腐蚀性试验

1. EpiSkin™模型　人类皮肤重组模型EpiSkin™是在胶原蛋白底物上用人成熟角质形成细胞培养的一种多层人皮肤模型,胶原蛋白底物类似于人皮肤的真皮,含有Ⅰ型胶原蛋白。

首先,将受试物(液体可直接使用,固体受试物要研磨成粉末)与EpiSkin™模型接触4~6小时,加入少许生理盐水溶液,使受试物与皮肤模型良好接触,然后用PBS漂洗干净,用3-(4,5-二甲基噻唑-2)-2,5-二苯基四氮唑溴盐(MTT,3-(4,5-dimethyl-2-thiazolyl)-2,5-diphenyl-2-H-tetrazolium bromide)法检测受试物对细胞存活率的影响,通过与阴性对照组比较,计算细胞存活率,判定受试物的腐蚀性分级。

2007年4月,该方法通过ECVAM的验证,作为皮肤刺激性替代试验。该实验的反应终点采用MTT,敏感度达75%,特异度81%,若增加检测IL-1α。则敏感度可增加到91%,特异度为79%。

2. EpiDerm™模型　人重组皮肤模型EpiDerm™是用正常人表皮角质形成细胞培养而成的一种多层皮肤模型,包含基底层、棘层、微粒层和一层含有细胞间脂质的角质层,该模型的组织学结构与正常人表皮十分相似,不同点在于角质形成细胞是在聚碳酸酯过滤器上发育而成,因此缺少体内组织维系表皮与真皮的表皮突。

试验时将受试物加在皮肤模型上3分钟或1小时,然后采用MTT法测定受试物的细胞毒性,结合受试物作用时间,以及与阴性对照组比较对细胞存活率的影响,评定受试物是否具有腐蚀性。

2007年4月,该模型也通过ECVAM的验证,可作为皮肤刺激性替代试验。同样,以MTT为检测终点,敏感度达57%,特异度85%,若增加检测IL-1α,预测能力未见提高。因此,最好可作为逐步检测的方法之一。之后,LIEBSCH等对方法进行了改进,实验室间的重复性好,结果敏感度达84%。

(三)皮肤致敏性试验

1. 小鼠淋巴结试验(local lymph node assay, LLNA)　20世纪80年代,英国研究者Kimber提出采用小鼠耳部皮肤致敏性试验方法——LLNA法,首先对小鼠耳朵进行连续3天的染毒,试验的第6天尾部静脉注射放射性示踪剂标记的胸苷,5小时后摘取耳部淋巴结,制备细胞悬液,利用液体闪烁计数仪测定淋巴细胞增殖情况,与赋形剂组比较,判定阴阳性。

近年发展的鼠类淋巴结试验(LLNA)是皮肤变态反应替代试验方法研究的一次飞跃,该方法首先对小鼠的耳朵进行致敏,然后取耳部淋巴结,检测淋巴细胞增殖情况,此方法不需要经历激发阶段,不会引起动物痛苦。

2. 改良的小鼠淋巴结试验　最初LLNA法最大的缺点是要使用放射性核素,受试验条件所限制,不利于方法的推广。之后,研究人员对方法进行改进,不使用放射性核素,开发出两种改良方法,一种是使用5-溴-2-脱氧尿嘧啶核苷(BrdU)作为示踪剂,观察淋巴细胞增殖情况的酶联免疫检测方法（local lymph node assay: BrdU-ELISA 法）;另一种是不使用示踪剂,直接通过测定淋巴细胞三磷酸腺苷（ATP）水平判定淋巴细胞增殖情况的测试方法（local lymph node assay:DA 法）

（四）皮肤光毒性试验

1. 3T3 中性红摄取光毒性试验　3T3 中性红摄取光毒性试验（3T3 neutral red uptake phototoxicity assay,3T3NRU）的原理是细胞的溶酶体可以摄取中性红染料,其摄取量与活细胞量直接相关,通过测量 3T3 成纤维细胞经受试物和紫外线照射联合作用后的细胞存活率,来判断该受试物是否具有光毒性。

试验时,3T3 细胞培养于 96 孔板上,然后与受试物接触,经过不引起细胞毒性的 UVA 照射后,测定细胞中性红摄取的光密度,计算光刺激因子,判定受试物的光毒性。

由于试验操作简便,重现性好,与体内试验结果的相关性高。先后被欧盟（EU）、欧洲化妆品盥洗用品和香水协会（COLIPA）及化妆品和非食品科学委员会（SCCNFP）认为是一项非常有效的体外替代试验方法,也是目前唯一一项认为能准确预测人体试验结果的皮肤光毒性体外替代试验,可作为化妆品原料或终产品光毒性测试的标准方法。2002 年 3 月,OECD 正式发布该项试验的操作指南,作为动物光毒性试验的正式替代试验。

2. 光 - 红细胞联合试验（red blood cell phototoxicity test, RBCPT）　进入到红细胞内的受试物,如果具有光毒性,接触到光线后,可使细胞膜阳离子流出,膜脂质过氧化,膜蛋白交联,细胞肿胀、破裂和溶血,形成"光动力学反应";同时,还能诱导甲基血红蛋白形成,产生自由基。可通过检测光溶血效应和甲基化血红蛋白的形成,能够判定受试物的光毒效应。

试验时,将受试物与红细胞接触,在特定光线下暴露一段时间后,在 525 和 630nm 波长处分别测量血红蛋白的光密度,通过检测光溶血因子（photo hemolytic factor,PHF）和最大光密度值（OD_{max}）来确定受试物光毒性。

光 - 红细胞 - 血红蛋白联合试验具有较好的准确性和敏感性,阳性预测率较高,重现性也较好,但其假阴性结果较多是不足之处。

20 世纪 90 年代以来,OECD 通过了一系列的动物试验替代方法。随着细胞组织学的发展、组学技术在体外培养生物系统中的应用以及各种类型的人类细胞的使用,很好地解决了动物试验替代物的问题。此外,人类组织库的建立、器官培养的快速发展,将大大推动体外替代试验的发展与应用。

小　结

本章介绍了国内外化妆品原料管理的主要模式以及化妆品原料和产品的安全性评价,对化妆品常规的毒理学检验方法、人体安全性评价方法进行了详细的介绍,同时对近年来化妆品安全性评价领域中发展迅速的替代毒理学评价方法给予了介绍。

思考题

1. 我国化妆品原料的管理方法包括的主要内容有哪些?
2. 简要叙述化妆品原料的安全性风险评估的基本程序。

3. 不同的安全性评价检验项目有何区别？检验项目的选择原则是什么？

4. 试述化妆品人体检验的基本原则。

5. 化妆品常用的替代方法包括哪些？

（张宏伟）

第九章　标签标识检验

化妆品标签标识（cosmetics labeling）是指将文字、图形或符号印刷或粘贴在化妆品产品包装及容器上的产品信息，主要有 3 种存在方式：①印刷或粘贴在化妆品的销售包装上；②无外包装的直接印刷在产品的容器上；③制成说明书或小册子放置在销售包装内。化妆品标签是指化妆品标识的载体，是标识的表现形式，任何一种可以在市场上销售的化妆品都必须具备标签标识。

第一节　化妆品标签标识管理

化妆品产品标签标识的作用在于规范化妆品制造商的生产和销售行为，保障消费者对购买化妆品信息的知晓权，帮助消费者购买和使用符合法规标准规定，对个体健康无不良影响的化妆品。此外，化妆品标签也是衡量制造商诚信，监督其承担法律责任的重要手段。化妆品标签标识管理的科学性、有效性和可操作性将直接影响化妆品产业的规范化发展。因此，世界各地都将化妆品标签标识的管理作为化妆品监管的一个重要组成部分。各国政府根据本国化妆品市场销售和消费特点，均制定了严格的法规标准。

《消费品使用说明　化妆品通用标签》（GB5296.3-2008）中规定化妆品标签的基本原则，一方面所标注的内容应真实，所有文字、数字、符号和图案应正确；另一方面所标注的内容必须符合现行国家法律和法规的要求。标签标识必须能客观、科学和准确地反映出化妆品的属性和质量状况。不允许信息虚假、品质虚假、功能虚假或证明虚假的情况出现。

1. 化妆品标签标识要求内容真实

（1）化妆品名称：化妆品的名称应反映化妆品的真实属性。我国《化妆品命名规定》中指出化妆品名称一般由商标名、通用名和属性名共同组成，商标名应当符合国家有关法律和行政法规的规定；通用名源于社会的约定俗成，是得到社会或某一行业的广泛承认的规范化名称，但不得使用明示或者暗示医疗作用的文字；属性名应当反映产品的客观形态，不得使用抽象名称。例如，×××美白滋润日霜，×××去屑修护洗发膏，其中"×××"代表商品名，"美白滋润日"和"去屑修护洗发"为通用名，"霜"和"膏"即为属性名。但对于 3 部分名称都相同的同系列化妆品，则还需要在属性名后标注其他用于区别产品属性的内容，如颜色或色号、防晒指数、气味、使用发质、肤质或特定人群等，如 ×××炫彩润唇膏 L11。此外，凡在产品名称中使用具体原料名称或表明原料类别词汇的，还应当与产品配方成分相符。这样，可以杜绝同系列化妆品使用一个卫生行政许可批准文号，以及使用虚假原料名称等误导消费者的现象发生。我国国家食品药品监督管理局（CFDA）还制定了《化妆品命名指南》，对一些绝对化词意、虚假性词意和夸大性的词意、医疗术语、明示或暗示医疗作用和效果的词语、医学名人的姓名以及与产品特性没有关联,消费者不易理解的词意、庸俗性词意和封建迷信词意等做出了禁止使用的规定。例如,特效、全效、强效、医疗、医治、治疗、妊娠纹以及妖精、卦、邪、魂等,禁止使用。

(2)化妆品用途宣称:我国规定不应有虚假的标识内容,不得使用明示或暗示医疗作用的文字,标识的功效宣传应是经过配方调试或试验证明的,具有科学依据。例如,防晒化妆品所标的防晒效果指标 SPF 值或 PA 值,必须是在国家 CFDA 认定的实验室或国外具有相应资质的实验室中,按照 CFDA 认可的测定方法检测并加以证明的。美国要求如果产品的安全性没有数据支撑,则要在标签上标示"产品安全性未经证明";加拿大、澳大利亚、比利时、南非和马来西亚均有专门的化妆品广告法规规定详细的可以接受和不可接受的用语。东盟也禁止化妆品宣称医学疗效,宣称的功效应是国际上公认的。一些涉及生物组织级别的词语,如延缓衰老、保持青春之类的内容和治疗效果均被各国(地区)的化妆品广告法规规定不得使用。另外,出于宗教原因,伊斯兰教国家普遍要求化妆品标注酒精含量。

2008 年 9 月,由国家质量监督检验检疫总局发布开始实施的第 100 号令《化妆品标识管理规定》中的第三条第三点还明确规定,化妆品标签标注的产品名称、生产企业名称、在华责任单位(进口商或销售商)名称及地址、原产国(实际生产国)、国内实际生产地、颜色、色号、香型、防晒系数和功能等信息,应与产品获得相应卫生许可批件、备案凭证以及生产企业卫生许可证上所载明的相关内容一致,并与许可时批准的产品一致。

2. 化妆品标签标识要求信息完整　《消费品使用说明 化妆品通用标签》和《化妆品标识管理规定》明确了化妆品标签标识应包括化妆品的名称、生产者的名称和地址、净含量、全成分表、保质期、质量合格标志、生产许可证编号及卫生许可证编号等内容。化妆品标识应与化妆品的包装物(容器)一起交付到消费者手中。对于净含量≤15g(ml)的小包装产品,难以在销售包装上标注全部内容,则可将标识内容分为 2 部分:一部分标注在最小销售单元(包装)上:如产品名称、生产者名称和地址、净含量、生产日期和保质期或者生产批号和限期使用日期;而全成分标识等其他内容可以印刷成说明书放置于最小销售单元(包装)内,一同交付给消费者。

为了保证消费者身体健康,避免消费者错误选择和使用化妆品,《化妆品标识管理规定》还明确,在必要时,化妆品标签上应标注警示语:如使用条件、使用方法、注意事项及可能的不良反应等提醒信息。例如,气溶胶产品需要有:"产品不得撞击;应远离火源使用;产品存放环境应干燥、通风,温度在 50℃以下,应避免阳光直晒,远离火源、热源"等类似用语;染发类化妆品(暂时性染发产品除外)必须在标签上标注:"对某些个体可能引起过敏反应,应按说明书预先进行皮肤测试;不可用于染眉毛和眼睫毛,如果不慎入眼,应立即冲洗;专业使用时,应戴合适手套"等相关用语。所有化妆品标签上均应标识"本品可能对少数人体有过敏反应,如有不适,请立即停用"的内容。

美国 FDA 要求化妆品标签上必须注明下列各项内容:产品名称、产品性质、用途以及内容物准确的净重描述;生产商或经销商名称和地址必须包括街道、城市、州和邮政编码;如果经销商不是生产厂或批发商,则必须在标签中按规定的语句说明。

3. 化妆品标签标识要求编排规范　化妆品成分标注的排列顺序是由其用量决定的,通常按含量的降序进行排列,含量小于和等于 1% 时,可以在加入量大于 1% 的成分后面按任意顺序排列,同时标注的成分名称需采用《国际化妆品原料标准中文名称目录》中的成分名称。美国FDA还规定属于药品的化妆品,需要将活性药品成分排在化妆品成分之前,即首先是药品活性成分,接着是按照含量大小降序排列的非活性成分;成分表中涉及商业保密的成分可以用"其他成分"等字样表示,并排列在成分表最后。另外,《消费品使用说明 化妆品通用标签》按化妆品标签内容的主次,规定了其在销售包装的标注位置:①展示面(display panels):指化妆品陈列时,除底面外能被消费者看到的任何面;②可视面(visible panels):指化妆品在不破坏包装的情况下,消费者能够看到的任何面,如化妆品的名称应标注在销售包装的展示面的显著位置。

4. 化妆品标签标识要求图文清晰 标签上所标注的所有文字、数字、符号和图案都应该是正确无误的。印刷的图案和字迹应整洁、清晰,不易脱落,色泽均匀一致。标贴不应错贴、漏贴和倒贴,粘贴应牢固。不可利用字体大小、色差或者暗示性的语言、图形和符号误导消费者。产品在生产过程中或产品出厂标注后,如出现印刷错误或其他原因,需要对产品的信息(如产品名称、产品的生产日期和保质期或者生产批号和限期使用日期等)进行修改时,应及时更换产品标签标识,而不能用手工涂改或加贴等方式涂改化妆品标签信息。化妆品的生产日期、限期使用日期和保质期的标注等不能用黏附力较差的油墨打印上去,模糊不清,致使消费者无法辨别。这样,可以有效防止产品在流通环节出现的恶意篡改产品名称、生产日期和保质期或者生产批号和限期使用日期以欺骗和误导消费者行为的产生。

5. 化妆品标签标识要求通俗易懂 各国化妆品标签都要求必须使用本国文字和(或)消费者易懂的文字标示,可以使用拼写正确的汉语拼音或者少数民族文字,但均不得单独使用,必须与规范汉字有对应关系。仅在少数民族区域内销售的产品,可以仅标注少数民族的文字。标签中有或未被覆盖的外文内容也应有对应的中文解释,并明确表明"标签内容以中文为准"。对于一些使用方式独特的和包装设计结构特殊的产品,除了需要在标签中增加使用说明,必要时还需要配示意图对操作步骤加以具体说明。例如,眉笔芯的替换安装方法及多色眼影组合的使用方法等。

6. 化妆品标签标识要求符合法规要求 符合法规要求是指化妆品标识的内容应符合国家、行业和企业产品的相关标准,标识所标注的生产者和经营者身份必须合法有效,企业和产品所使用的生产许可证编号和产品标准号等必须符合法律、法规、规章和其他法律规范性文件关于其实体和程序方面的相关规定。各国化妆品标签标识都有相应的规定,产品在进入流通市场时,必须按照销售地所属国家或地区标签标识法规的要求进行标注,并且不能以原产地或其他国家或(地区)的规定进行宣传或诱导消费者。如日本化妆品中包含医药部外品,其中有加药化妆品(包括抗痘、防裂和防冻液、增白和抗菌产品等)和驱虫产品,而我国是不允许化妆品通过加药达到上述功效的,并且即使不加药,也不允许化妆品宣传有抗菌或驱虫效果。对于抗菌产品我国属于一次性卫生用品,驱虫产品属于卫生杀虫剂,分别有不同的行政许可和管理登记办法。

第二节　化妆品标签必须标注的内容

根据《消费品使用说明 化妆品通用标签》和《化妆品标识管理规定》的要求,化妆品标签必须标注的内容有产品名称、生产者名称和地址、净含量、保质期、生产企业的生产许可证号、卫生许可证号和产品标准号;进口化妆品还应标明经销商、进口商、在华代理商在国内依法登记注册的名称和地址以及进口化妆品卫生许可证批准文号;特殊用途化妆品还须标注特殊用途化妆品卫生批准文号。必要时,应注明警告语、使用及存储方法等。

1. 化妆品的名称和净含量　化妆品的名称除了能真实反映产品的属性之外,还应和净含量一起标注在销售包装的展示面上,并且产品的名称必须占据显著位置,方便消费者审视和选择。如果因化妆品销售包装的形状和(或)体积的原因无法标注时,可以将两者同时标注在其可视面上。净含量的标注按照《定量包装商品计量监督管理办法》执行。液态化妆品以体积标注;固态化妆品以质量标注;半固态或者黏性化妆品则两种净含量的标注方式都可以。同一包装内含有多件同种定量包装商品的,应标注单件定量包装商品的净含量和总件数,或者标注总净含量。同一包装内含有多件不同种定量包装商品的,应当标注各种不同种定量包装商品的单件净含量和各种不同种定量包装商品的件数,或者分别标注各种不同种定量包装商品的总净含量。此外,名称中文字或符号之间应紧密连接,不得有明显间隙。除商标外,均使用相同字体和字号。

2. 生产者名称和地址　生产者名称和地址应标注在销售包装的可视面上。进口化妆品应标注原产国或地区(指中国香港、中国澳门、中国台湾)的名称和中国依法登记注册的代理商、进口商或经销商的名称和地址,此时可以不标注生产者的名称和地址。在标注生产者的名称和地址时,若有下列情形之一的,应按照以下规定执行:①具有独立法人的集团公司或其子公司,应标注各自的名称和地址;②不具有独立法人的集团公司的分公司或集团公司的生产基地,可标注集团公司和分公司(生产基地)的名称和地址,也可以仅标注集团公司的名称、地址;③实施委托生产加工的化妆品,委托企业具有其委托加工的化妆品生产许可证的,应当标注委托企业的名称、地址和被委托企业的名称,或者仅标注委托企业的名称和地址;委托企业不具有其委托加工化妆品生产许可证的,应当标注委托企业的名称、地址和被委托企业的名称;④分装化妆品应当分别标注实际生产加工企业的名称和分装者的名称及地址,并注明分装字样。

3. 化妆品全成分标识　化妆品的成分是指生产者按照产品的设计有目的地添加到产品配方中的化学物质,如增稠剂、pH 值调节剂、色素、防腐剂、防晒剂、调理剂和保湿、抗皱和祛斑等功效物质原料。化妆品的全成分标识是指依照 GB5296.3-2008 的要求,在中国大陆境内销售的属于化妆品定义的护肤产品、彩妆产品、洗护发产品、头发定型产品、染发产品、烫发产品、香氛类产品、沐浴产品、洗手液、香皂和牙膏(湿纸巾和驱蚊液等产品不包括在内),都需要在产品包装上明确标注产品中所添加的所有成分的中文标准名称。含量在 1% 以上的成分,按照加入量降序排列;如果成分表中同一行标注 2 种或 2 种以上成分,在各个成分名称之间用“、”予以分开。排位越靠前,代表这个成分在该化妆品中的含量越多。比如,水是化妆品中最常见、含量最多的溶剂,因此一般出现在成分列表靠前的位置。但是,成分排名靠前并不代表其重要性,很多有效成分的含量可能比水少,但却是化妆品中的主要功效成分。另外,香精中的香料、辅助成分和载体可以作为一个成分,用“香精”一个词进行标注,并和其他成分一起按照其加入量的顺序列入成分表中。

由于原料的使用不可避免地带入一些微量杂质时,可以不作为成分加以标注。

4. 保质期　保质期有 2 种标注方式:①生产日期和保质期配套标注;②生产批号和限

期使用日期配套标注。2种搭配不能交叉或者缺失。生产日期标注要求为:采用"生产日期"或"生产日期见包装"等引导语,按年、月、日的顺序标注;日期按4位数年份和2位数月份及2位数日的顺序。限期使用日期指产品符合其质量标准的保存日期。标注要求为:采用"请在标注日期前使用"或"限期使用日期见包装"等引导语,日期按4位数年份和2位数月份和2位数日的顺序。此外,除生产批号外,限期使用日期或生产日期和保质期应标注在产品销售包装的可视面上。

5. 许可证号和批准文号 任何在中国销售的化妆品,在标签的可视面上都应该按不同的化妆品分类标识相应的许可证号和批准文号。例如,进口特殊用途化妆品应标明"进口特殊用途化妆品卫生行政许可批准文号";进口非特殊用途化妆品应标明"进口化妆品卫生行政许可批准文号"或"进口非特殊用途化妆品备案文号";国产特殊用途化妆品应标明"国产特殊用途化妆品卫生行政许可批准文号"和"化妆品生产企业卫生许可证号";国产非特殊用途化妆品应标明"化妆品生产企业卫生许可证号"。不属于化妆品范畴的产品不得标注任何与化妆品卫生监管有关的上述批准文号和许可证号。

6. 警示语

(1)化妆品如含有现行《化妆品卫生规范》中规定的限用物质、限用防腐剂、限用紫外线吸收剂和限用染发剂等,标签应按照规定标注相应的使用条件和注意事项。

(2)育发类、染发类、烫发类、除臭类、脱毛类、防晒类产品及指甲硬化剂标签上必须标注详细的使用条件、使用方法和注意事项。染发类化妆品还应在标签上标注以下警示语:"对某些个体可能引起过敏反应,应按说明书预先进行皮肤测试;不可用于染眉毛和眼睫毛,如果不慎入眼,应立即冲洗;使用时,应戴合适手套"。

(3)凡是在标签说明书中宣称适用于敏感皮肤或者类似词语的各种化妆品都必须在说明书中注明"在使用前先作小面积试用试验"。

(4)下列类型的化妆品应在标签上标注相应的警示语:①气雾器产品:由于该产品是压力灌装产品,若使用不当,可引起爆炸和火灾等意外事故,严重者可伤及人身安全。因此,在此类产品的标签上必须加以警示:如不得撞击,应远离火源使用,应避免阳光直晒,产品应放在儿童接触不到处,产品用完的空罐勿刺穿及投入火中等;②泡沫浴产品:超量使用或长时间接触可引起对皮肤和尿道的刺激,出现皮疹、红或痒时停止使用,如果刺激持续存在请到医院就诊,产品应放在儿童接触不到的地方等。

7. 其他标签标识规定

(1)防晒化妆品的SPF值和PA值:我国对防晒化妆品SPF值和PA值的标识有着较详细的规定。SPF值:①当所测产品的SPF值小于2时不得标识对UVB的防晒效果;②当所测产品的SPF值在2~30之间(包括2和30),则标识值不得高于实测值;③当所测产品的SPF值大于30,减去标准差后小于或等于30,最大只能标识SPF30;④当所测产品的SPF值高于30,且减去标准差后仍大于30,最大只能标识SPF30+,而不能标识实测值。对于PA值的规定是:①当所测产品的UVA-PF值≤2时不得标识PA值;②当所测产品的UVA-PF值在2<UVA-PF值≤4范围时,则标识PA+;③当所测产品的UVA-PF值在4<UVA-PF值≤8范围时,则标识PA++;④当所测产品的UVA-PF值>8时,则可标识PA+++。

(2)《消费品使用说明 化妆品通用标签》(GB5296.3-2008)还对免费提供给消费者使用并有相应标识(如赠品、非卖品等)的化妆品标注进行了减免的规定,可以免除标注净含量和成分表及生产许可证号、卫生许可证号和产品标准号、进口化妆品卫生许可备案文号及特殊用途化妆品批准文号。

第三节　各国化妆品标签标识管理差异及其一体化进程

随着全球经济一体化速度地不断升级,各国进出口贸易往来日益增多。化妆品的国际贸易也成为各地区经济发展的风向标。一方面,世界各国和地区都出于保护本国国民身体健康的目的,纷纷立法加强和完善对化妆品卫生安全,包括化妆品标签标识的监督管理,但在另一方面各国和地区间法规和标准的差异也为化妆品的全球贸易设置了障碍。消除差异,促进化妆品法规全球一体化的呼声越演越烈。

一、各国化妆品标签标识管理的主要差异

1. 由于化妆品分类不同导致的标签要求不同　中国、美国、日本和韩国对一般化妆品和功效性化妆品采取了不同的管理要求,功效性化妆品的标签要求比一般性化妆品严格。例如,我国用不同的许可证号和批准文号来区别不同类型的化妆品,而美日韩三国又将药妆类化妆品分别命名为非处方药品、医药部外品和功能性化妆品,对于这类化妆品的治疗性或功效性声称必须经预先审核,并通过有关部门或机构的真实性和安全性测试后方允许标注。欧盟、东盟和中国香港等国家和地区,则将所有化妆品细分为 20 大类,没有普通化妆品和功效性化妆品之分。因此,对所有化妆品均采用统一的安全标准,实施统一的标签要求。

2. 对于化妆品成分标签的不同要求　欧盟规定成分必须依次使用《化妆品成分国际名称》(INCI 名称)、《欧洲药典》名称、WHO 组织推荐的非专利名称、欧洲现有流通商业化学物品目录(EINECS)索引号等;美国则必须依次使用《化妆品成分词典》(CTFA)《美国药典》《国家处方集》和《食品化学法典》等名称。日本规定使用的是由日本化妆品工业协会商标命名委员会(JCIA),根据 INCI 名称翻译制定的《日本化妆品标签名称词典》(JCLD)中的名称,或若公司在此列表中没有发现对应的 INCI 名称时,可以向 JCIA 申请音译的日文名称,日本还要求混合物的所有成分也必须列出,提取物必须描述提取的组分、提取的溶剂以及稀释的溶剂。而我国的化妆品成分标签则需要依次按照《国际化妆品原料标准中文名称目录》(INCI 中文版)、中华人民共和国药典和化学或植物学的名称。

3. SPF 值标识上限值的不同　2003 年起,我国法规规定防晒化妆品 SPF 值标识的上限值只能为 SFP30$^+$,美国一度也只允许标注 SFP30$^+$。而欧盟和日本等国则允许 SPF 值最大可标识为 SFP50$^+$。欧盟和日本的研究者认为 SPF 值测试方法本身存在误差;另外,综合考虑防晒化妆品实际使用中的限制和使用者对阳光耐受性的个体差异,将上限定为 50$^+$ 较为合理。而国内的研究者认为 SPF50 比 SPF30 的防晒化妆品只多吸收了 1.67% UVB 段的紫外线,防晒效果无差异,标识 SPF50$^+$ 是误导消费者的一种行为。若需要有一致的观点,还需更多的科学数据作为证据。

4. 国外对化妆品标签的特殊要求

(1) 纳米材料的标识:欧盟规定从 2013 年 1 月 11 日开始,凡是使用纳米材料的化妆品,在进行全成分标识的时候,必须在该成分后面标注"纳米(nano)"字样,而中国目前对纳米材料化妆品的标签标识并无明确的规定。

(2) 环境标识:此标识最早源于 1992 年欧盟提出的对"环境友好"产品的最低要求,通

过生态标签体系评价产品从生产到消费整个过程对环境的影响程度,并于 2000 年通过了欧盟 1980/2000 号条例。美国、日本和韩国等纷纷效仿,并提倡自愿标注,有的还需要交纳使用费。一些负责任的企业在缺少化妆品生态标签认可标准的情况下,自觉参照本国已经制定的强制性环境标签法,为自己的产品标注了环境标签。我国在化妆品环境标签标注还未纳入到议事日程上。

5. 各国化妆品标签标识的法规比较　见表 9-1。

表 9-1　各国化妆品标签标识管理部门及相关法规一览表

国家（地区）	监管部门	相关法规	化妆品标签标识的强制性内容
中国	CFDA	1.《中华人民共和国产品质量法》（2000 年修正版） 2.《化妆品标识管理规定》（2007 年） 3.《消费品使用说明 化妆品通用标签》（GB5296.3-2008）	化妆品名称、生产者的名称和地址、净含量、化妆品成分表、保质期、按产品分类和来源相应地标注生产许可证号、卫生许可证号、产品标准号、卫生许可备案文号以及特殊用途化妆品批准文号、警告用语、使用指南和储存条件（必要时）
美国	FDA* CFSAN* CDER*	1.《食品、药品和化妆品法案》（FD&C Act） 2.《合理包装及标签法》（FPLA） 3.《化妆品标签》（21 CFR 701） 4.《化妆品标签指南》（Cosmetic Labeling Manual） 5.《化妆品警告声明》（21 CFR 740） 6.《OTC 标签要求》（21 CFR 201.66、21 CCFR201.330）	一般化妆品:产品名称和呈述、生产商、包装商或发行商的名称和地址、净含量、成分表、保质期、生产批号、警示声明、储存条件和安全使用说明（必要时） OTC 药品:还需标注"drug facts"字样、活性成分、OTC 药品的特殊警告声明
欧盟	欧盟委员会企业理事会化妆品和医学部门	1.《指 令 95/17/EEC》（Directive95/17/EEC） 2.《欧洲议会和欧盟理事会化妆品法规》（EC)1223/2009）: 2013 年 7 月 11 日取代《欧盟化妆品指令76/768/EEC》（Directive76/768/EEC）	产品名称或类型、生产商或欧盟内经销商的地址或注册的办事处、净含量、化妆品成分表、保质期、生产批号或产品识别号、必要的警告声明（注意事项）、必要的储存条件、产品功效（如外观可以清楚的显示,可不标）
日本	MHLW*	1.《药事法》 2.《药事法实施规则》 3.《化妆品标签公平竞争规定》 4.《化妆品标签公平竞争规定实施规则》	一般化妆品:产品名称和呈述、生产商或销售商的名称和地址、净含量、化妆品成分表、保质期（不是必须标注）、使用说明、生产批号／编码、警告声明 医药部外品:还必须标"医药部外品"字样、不要求标注产品呈述、MHLW 指定的 138 中医药部外品的成分以及合成的有机着色剂的名称

续表

国家 （地区）	监管 部门	相关法规	化妆品标签标识的强制性内容
韩国	KFDA*	1.《化妆品法》 2.《化妆品法实施规定》	产品名称和呈述、生产商或销售商的名称和地址、进口商的名称和地址、原产地、净含量、化妆品成分表、生产批号 / 编码、警告声明、使用方法和储存条件（必要时）、价格（由直接向终端消费者出售的销售商按规定方法标注
东盟	ACC*	1.《东盟化妆品指令》05/01/ACCSQPWG 2.《东盟化妆品技术文档》及其附录 Ⅱ《东盟化妆品标签要求》和附录 Ⅲ《东盟化妆品宣称指导》	产品名称和功能、生产国、净含量、化妆品成分表、生产日期或有效期、批号、使用说明和使用过程中的注意事项（必要时）、原产国或登记国的登记号

注 *：FDA：美国食品药品管理局；CFSAN：美国食品安全和营养学中心；CDER：美国药品评估和研究中心；MHLW：日本厚生省；KFDA：韩国食品与药品管理局；ACC：东盟化妆品委员会。

二、化妆品标签标识管理的全球一体化

为了保证消费者能够方便地了解必要的产品信息，更快地使用上安全的化妆品；有利于各国政府部门建立有效的产品监控机制，便于监督和检测工作的开展；同时，也有助于化妆品企业加快产品上市，简化相关法规程序，控制市场上假冒伪劣产品，2000 年 4 月在马耳他举行了"相互理解 -2000"全球化妆品法规一体化会议。来自 70 多个国家的化妆品卫生安全政府主管部门、行业协会和生产企业的代表共同对化妆品法规国际一体化的基本原则提出了框架性的建议，有关化妆品标签标识的管理方面的内容归纳如下。

1. 统一化妆品定义 各国需要从源头统一化妆品的定义和范围，原则倾向于不再区分一般化妆品和功效性化妆品，并按照一般化妆品的管理模式，对功效性化妆品采取同样的管理标准和要求。

2. 统一化妆品原料清单 各国需制定和使用相同的化妆品原料成分名单及其原料名称，并且对涉及的禁、限用物质做出统一的要求和规定。

3. 统一化妆品标签标识 各国统一产品标签标识的标注要求，包括内容及其形式。

小　结

由于化妆品标签标识是化妆品产品的重要组成部分，因此标注信息的真实性和完整性也是衡量产品质量的重要指标。管理部门应该不断地完善化妆品标签标识的标注要求，使其更科学，更合理；生产企业应该严格执行销售国化妆品标签标识的法律法规，保证消费者的知情权；消费者则需尽可能地了解和掌握化妆品标签标识的相关知识，在购买时能正确地选择化妆品，保护自身健康和消费权益。我国化妆品标签标识必须包含以下内容：产品名称、生产者名称和地址、净含量、保质期、生产企业的生产许可证号、卫生许可证号和产品标准号；进口化妆品还应标明经销商、进口商、在华代理商在国内依法登记注册的名称和地址以及进口化妆品卫生许可证批准文号；特殊用途化妆品还须标注特殊用途化妆品卫生批准文

号。必要时,应注明警告语、使用及存储方法等。

思考题

1. 化妆品标签标识的作用和意义有哪些?

2. 我国化妆品标签标识的管理有哪些法规? 管理模式具有哪些特点?

3. 各国化妆品标签标识在管理上有哪些主要的异同点?

4. 作为一名消费者应该如何阅读化妆品的标签标识?

5. 请思考当前化妆品标签标识国际一体化是否可行?

（肖萍）

第十章　化妆品包装计量检验及包装安全性

化妆品作为一种时尚消费品，早已成为大众的青睐对象。随着现代社会的飞速发展，物质生活的极大丰富，人们除对化妆品本身的功能、用途、材质、性价比及安全性等方面有了更高要求外，对化妆品包装的要求也越来越高，包括化妆品包装的材质、外观、包装的适度性及包装的安全性等。为此，我国针对上述需求及规范性要求，相继出台了相关的法律、法规及技术标准与技术规则，从法律和技术的层面上对化妆品包装的诸多问题进行了规范限制。

化妆品的包装在化妆品的储运和销售过程中都起着十分重要的作用，具有保护性、功能性和装饰性。化妆品包装材料从类型分，包括金属材料、纸质材料、玻璃材料、塑料材料以及复合材料等。就目前的使用状况来看，玻璃和塑料是化妆品包装的主要材料，金属包装材料使用较少，而纸质包装材料大多用于化妆品的外包装。由于玻璃的耐冲击强度差、容易破碎、加工能耗大、运输成本高、导热率差和印刷适性差等特点，限制了其在化妆品包装中的使用。塑料包装以其良好的力学性能、阻隔性能、加工性能、印刷适应性和方便储运等被广泛用于化妆品包装。近十几年来，中国化妆品以年均15%的速度增长，2011年中国化妆品销售额突破2000亿元大关；虽然2013年增速有所下降，却也达到了13.3%的增速，早已跻身于全球第三的位置；其中，塑料包装类化妆品占总量的61%，成为化妆品最主要的包装容器。

第一节　化妆品包装的要求

化妆品是一种非生活必需品，但是，它蕴含着一种时尚和文化的魅力，作为一种对品味的追求，受到了越来越多消费者的喜好。因此，化妆品本身不但要有好的内在品质，化妆品的包装还要具备体现时尚和文化的品味，这早已成为所有商家的共识。但是，除了将化妆品包装注入诸多的时尚和文化的元素外，商家更应该注重的是依据相关的规范标准要求，保证化妆品包装的质量。

国家轻工标准《化妆品产品包装外观要求》(QB/T 1685-2006)，规定了化妆品的包装分类、包装材质要求、包装外观要求及试验方法。

一、化妆品包装材料分类

根据化妆品的包装形式和材料品种，化妆品包装材料可分为10类：①瓶：包括塑料瓶和玻璃瓶等；②盖：包括外盖、内盖、塞、垫和膜等；③袋：包括纸袋、塑料袋和复合袋；④软管：包括塑料软管、复合软管和金属软管等；⑤盒：包括纸盒、塑料盒和金属盒等；⑥喷雾罐：包括耐压式的铝罐和铁罐等；⑦锭管：包括唇膏管、粉底管和睫毛膏管等；⑧化妆笔；⑨喷头：包括气压式和泵式；⑩外盒：包括花盒（花盒指产品容器外面的第一层包装）、塑封、中盒（中盒指接触花盒外面的包装）和运输包装等。

二、化妆品包装要求

（一）包装材质要求

化妆品产品包装所采用的材料必须安全,不应对人体造成伤害。

（二）包装外观要求

化妆品包装印刷的图案和字迹应整洁、清晰,不易脱落,色泽均匀一致。化妆品包装的标贴不应错贴、漏贴和倒贴,粘贴应牢固。

（三）标签要求

按 GB 5296.3 消费品使用说明,化妆品通用标签的规定执行。

（四）具体要求

1. 瓶 瓶身应平稳,表面光滑,瓶壁厚薄基本均匀,无明显瘢痕、变形,不应有冷爆和裂痕。瓶口应端正、光滑,不应有毛刺(毛口)、螺纹、卡口配合结构完好、端正。瓶与盖的配合应严紧,无滑牙、松脱,无泄露现象。瓶内外应洁净。

2. 盖 内盖应完整、光滑和洁净,不变形。内盖与瓶和外盖的配合应良好。内盖不应漏放。外盖应端正、光滑,无破碎、裂纹和毛刺(毛口)。外盖色泽应均匀一致。外盖螺纹配合结构应完好。加有电化铝或烫金外盖的色泽应均匀一致。翻盖类外盖应翻起灵活,连接部位无断裂。盖与瓶的配合应严密,无滑牙、松脱。

3. 袋 袋不应有明显皱纹、划伤和空气泡。袋的色泽应均匀一致。袋的封口要牢固,不应有开口、穿孔和漏液(膏)现象。复合袋应复合牢固,镀膜均匀。

4. 软管 软管的管身应光滑、整洁,厚薄均匀,无明显划痕,色泽应均匀一致。软管封口要牢固、端正,不应有开口和皱褶现象(模具正常压痕除外)。软管的盖应符合 2 的要求。软管的复合膜应无浮起现象。

5. 盒 盒面应光滑、端正,不应有明显露底划痕、毛刺(毛口)、严重瘪压和破损现象。盒开启松紧度应适宜,取花盒时,不可用手指强行剥开,以捏住盖边,底不自落为合格。盒内镜面、内容物与盒应粘贴牢固,镜面映像良好,无露底划痕和破损现象。

6. 喷雾罐 罐体平整,无锈斑,焊缝平滑,无明显划伤和凹罐现象,色泽应均匀一致。喷雾罐的卷口应平滑,不应有皱褶、裂纹和变形。

7. 锭管 锭管的管体应端正、平滑,无裂纹、毛刺(毛口),不应有明显划痕,色泽应均匀一致。锭管的部件配合应松紧适宜,保证内容物能正常旋出或推出。

8. 化妆笔 笔的笔杆和笔套应光滑、端正,不开胶,漆膜不开裂。化妆笔的笔杆和笔套的配合应松紧适宜。化妆笔的色泽应均匀一致。

9. 喷头 喷头应端正、清洁,无破损和裂痕现象。喷头的组配零部件应完整无缺,确保喷液畅通。

10. 外盒 外盒又分为花盒、中盒、塑封和运输包装。

（1）花盒:花盒应与中盒包装配套严紧。花盒应清洁、端正和平整,盒盖盖好,无皱褶、缺边和缺角现象。花盒的黏合部位应粘贴牢固,无粘贴痕迹、开裂和互相粘连现象。产品无错装、漏装和倒装现象。

（2）中盒:中盒应与花盒包装配套严紧。中盒应清洁、端正和平整,盒盖盖好。中盒的黏合部位应粘贴牢固,无粘贴痕迹、开裂和互相粘连现象。产品无错装、漏装和倒装现象。中盒标贴应端正、清洁和完整,并根据需要应标明产品名称、规格、装盒数量和生产者名称。

（3）塑封：塑封应粘接牢固，无开裂现象。塑封表面应清洁，无破损现象。塑封内无错装、漏装和倒装现象。

（4）运输包装：运输包装应整洁、端正和平滑，封箱牢固。产品无错装、漏装和倒装现象。运输包装的标志应清楚、完整，位置合适，并根据需要应标明产品名称、生产者名称和地址、净含量、产品数量、整箱质量（毛重）、体积、生产日期和保质期或生产批号和限期使用日期。宜根据需要选择国标《包装储运图示标志》（GB/T 191）中的图示进行标志。

三、化妆品包装检验

1. 外观检验　取样品在室内非阳光直射的明亮处，按照化妆品包装的具体要求进行目测。

2. 花盒松紧度检测　盒开启松紧度应适宜，取花盒时，不可用手指强行剥开，以捏住盖边，底部自落为合格。

第二节　化妆品包装计量检验

限制过度包装是建设资源节约型与环境友好型社会的内在需求。商品过度包装被称为"美丽的垃圾"，已成社会公害。为了促进和规范对过度包装的计量监督管理，根据我国《定量包装商品计量监督管理办法》和国家强制性标准《限制商品过度包装要求　食品和化妆品》（GB23350-2009）的要求，于2010年4月1日起发布实施了《食品和化妆品包装计量检定规则》（JJF 1244-2010），规定了食品（包含月饼）和化妆品包装空隙和包装层数的计量监督检验以及包装成本与商品销售价格比率的检查。通过法律手段和技术手段限制了商品过度包装，对于规避商业欺诈、维护消费者利益、遏制奢侈之风和节约社会资源等方面均具有深远意义。

本节重点介绍JJF 1244-2010的主要技术层面的内容。

一、术语和定义

包装术语和定义如下：①过度包装（excessive package）：超出适度的包装功能需求，其包装空隙率、包装层数和包装成本超过必要程度的包装；②初始包装（original package）：直接与产品接触的包装；③初始包装体积（volume of original package）：初始包装的最小长方体体积；④商品销售包装体积（volume of selling package of commodity）：商品销售包装（不含提手、扣件、绑绳等配件）的外切最小长方体体积；⑤包装空隙率（interspace（gap）ratio of package）：商品销售包装内不必要的空间体积与商品销售包装体积的比率；⑥包装层数（package layers）：完全包裹产品的包装的层数，不含初始包装层。

二、要求

对化妆品包装的限量要求包括：包装孔隙率、包装层数以及包装成本和商品销售价格比3个方面。

化妆品包装空隙率≤50%；包装层数应在3层及以下；化妆品除初始包装之外的所有包装成本的总和不应超过商品销售价格的20%。

注：当内装产品所有单件净含量均不大于30ml或30g，其包装空隙率不应超过75%；当

内装产品所有单件净含量均大于 30ml 或 30g,并不大于 50ml 或 50g,其包装空隙率不应超过 60%。

三、样本抽取

1. 抽样方法 对化妆品包装的抽样,应在生产企业成品仓库内或者化妆品销售场所的待销化妆品中抽取。抽样时,应填写化妆品包装计量监督检验抽样单(抽样单格式参见 JJF1244 附录 A)。

在生产企业进行抽样时,应同时检查化妆品除初始包装之外的所有包装成本的总和与化妆品销售价格比,并填写化妆品包装成本与销售价格登记表(登记表格式参见 JJF1244 附录 B)。在销售企业进行抽样时,不对该项目进行检查。如果对项目有疑问,可追溯到该产品的生产企业进行检查。

2. 抽样数量 对同一品种和同一包装样式的化妆品,抽样数量一般为 1 件。

四、计量检验

(一)基本原则

对化妆品包装进行检查和检验时,应当遵循以下 3 条原则:①以不破坏化妆品的初始包装为原则;②不得改变化妆品本身属性,不得破坏化妆品本身质量;③遵循法律、法规规定的其他要求。

(二)测量设备

用于化妆品包装的长度、宽度(或直径)和高度测量的主要测量设备为钢直尺和游标卡尺。钢直尺主要用于长度、宽度和高度测量,游标卡尺主要用于直径的测量。对钢直尺和游标卡尺的计量特性要求如表 10-1 所述。测量设备应经计量检定合格,并有有效的计量检定证书。

表 10-1 测量设备的计量要求(JJF 1244-2010)计量单位:mm

测量设备名称	标称长度(测量范围)	最大允许误差	分度值	备注
钢直尺	150,300	± 0.10	1	测量设备的标称长度(测量范围)应满足被测量化妆品销售包装的尺度要求
	500(600)	± 0.15	1	
	1000	± 0.20	1	
游标卡尺	0~150	± 0.10	0.10	
	15~200	± 0.10	0.10	
	200~300	± 0.10	0.10	

(三)包装空隙率的检验

为了计算包装空隙率,必须测量和计算化妆品销售包装体积以及化妆品初始包装体积。根据定义,对化妆品销售包装体积以及化妆品初始包装体积的测量和计算都可以归结为对包装的外切最小长方体体积的测量和计算。根据销售包装和初始包装的形状,一般可分为长方体包装和圆柱体包装 2 种类型的测量和计算方法,其他形状包装可参照此方法测量和计算。

1. 长方体包装体积的测量和计算　沿长方体包装的外壁,均匀选取被测化妆品包装长、宽、高的各 3 个测量点,用测长计量器具分别进行测量,取其平均值作为被测长、宽、高的测量结果。

分别测量长、宽、高,得 l_1,l_2,l_3;w_1,w_2,w_3;h_1,h_2,h_3。

分别按式(10-1)、式(10-2)和式(10-31)计算,取其平均值:

长方体的长

$$\overline{l} = \frac{l_1+l_2+l_3}{3} \tag{10-1}$$

式中,$\overline{l}$ 包装外部的平均长度,mm。

长方体的宽

$$\overline{w} = \frac{w_1+w_2+w_3}{3} \tag{10-2}$$

式中,$\overline{w}$:包装外部的平均宽度,mm。

长方体的高

$$\overline{h} = \frac{h_1+h_2+h_3}{3} \tag{10-3}$$

式中,$\overline{h}$:包装外部的平均高度,mm。

按式(10-4)计算出该长方体包装的体积。

$$V=\overline{l} \times \overline{w} \times \overline{h} \tag{10-4}$$

式中,V:包装体积,mm³。

2. 圆柱体包装的外切最小长方体体积的测量和计算　沿圆柱体外壁均匀选取被测化妆品包装直径和高的各 3 个测量点,用卡尺和钢直尺测量直径和高,得到 D_1,D_2,D_3;h_1,h_2,h_3。

分别按式(10-5)和式(10-6)计算,取其平均值:

圆柱体的直径:

$$\overline{D} = \frac{D_1+D_2+D_3}{3} \tag{10-5}$$

式中,$\overline{D}$:圆柱体包装外部的平均直径,mm。

圆柱体的高:

$$\overline{h} = \frac{h_1+h_2+h_3}{3} \tag{10-6}$$

式中,$\overline{h}$:圆柱体包装外部的平均高度,mm。

按式(10-7)计算出该圆柱体的外切最小长方体的体积。

$$V=\overline{D}^2 \times \overline{h} \tag{10-7}$$

式中,V:包装体积,mm³。

3. 包装孔隙率的计算　按式(10-8)计算包装空隙率:

$$X=\frac{[V_0-(1+k)V_n]}{V_0} \tag{10-8}$$

式中,X:包装空隙率,%;V_0:化妆品销售包装体积,mm³;V_n:化妆品初始包装的总体积,即同一个销售包装内各化妆品的初始包装体积的总和,mm³。k:化妆品包装必要空间系数,$k=0.6$。

附加说明:

(1)若化妆品销售包装中含有 2 种或 2 种以上的化妆品,则标签所列的化妆品,其体积或其初始包装体积(如果该化妆品也有初始包装)计入化妆品初始包装总体积。

（2）若为实现化妆品的正常功能,在销售包装内有需伴随化妆品一起销售的附加物品,其体积计入化妆品初始包装总体积,如化妆品特定的开启工具、化妆品说明书或其他辅助物品。

（3）若化妆品销售包装中有 2 类或 2 类以上化妆品,且有 2 种或 2 种以上化妆品有包装空隙率要求时,以标签所列的化妆品计算化妆品包装空隙率;若标签所列两种或两种以上化妆品有包装空隙率要求时,以包装空隙率较大的计算。

（四）包装层数计算

完全包裹指定商品的包装均认定为一层。计算销售包装内的初始包装为第 0 层,接触初始包装的完全包裹的包装为第 1 层,依此类推,销售包装的最外层为第 N 层,N 即是包装的层数。

同一销售包装中若含有包装层数不同的商品,仅计算对销售包装层数有限量要求的商品包装层数。对销售包装层数有限量要求的商品分别计算其包装层数,并根据销售包装层数限量要求判定该商品包装层数是否符合要求。

（五）包装成本与产品销售价格比计算

按式（10-9）计算包装成本与产品销售价格比率:

$$Y = \frac{C}{P} \times 100\% \tag{10-9}$$

式中,Y:包装成本与产品销售价格比;C:包装成本;P:产品销售价格。

1. 包装成本核算方法　包装成本的计算应从商品制造商的角度确定,由商品制造商填报,并提供必要的原始凭证。包装成本是第 1 层到第 N 层所有包装物成本的总和。

2. 销售价格核算方法　商品销售价格的核定应以商品制造商与销售商签订的合同销售价格计算,或以该商品的市场正常销售价格计算。

（六）原始记录

每份检验的原始记录应包含足够的信息,记录中列出的项目要准确填写。观测结果和计算应在工作时予以记录。记录包括负责检验执行人员好结果核验人员的签名,并按规定的期限保存（原始记录的表格参见 JJF1244 附录 C）。

（七）数据处理

按照包装空隙率检验小节 1、2 和 3 条款中规定的要求计算化妆品销售包装体积、化妆品包装初始包装体积、化妆品初始包装总体积和包装空隙率等有关数据,并按四舍六入、逢五取奇的原则和以下要求进行数据修约。

1. 化妆品包装体积的计算中,长、宽、高或直径的测量结果修约至 1mm。

2. 化妆品包装孔隙率的计算中,空隙率修约至 1%。

五、结果评定与报告

（一）评定准则

1. 化妆品包装空隙率、包装层数与包装成本和销售价格比率均应符合 JJF1244-2010 的要求。

2. 化妆品包装中,凡超过上述 3 个限量要求中任何一项的即为过度包装。

（二）检验报告

应准确、清晰和客观地报告检验结果。检验报告应包括足够信息,报告中的结论应按上述评定准则的规定出具,说明应有文件依据。检验报告中的总体结论应根据检验结果,按下列情况给出。

1. 如果包装的包装空隙率、包装层数以及包装成本和销售价格比率合格,总体结论为:该商品包装隙率、包装层数以及包装成本和销售价格比率均为合格,该商品的包装不属于过度包装。

2. 如果包装空隙率和包装层数均为合格,但是,因为是在销售场所抽样的,未对包装成本和销售价格比率进行检查的,总体结论为:该商品包装的包装空隙率和包装层数均为合格。

3. 如果包装的包装空隙率、包装层数以及包装成本和销售价格比率3个项目中有1项或者1项以上不合格的,总体结论为:该商品包装的XX项合格,XX项不合格,该商品的包装属于过度包装。

检验报告应由检验执行人员、结果核验人员和报告批准人员签名,并保留报告的副本(检验报告的格式参见 JJF1244 附录 D)。

第三节　化妆品包装的安全性检验

化妆品包装是除化妆品本身品质外决定化妆品质量安全的关键因素。化妆品的存放和使用时限长,存在于化妆品包装材料中的有毒有害物质随着时间不断迁移到化妆品中,污染化妆品。例如,在塑料中经常大量使用的增塑剂,也会从化妆品包装中迁移到化妆品中。增塑剂急性毒性虽然较低,但蓄积性毒性较大。国外动物实验结果表明,增塑剂可导致动物存活率降低、体重减轻、肝肾功能下降及血中红细胞减少,且具有致突变和致癌性。通过动物的胚胎毒性研究表明,增塑剂还能导致动物仔胎的腭裂、脊柱畸形、心脏变形、眼睛缺陷和畸形等严重后果。目前,我国的增塑剂污染几乎是无所不在,其使用范围之广,污染面积之大,影响人数之多,与农药和 DDT 等相比,有过之而无不及。除增塑剂外,塑料包装中的有毒有害单体和溶剂残留都会给化妆品带来污染。又如,化妆品包装材料中常使用的 PET 材料,是由单体乙二醇和对苯二酸聚合而成,或者是乙二醇和二甲基对苯二酸酯进行酯交换反应而成,反应中常使用三氧化锑作为催化剂。异酞酸常用于制造塑料瓶的共聚材料,在过去的10 年中,PET 应用领域增长很快,有部分取代 PVC 材料的趋势,主要用于水及软饮料。在化妆品中软膏和液体等也有应用,其附带的杂质包括乙二醇、二甘醇、异酞酸、对苯二酸、2,6-萘二羧酸二甲酯、2,6- 萘二羧酸乙醛、乙二酸和三氧化锑等,这些包装材料带来的化学污染物质会在产品生产和存放过程中进入化妆品。然而,目前我国在以化妆品组分为主制定的禁限用物质表中尚没有完全囊括这些物质,这给化妆品的使用带来了潜在风险。

一、化妆品和化妆品包装的安全性

我国 2007 年颁布的《化妆品卫生规范》对化妆品的卫生要求,包括了一般要求、原料要求和终产品要求。但对包装仅做了笼统的要求,即化妆品的直接容器材料必须无毒,不得含有或释放可能对使用者造成伤害的有毒物质。值得注意的是,在化妆品卫生规范中,要求化妆品检验中没有涵盖的项目,可以执行药品和食品相应的检测项目。但是,对盛装各种基质化妆品的包装中有毒有害化学物质的限量要求及检验依据等均没有明确给出,特别是关于化妆品包装中有毒有害化学物质的迁移及释放规律目前国内外还没有开展系统性研究,这些均为化妆品包装的安全性检验和监管留下了空白。

国际上对于化妆品的检验管理,在欧盟和美国 FDA 的相应管理规范中,也均较少涉及关于化妆品包装材料的检验和规范标准,对于化妆品组分标识管理的部分,主要是针对化妆品处方组分的禁限用物质,而没有明确指出接触或者包装来源的物质管理。从欧盟公布的 1300 多种禁用物质来看,主要针对的是化工原料的杂质及工业残留,对于化妆品工业中使用的辅料,特别是接触性包装材料则没有很好地区分和有效限制,这方面的监督管理,通行的方式仍然是通过企业自律行为而进行的。然而,化妆品作为直接作用于人体,散布于人体各个部位的化学用品,作用机制与药物中透皮制剂相似,从维护人类基本健康和生存条件这一点来看,化妆品直接接触性及非直接接触性包装材料及其组成物质的检验,应该纳入国家监督管理。

二、食品接触材料和包装的安全性

目前,我国尚没有化妆品接触材料和包装的安全性检验相关法规,通常关于化妆品接触材料和包装的安全性检验部分参考食品接触材料和包装的安全性检验。关于食品接触材料中某一类或者某一种有毒有害物质的检测方法已经建立,并且正在逐步完善;在标准和技术法规上,我国更新的《食品容器、包装材料添加剂使用卫生标准》GB9685-2008 替代 GB9685-2003,在食品包装材料中允许使用的添加剂已从 63 种扩大到 985 种,并对其使用范围、最大使用量及特定迁移量 / 最大残留量等做了比较明确规定。

2008 年 3 月发布的欧盟食品接触材料法规,对食品接触材料中有毒物质的限制要求做了也做了比较全面和详细的规定。例如,欧盟 94/62/EC 法令关于纸制品规定:有害重金属(铅 Pb、镉 Cd、汞 Hg、六价铬 Cr)限量 4 种重金属总量不超过 100mg/kg。不得使用荧光增白剂,菌落总数不高于 200 个,大肠杆菌和致病菌不得检出。欧盟 2002/61/EC 法令中要求禁止使用的 22 种偶氮染料的含量不超过 30mg/kg;对于塑料材料的规定是:塑料材料和物品应利用生物基聚合物和可生物降解的聚合物,如聚乳酸(PLA)、聚羟基丁酸(PHB)、聚己内酯(聚己内酯)或淀粉基聚合物。此外,对某些特定物质给出特定迁移限制,主要包括 3 种类型的限制:特定迁移限制、残留量和有害物质残余限制;对陶瓷制品,欧盟法规(第 2005/31/E9)规定了陶器在 4%(v/v)乙酸中滤出的铅和镉的限量标准,对于迁移测试和检测的操作标准的规则也已经立法。欧盟包装法令规定:包装法令实施 2 年后,Pb、Cd、Hg 和 Cr(Ⅵ)总量不超过 600mg/kg;包装法令实施 3 年后,Pb、Cd、Hg 和 Cr(Ⅵ)总量不超过 250mg/kg;包装法令实施 5 年后,Pb、Cd、Hg 和 Cr(Ⅵ)总量不超过 100mg/kg。同时,对印刷油墨中有害溶剂,如苯、甲苯、二甲苯、乙酸乙酯、乙酸丁酯、异丙醇、正丙醇、正丁酯等残留和迁移也有相关规定。

我国的检验检疫行业标准《食品接触材料 塑料中受限物质 塑料中物质向食品及食品模拟物特定迁移试验方法和含量测定以及食品模拟物暴露条件选择的指南》(SN/T2280-2009),等同采用了《接触食品的材料和物品.有限制的塑料物质.物质从塑料向食品和食品模拟物中迁移的试验方法和塑料中物质的测定以及食品模拟物所处条件选择的指南》(EN13130-1:2004,IDT)的要求。

由于化妆品包装与食品包装材料的基质基本相同,因此食品包装中特定物质的检测方法可用于化妆品包装材料检验。但是,衡量食品或者化妆品包装材料对其内容物安全影响的关键主要是看其中特定物质向内容物中的迁移或释放的影响。欧盟出台了 EU No.10/2011 预期与食品接触的塑料和制品的法规,代替了 80/590/EEC 和 89/109ECC 法规的部分内容,即截止到 2015 年,食品接触材料中特定化学物质的检测方法改为在食品模拟物中迁移量的测定方法。因此,原来可用于化妆品包装中有毒有害化学物质检测的食品接触材料的标准方法已经不可用了。至此,关于化妆品中有毒有害物质和具体目标化合物在化妆品模拟物中迁移量的测定还无任何标准方法。

　　综上所述,关于化妆品包装中有毒有害化学物质的限量和检验方法,可以参考食品接触材料中有毒有害物质检验的国家标准和各种行业性标准;关于化妆品包装中有毒有害化学物质特定迁移量的测定以及迁移规律的研究,将成为广大科技工作者今后重点研究的课题。

小　结

　　本章共分为化妆品包装要求、计量检验和安全性检验 3 部分。第一部分简要介绍了化妆品包装材料的分类,包装的材质、外观和标签的基本要求。重点介绍了各种类型的化妆品包装的具体要求及其检验方法。第二部分介绍了化妆品包装的基本术语和定义以及在计量检验中关于对包装孔隙率、包装层数及包装成本和商品销售价格比的要求。重点介绍了各自的检验和计算方法。第三部分结合国内外对食品接触材料的安全卫生的法律法规要求及标准检验方法的发展现状,阐述了化妆品包装与食品包装在安全卫生要求方面的相关性,在安全性检验方法标准方面的相通性,及特别强调了由于化妆品和食品基质材料的较大差别,使得其包装材料中有毒有害物质在迁移规律上存在的重大差异性。

思考题

1. 从包装形式上区分,化妆品包装可分为哪些类型?
2. 化妆品包装外观检验应包括哪些内容?
3. 对化妆品包装的限量要求包括哪几个方面? 具体要求是什么?
4. 通过检验能够得出某化妆品包装属于过度包装的结论的依据是什么?
5. 在化妆品包装和食品包装的安全(卫生)性检验中,有哪些相同点和不同点。

（卢利军）

附　录

附录一　化妆品国家标准

序号	标准编号	标准名称
1.	GB/T 27578–2011	化妆品名词术语
2.	GB/T 18670–2002	化妆品分类
3.	GB 5296.3–2008	消费品使用说明 化妆品通用标签
4.	QB/T 1685–2006	化妆品产品包装外观要求
5.	GB 23350–2009	限制商品过度包装要求 食品和化妆品
6.	JJF 1244–2010	食品和化妆品包装计量检验规则
7.	GB 7916–1987	化妆品卫生标准
8.	QB/T 1684–2006	化妆品检验规则
9.	GB/T 13531.1–2008	化妆品通用检验方法 pH 值的测定
10.	GB/T13531.3–1995	化妆品通用试验方法 浊度的测定
11.	GB/T 13531.4–2013	化妆品通用检验方法 相对密度的测定
12.	QB/T 2470–2000	化妆品通用试验方法 滴定分析（容量分析）用标准溶液的制备
13.	QB/T 2789–2006	化妆品通用试验方法 色泽三刺激值和色差 ΔE* 测定
14.	GB 791711–1987	化妆品卫生化学标准检验方法 - 汞
15.	GB 791712–1987	化妆品卫生化学标准检验方法 - 砷
16.	GB 791713–1987	化妆品卫生化学标准检验方法 - 铅
17.	GB 791714–1987	化妆品卫生化学标准检验方法 - 甲醇
18.	GB 791811–1987	化妆品微生物标准检验方法总则
19.	GB 791812–1987	化妆品微生物标准检验方法 菌落总数测定
20.	GB 791813–1987	化妆品微生物标准检验方法 粪大肠菌群
21.	GB 791914–1987	化妆品微生物标准检验方法 铜绿假单胞菌
22.	GB 791915–1987	化妆品微生物标准检验方法 金黄色葡萄球菌
23.	GB/T 24404–2009	化妆品中需氧嗜温性细菌的检测和计数法

序号	标准编号	标准名称
24.	GB 7919–1987	化妆品安全性评价程序和方法
25.	GB/T 22728–2008	化妆品中丁基羟基茴香醚（BHA）和二丁基羟基甲苯（BHT）的测定 高效液相色谱法
26.	GB/T 24800.1–2009	化妆品中九种四环素类抗生素的测定 高效液相色谱法
27.	GB/T 4800.10–2009	化妆品中十九种香料的测定 气相色谱 - 质谱法
28.	GB/T 4800.11–2009	化妆品中防腐剂苯甲醇的测定 气相色谱法
29.	GB/T 4800.12–2009	化妆品中对苯二胺、邻苯二胺和间苯二胺的测定
30.	GB/T 24800.13–2009	化妆品中亚硝酸盐的测定 离子色谱法
31.	GB/T 24800.2–2009	化妆品中四十一种糖皮质激素的测定 液相色谱 / 串联质谱法和薄层层析法
32.	GB/T 24800.3–2009	化妆品中螺内酯、过氧苯甲酰和维甲酸的测定 高效液相色谱法
33.	GB/T 24800.4–2009	化妆品中氯噻酮和吩噻嗪的测定 高效液相色谱法
34.	GB/T 24800.5–2009	化妆品中呋喃妥因和呋喃唑酮的测定 高效液相色谱法
35.	GB/T 24800.6–2009	化妆品中二十一种磺胺的测定 高效液相色谱法
36.	GB/T 24800.7–2009	化妆品中马钱子碱和士的宁的测定 高效液相色谱法
37.	GB/T 24800.8–2009	化妆品中甲氨嘌呤的测定 高效液相色谱法
38.	GB/T 24800.9–2009	化妆品中柠檬醛、肉桂醇、茴香醇、肉桂醛和香豆素的测定 气相色谱法
39.	GB/T 26517–2011	化妆品中二十四种防腐剂的测定 高效液相色谱法
40.	GB/T 27577–2011	化妆品中维生素 B5（泛酸）及维生素原 B5（D- 泛醇）的测定 高效液相色谱紫外检测法和高效液相色谱串联质谱法
41.	GB/T 28599–2012	化妆品中邻苯二甲酸酯类物质的测定
42.	GB/T 29659–2013	化妆品中丙烯酰胺的测定
43.	GB/T 29661–2013	化妆品中尿素含量的测定 酶催化法
44.	GB/T 29662–2013	化妆品中曲酸、曲酸二棕榈酸酯的测定 高效液相色谱法
45.	GB/T 29663–2013	化妆品中苏丹红 Ⅰ、Ⅱ、Ⅲ、Ⅳ的测定 高效液相色谱法
46.	GB/T 29664–2013	化妆品中维生素 B3（烟酸、烟酰胺）的测定 高效液相色谱法和高效液相色谱串联质谱法
47.	GB/T 29666–2013	化妆品用防腐剂 甲基氯异噻唑啉酮和甲基异噻唑啉酮与氯化镁及硝酸镁的混合物
48.	GB/T 29668–2013	化妆品用防腐剂 双（羟甲基）咪唑烷基脲
49.	GB/T 29667–2013	化妆品用防腐剂 咪唑烷基脲

序号	标准编号	标准名称
50.	GB/T 29669–2013	化妆品中N-亚硝基二甲基胺等10种挥发性亚硝胺的测定 气相色谱-质谱/质谱法
51.	GB/T 29670–2013	化妆品中萘、苯并[a]蒽等9种多环芳烃的测定 气相色谱-质谱法
52.	GB/T 29671–2013	化妆品中苯酚磺酸锌的测定 高效液相色谱法
53.	GB/T 29672–2013	化妆品中丙烯腈的测定 气相色谱-质谱法
54.	GB/T 29673–2013	化妆品中六氯酚的测定 高效液相色谱法
55.	GB/T 29674–2013	化妆品中氯胺T的测定 高效液相色谱法
56.	GB/T 29675–2013	化妆品中壬基苯酚的测定 液相色谱-质谱/质谱法
57.	GB/T 29676–2013	化妆品中三氯叔丁醇的测定 气相色谱-质谱法
58.	GB/T 29677–2013	化妆品中硝甲烷的测定 气相色谱-质谱法
59.	GB/T 30088–2013	化妆品中甲基丁香酚的测定 气相色谱/质谱法
60.	GB/T 30926–2014	化妆品中7种维生素C衍生物的测定 高效液相色谱-串联质谱法
61.	GB/T 30929–2014	化妆品中禁用物质2,4,6-三氯苯酚、五氯苯酚和硫氯酚的测定 高效液相色谱法
62.	QB/T 1863–1993	染发剂中对苯二胺的测定气相色谱法
63.	GB/T 30931–2014	化妆品中苯扎氯铵含量的测定 高效液相色谱法
64.	GB/T 29660–2013	化妆品中总铬含量的测定
65.	QB/T 1864–1993	电位溶出法测定化妆品中铅
66.	QB/T 2333–1997	防晒化妆品中紫外线吸收剂定量测定高效液相色谱法
67.	QB/T 2334–1997	化妆品中紫外线吸收剂定性测定紫外分光光度计法
68.	SN/T 1032–2002	进出口化妆品中紫外线吸收剂的测定 液相色谱法
69.	QB/T 2410–1998	防晒化妆品UVB区防晒效果的评价方法紫外吸光度法
70.	QB/T 2407–1998	化妆品中D-泛醇含量的测定
71.	QB/T 2408–1998	化妆品中维生素E含量的测定
72.	QB/T 2409–1998	化妆品中氨基酸含量的测定
73.	QB/T 4078–2010	发用产品中吡硫翁锌（ZPT）的测定 自动滴定仪法
74.	QB/T 4127–2010	化妆品中吡罗克酮乙醇胺盐（OCT）的测定 高效液相色谱法
75.	QB/T 4128–2010	化妆品中氯咪巴唑（甘宝素）的测定 高效液相色谱法
76.	QB/T 4256–2011	化妆品保湿功效评价指南
77.	QB/T 4617–2013	化妆品中黄芩苷的测定 高效液相色谱法
78.	SN/T 1475–2004	化妆品中熊果苷的检测方法 液相色谱法

序号	标准编号	标准名称
79.	SN/T 1478–2004	化妆品中二氧化钛含量的检测方法 ICP-AES 法
80.	SN/T 1495–2004	化妆品中酞酸酯的检测方法 气相色谱法
81.	SN/T 1496–2004	化妆品中生育酚及 α- 生育酚乙酸酯的检测方法 高效液相色谱法
82.	SN/T 1498–2004	化妆品中抗坏血酸磷酸酯镁的检测方法 液相色谱法
83.	SN/T 1499–2004	化妆品中曲酸的检测方法 液相色谱法
84.	SN/T 1500–2004	化妆品中甘草酸二钾的检测方法 液相色谱法
85.	SN/T 1780–2006	进出口化妆品中氯丁醇的测定 气相色谱法
86.	SN/T 1781–2006	进出口化妆品中咖啡因的测定 液相色谱法
87.	SN/T 1782–2006	进出口化妆品中尿囊素的测定 液相色谱法
88.	SN/T 1783–2006	进出口化妆品中黄樟素和 6- 甲基香豆素的测定 气相色谱法
89.	SN/T 1784–2006	进出口化妆品中二噁烷残留量的测定 气相色谱串联质谱法
90.	SN/T 1785–2006	进出口化妆品中没食子酸丙酯的测定 液相色谱法
91.	SN/T 1786–2006	进出口化妆品中三氯生和三氯卡班的测定 液相色谱法
92.	SN/T 2103–2008	进出口化妆品中 8- 甲氧基补骨脂素和 5 甲氧基补骨脂素的测定 液相色谱法
93.	SN/T 2104–2008	进出口化妆品中双香豆素和环香豆素的测定 液相色谱法
94.	SN/T 2105–2008	化妆品中柠檬黄和桔黄等水溶性色素的测定方法
95.	SN/T 2106–2008	进出口化妆品中甲基异噻唑酮及其氯代物的测定 液相色谱法
96.	SN/T 2107–2008	进出口化妆品中一乙醇胺、二乙醇胺、三乙醇胺的测定方法
97.	SN/T3528–2013	进出口化妆品中亚硫酸盐和亚硫酸氢盐类的测定离子色谱法
98.	SN/T 2108–2008	进出口化妆品中巴比妥类的测定方法
99.	SN/T 2109–2008	进出口化妆品中奎宁及其盐的测定方法
100.	SN/T 2110–2008	进出口染发剂中 2- 氨基 -4- 硝基苯酚和 2- 氨基 -5- 硝基苯酚的测定方法
101.	SN/T 2111–2008	化妆品中 8- 羟基喹啉及其硫酸盐的测定方法
102.	GB/T 26513–2011	润唇膏
103.	GB/T 26516–2011	按摩精油
104.	GB/T 27574–2011	睫毛膏
105.	GB/T 27575–2011	化妆笔、化妆笔芯
106.	GB/T 27576–2011	唇彩、唇油
107.	GB/T 29665–2013	护肤乳液
108.	GB/T 29678–2013	烫发剂

序号	标准编号	标准名称
109.	GB/T 29679–2013	洗发液、洗发膏
110.	GB/T 29680–2013	洗面奶、洗面膏
111.	GB/T 29990–2013	润肤油
112.	GB/T 29991–2013	香粉（蜜粉）
113.	GB/T 30928–2014	去角质啫喱
114.	QB 1643–1998	发用摩丝
115.	QB 1644–1998	定型发胶
116.	QB/T 1645–2004	洗面奶（膏）
117.	QB/T 1858–2004	香水、古龙水
118.	QB/T 1858–2006	花露水
119.	QB/T 1858.1–2006	花露水
120.	QB/T 1862–2011	发油
121.	QB/T 1974–2004	洗发液（膏）
122.	QB/T 1976–2004	化妆粉块
123.	QB/T 1977–2004	唇膏
124.	QB/T 1978–2004	染发剂
125.	QB/T 2284–2011	发乳
126.	QB/T 2285–1997	头发用冷烫液
127.	QB/T 2286–1997	润肤乳液
128.	QB/T 2287–2011	指甲油
129.	QB/T 2488–2006	化妆品用芦荟汁、粉
130.	QB/T 2660–2004	化妆水
131.	QB/T 2872–2007	面膜
132.	QB/T 2873–2007	发用啫喱（水）
133.	QB/T 2874–2007	护肤啫喱
134.	QB/T 4076–2010	发蜡
135.	QB/T 4077–2010	焗油膏（发膜）
136.	QB/T 4079–2010	按摩基础油、按摩油
137.	QB/T 4126–2010	发用漂浅剂
138.	GB 8372–2008	牙膏

序号	标准编号	标准名称
139.	QB/T 2744.2–2005	浴盐 第 2 部分:沐浴盐
140.	QB/T2744.1–2005	足浴盐的要求及试验方法
141.	QB/T 1857–2013	润肤膏霜

附录二　化妆品卫生规范

化妆品卫生规范 . 北京:中华人民共和国卫生部,2007。

参考文献

1. 李利 . 美容化妆品学 . 第 2 版 . 北京 : 人民卫生出版社 ,2014
2. 冉国侠 . 化妆品评价方法 . 北京 : 中国纺织出版社 ,2011
3. 蔡晶 . 化妆品质量检验 . 北京 : 中国计量出版社 ,2010
4. 董益阳 . 化妆品检测指南 . 北京 : 中国标准出版社 ,2010
5. 郑星泉 , 周淑玉 , 周世伟 . 化妆品卫生检验手册 . 第 2 版 . 北京 : 化学工业出版社 ,2003
6. 高瑞英 . 化妆品质量检验技术 . 北京 : 化学工业出版社 ,2011
7. 李明阳 . 化妆品化学 . 北京 : 科学出版社 ,2002
8. 章苏宁 . 化妆品工艺学 . 北京 : 中国轻工业出版社 ,2011
9. 毛培坤 . 化妆品功能性评价和分析方法 . 北京 : 中国轻工业出版社 ,1998
10. 秦钰慧 . 化妆品安全性及管理法规 . 北京 : 化学工业出版社 ,2013
11. 俞太尉 , 李怀林 . 欧盟化妆品管理法规及检测方法与指南 . 第 2 版 . 北京 : 中国轻工业出版社 ,2010
12. 王艳萍 . 化妆品微生物学 . 北京 : 中国轻工业出版社 ,2002
13. 赵同刚 . 化妆品法制化管理与研究 . 北京 : 人民卫生出版社 ,2012
14. 王心如 . 毒理学基础 . 第 6 版 . 北京 : 人民卫生出版社 ,2012

中英文名词对照索引

UVA 防护指数 protection factor of UVA，PFA / 160

A

安全边际 margin of safety，MOS / 140

B

斑蝥素 cantharidin / 100
包装空隙率 interspace(gap)ratio of package / 178
表面活性剂 surfactant / 49

C

长波紫外线 ultraviolet A，UVA / 70
初始包装 original package / 178
初始包装体积 volume of original package / 178

D

单离香料 perfumery isolate / 102
氮芥 chlormethine / 99
毒物 poison / 141
毒效应 toxic effect / 141
毒性 toxicity / 141
短波紫外线 ultraviolet C，UVC / 70
对氨基苯甲酸 para-aminobenzoic acid / 73

F

发用化妆品 hair cosmetics / 93
防腐剂 preservative / 77

防晒指数 sun protection factor，SPF / 156
非离子表面活性剂 nonionic surfactant / 49
粪大肠菌群 fecal coliforms / 124

G

干灰化法 dry ashing / 17
感官检验 sensory test / 30
关键波长 critical wavelength，λ_C / 76
光毒性 phototoxicity / 149
过度包装 excessive package / 178

H

合成香料 synthetic perfume / 102
化妆品 cosmetics / 1
化妆品标签标识 cosmetics labeling / 167
化妆品的稳定性 cosmetics stability / 47
化妆品菌落总数 aerobic bacterial count / 123

J

激发接触 challenge exposure / 147
相对累积性红斑效应 relative cumulative erythemal effectiveness，%RCEE / 157
剂量 - 反应关系 dose-response relationship / 142
剂量 - 效应关系 dose-effect relationship / 142
金黄色葡萄球菌 Staphylococcus aureus / 127

K

可视面 visible panels / 169

L

理化检验　physicochemical test / 33
两性表面活性剂　zwitterionics / 49

M

霉菌和酵母菌数测定　determination of molds and yeast count / 130
密度　density / 34

P

配伍性　compatibility performance / 49
皮肤变态反应　skin sensitization / 147
皮肤刺激性　dermal irritation / 143
皮肤腐蚀性　dermal corrosion / 144
巯基乙酸　thioglycollic acid, TGA / 98

Q

全身暴露量　system exposure dose, SED / 140

S

色素　pigment / 50
商品销售包装体积　volume of selling package of commodity / 178
实际安全剂量　virtual safe dose, VSD / 140
实验室间质量控制　interlaboratorial quality control / 11
实验室内部质量控制　intralaboratorial quality control / 8

T

特定菌　special microorganisms / 120

特殊用途化妆品

特殊用途化妆品　cosmetics for special purpose / 8
铜绿假单胞菌　Pseudomonas aeruginosa / 125

W

卫生化学检验方法　methods of hygienic chemical test / 65
无可见有害作用水平　no observed adverse effect level, NOAEL / 139

X

相对密度　relative density / 34

Y

眼睛刺激性　eye irritation / 145
眼睛腐蚀性　eye corrosion / 145
阳离子表面活性剂　cationic surfactant / 49
阴离子表面活性剂　anionic surfactant / 49
诱导阶段　induction period / 147
诱导接触　induction exposure / 147

Z

展示面　display panels / 169
中波紫外线　ultraviolet B, UVB / 70
浊度　cloudiness / 34
最低可见有害作用水平　lowest observed adverse effect level, LOAEL / 139
最小持续性黑化量　minimal persistent pigment darkening dose, MPPD / 160
最小红斑量　minimal erythema dose, MED / 156

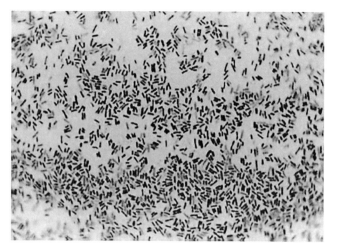

图 7-1　铜绿假单胞菌革兰染色形态

图 7-2　铜绿假单胞菌产绿脓菌素菌落

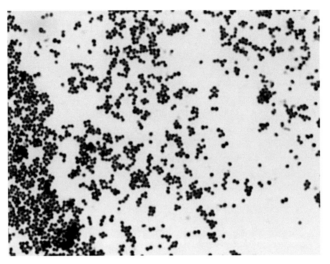

图 7-3　金黄色葡萄球菌的革兰染色形态

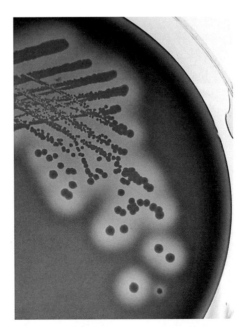

图 7-4　金黄色葡萄球菌在血平板上的溶血环